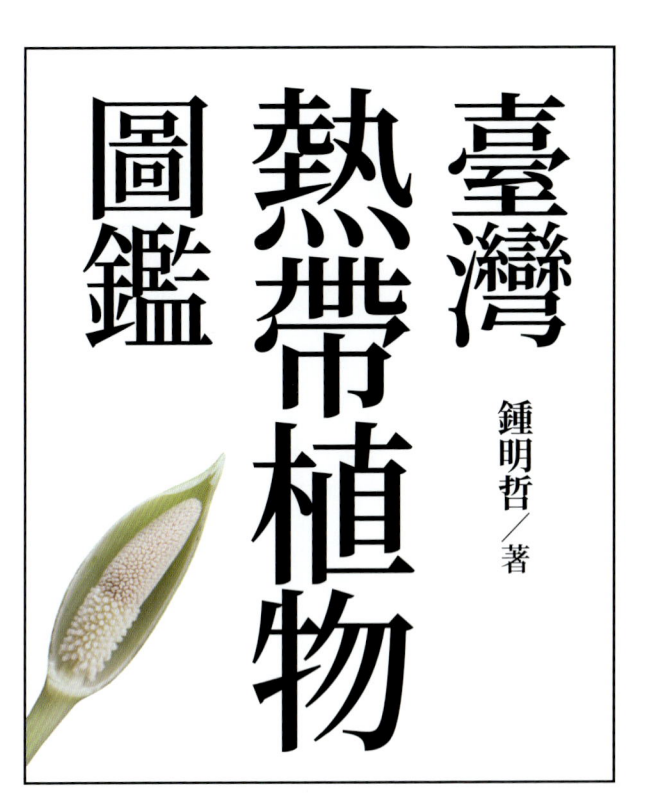

臺灣熱帶植物圖鑑

鍾明哲／著

晨星出版

推薦序

走入臺灣熱帶植物的世界，
一場知識與感性交織的探索

臺灣地處亞熱帶，但其南方—由北回歸線橫越劃分以南的地區，包括恆春半島、屏東平原、花東縱谷、蘭嶼、綠島與澎湖等地，則歸屬為熱帶氣候。這些區域因地形多樣與氣候特色，造就了極為豐富的植物相。光是恆春半島地區，即擁有約 1,500 種植物，約占全臺植物種類的三分之一，是臺灣植物物種熱點。

在這樣一個自然資源極為豐富的環境中，能有一本專注於本島熱帶植物、由第一線觀察者親自撰寫的圖鑑問世，實屬難得。《臺灣熱帶植物圖鑑》不僅是一部圖文並茂的植物辨識工具書，更是一位作者長年田野觀察、親身紀錄與細緻描寫的成果，展現了科學精神與人文關懷的結合。

本圖鑑涵蓋的植物範圍，聚焦於臺灣熱帶區域常見與具代表性的物種，輔以清晰的攝影圖片與詳實文字說明，方便讀者進行植物辨識與學習。更值得一提的是，作者鍾明哲不僅具備生態觀察的敏銳度，更能以平易近人的文字轉化所見所感，使植物介紹不再只是冰冷的資料，而是具有故事性與生命感的篇章。他筆下的每一個物種，都是山野場域中具象的角色，也是一段段與自然對話的記錄。

推廣植物認識與自然觀察，是我們這一代科學工作者持續努力的方向。而圖鑑，作為自然教育的核心媒介，肩負著引導與啟發的責任。鍾明哲的這本作品，不僅達成了辨識植物的功能，更喚起人們對臺灣植物的興趣與情感。這樣的作品，無論對學術界、教育界，甚至是一般熱愛自然的讀者而言，都是彌足珍貴的資源。

我衷心推薦《臺灣熱帶植物圖鑑》，作為進入熱帶植物世界的入門指南。它既科學嚴謹，又充滿情感，既貼近田野，又兼具普及性與啟發性。期盼這本圖鑑能引領更多人走入自然、認識臺灣植物，進一步培養對本土生物多樣性的關心與守護。

農業部林業試驗所 所長
國立中興大學森林學系 教授

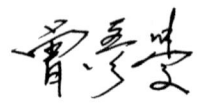

《臺灣熱帶植物圖鑑》是一本兼具科學與實用性的植物圖鑑。鍾明哲先生長年浸淫田野調查與植物攝影後，整理了臺灣原生與外來熱帶植物的分布、特徵描述、開花結果的物候資料與清晰影像。這本圖鑑彌補了市面上熱帶植物查詢比對的空缺，讓讀者能快速檢索、辨識與理解大多數臺灣人生活周遭的植物世界。臺灣雖位於熱帶，但因歷史因素，不同族群有心無意的引入植物，孕育出現今的植物樣貌與文化，這本圖鑑不僅是植物愛好者的理想工具，也是一扇通往熱帶植物知識與生態觀察的入口。

農業部林業試驗所研究員

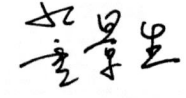

熱帶，給人的感覺往往充滿了神祕，無論是動物、植物或是人文與景觀。一方面固然是其複雜而多樣的地形與氣候（從海濱到山地、從多雨到乾旱）所造成；一方面也是這些地方距離人類早期開發的地方通常較遙遠，而造成了大家對這些地方的隔閡。

　　臺灣，何其有幸，在這個方寸之地，同時擁寒帶、溫帶、亞熱帶與熱帶地區。但儘管藉著便捷的道路與交通，一日之內可以從熱帶的海邊到達海拔近4,000公尺高峰（玉山）的寒帶，或從最北端的基隆到最南端的墾丁，甚至琉球嶼（小琉球）或蘭嶼、綠島，我們對於熱帶臺灣這個區域內多樣性極高的植物，卻仍陌生，無論是一般民眾，甚或許多植物學者。

　　本書作者──鍾明哲先生，自求學期間即熱衷於植物之探索，二十餘年間走訪臺灣各地，記錄、拍照所觀察之植物，並將所見所得年不間斷地發表新知與大家分享。《臺灣熱帶植物圖鑑》一書為明哲浸淫於臺灣熱帶植物世界之成果彙編，不僅以文字敘述輔以圖片說明，助大家辨認各類植物；其中之田野經驗分享及科學文獻之引證，更引人入勝。本書雖未完全包羅所有臺灣熱帶之植物，但對欲窺其中奧祕者，這是一本值得閱讀的好書。

林業試驗所前植物園組組長
臺灣植物分類學會前理事長　邱文良

　　熱帶不只是一個學術名詞，在所有臺灣人的心目中是一個真實存在溫度，也是一個真實。在我長達四十年的學術生涯中，熱帶植物一直是我關注且醉心研究的對象，無論是恆春半島的熱帶海岸林、蘭嶼及小蘭嶼的準熱帶雨林、南沙群島的珊瑚島叢林、海漂林等，許多重要的熱帶意象，透過這本書又讓我再度回到那個專注採集、研究比對，專注於熱帶植物豐富多變的演化奧祕樂趣之中。明哲是我多年的學友，雖然他是晚輩，卻是一位令人敬佩、作學踏實、為文富瀚的學術型工作者。透過他極具感情的筆觸，精美詳實的影像記錄，非常適合對臺灣植物、熱帶植物有興趣的植物人，此書相信在室內勘研，或者是在野外鑑定，甚至是在學校教學上都是一本值得閱讀的好書。

國立屏東科技大學森林系
退休教授　葉慶龍

　　迴歸線跨越嘉義造就臺灣南部的熱帶氣候，孕育著一千多種約占臺灣植物四分之一的熱帶植物。其中恆春半島、蘭嶼和綠島的種類和數量最具特色，可說是臺灣最具熱帶特色的區域。本書作者二十多年來頻繁的深入各地調查，累積多年資料讓很多珍貴稀有的植物呈現在讀者眼前，書中精美照片生動的躍然紙上讓人印象深刻，使我們能一窺這些美麗珍貴的熱帶植物。作者喜愛植物勤奮認真多年如一日，加上深厚的植物學底蘊，對於每種植物均加上個人獨到的研究見解更是彌足珍貴，全書兼具知性與感性，為不可多得的佳作。

臺南大學生態暨環境資源學系 教授　謝宗欣

因為任職教育師資培育單位的原因，在每一個參與國民中小學課程設計的過程中，深感現職教師與師資生對於生物學知識缺乏某種程度的認識，頗覺可惜。這一類的知識落差來自傳統課程內容中對自然生態知識的高度漠視，以致於教師在有限的自然知識範圍下進行教學，無法具體達到知識深入及廣博的目的。在跨領域教學知識的範疇下，鍾明哲先生的新書詳細的介紹了多種校外教學、地理實查、田野調查課程中所會接觸到的各種熱帶植物，舉凡植物學的科學知識、栽培特性與植物地理學概念，非常豐富，真的很開心能夠推薦這一本極富教育知識含金量高的植物圖鑑。臺灣因位於熱帶而擁有許多熱帶植物，透過這一本《臺灣熱帶植物圖鑑》，無論是科學探索者、課程研發者或是一般業餘植物愛好者，相信都能夠迅速的掌握臺灣豐富多彩的熱帶植物風貌，進而愛上那早已擁抱我們多年的熱帶臺灣大自然。

國立臺中教育大學通識教育
中心博雅教育組 組長　葉川榮

在葉脈中閱讀自然：熱帶植物的生命藝術與生態智慧

　　臺灣受季風與海洋影響，南部與東部沿海地區孕育出姿態萬千、色彩繽紛的熱帶植物。其生於炎溼之境，葉厚而光，花繁而豔，形態各異，生態適性尤強，實為生態系之重柱，亦為人文記憶之所繫。而生物多樣性日益受威脅的現今，認識本土植物種類與生態角色，已是推動生態保育與永續管理之關鍵。透過本書的應用，辨識生態棲地價值與敏感性，將有助於減少人為干擾、進而促進友善的生態措施營造。

　　明哲兄以深厚專業與熱情記錄熱帶植物的形貌、生態與文化價值。融科學之實，織美感之理，成此卷焉。這本圖鑑不僅是自然教育的重要素材，更是一扇引領我們理解、欣賞並守護熱帶植物世界的大門。

國立自然科學博物館
生物學組植物園科　錢易炘

　　陸蟹在熱帶區域的種類最多，棲地偏好類型最廣，有些種類還與植物共棲。這類植棲陸蟹「phytotelmic crab」，迄今還屢有新種被發現，表示陸蟹對植物的依賴比早年的認知還要更密切！另外，「生態檢核」的工作之一是指認工程範圍裡必須被保護的「關注物種」，而植物因為是固著生活，比野生動物更容易被指認而被保護。如此，依賴植物維生的各類動物比如陸蟹，也連帶受到庇護。因此，植物可以視為此制度下的「保護傘類群」，而熱帶區域的物種豐富程度尤為驚人，使熱帶植物的重要性更被凸顯，《臺灣熱帶植物圖鑑》不只是圖鑑，更是熱帶生態工作者的寶典。

東峰生態工作室／陸蟹學者　李政璋

作者序

　　從教科書裡，我認識了北回歸線跨越臺灣，氣候深受季風與周邊洋流影響，特殊的地理位置加上高聳的山脈，讓臺灣具有熱帶雨林至高山寒原的植物相。植物相能夠作為氣候環境的指標，蕨類商數和附生植物種數是潮溼環境的指標。臺灣進入日治時期後，日治政府開始在臺灣各地設置苗圃，栽培許多棕櫚科植物與熱帶經濟作物與觀賞植栽，營造出北國民眾心中的「南方熱帶島國印象」。高中時，我被《中國國家地理雜誌》的一冊封面故事「中國的熱帶在哪裡？」吸引，該篇報導從各種氣候指標分析，認為海南島與雲南一帶的低緯度地區是最接近熱帶氣候的中國國土。

　　從農業生產來看，臺灣與華南一帶同屬三穫區，能夠進行兩輪稻作與一輪雜糧栽植，生產豐富且多樣的農產品。相較於早發工業革命的溫帶國家，熱帶地區全年溫暖潮溼的環境孕育了豐富的植物資源，包括肥美的農產品與豐沛的工業原料。基於不同的時代背景，農業的發展目標讓臺灣陸續成為生產稻米、甘蔗、鳳梨、芒果、香蕉、釋迦、瓊麻、咖啡、可可等熱帶作物的生產地。隨著氣候變遷與全球暖化議題發酵，熱帶豐富的植物資源也再次受到民眾關注，不禁讓我反思臺灣是否為熱帶島嶼，臺灣多樣的植物種類是否包含熱帶物種？

查閱臺灣以往的植物圖鑑，1977年何豐吉先生所撰《臺灣熱帶植物彩色圖鑑》提到臺灣位於熱帶地區，因此將臺灣的植物種類視爲熱帶植物；知名作家胖胖樹的足跡遍及全球熱帶地區，喜愛美食的他認爲臺灣並沒有典型的熱帶植物。然而，「鳳凰木、阿勃勒、仙人掌」不是原生的熱帶植物，臺灣人卻對他們極度熟悉；曾經生長在基隆港邊的水筆仔、高雄港邊的紅茄苳、細蕊紅樹卻是典型的熱帶植物。許多熱帶作物有如引種至臺灣栽植的巴西橡膠樹，雖然能夠成長茁壯但因產量不足而無法推廣；同時卻有許多外來歸化種自海洋彼岸的熱帶地區進駐臺灣。原來熱帶植物有著自己生命的韌性，位於低緯度邊緣的臺灣島因爲特殊的地理條件產生了多樣的棲地，只要一個偶然的機遇落地成長，就有可能開花結果，甚至演化出臺灣僅見的特有種。

　　循著臺灣的北回歸線標誌，我探尋著臺灣本島和澎湖群島北回歸線以南、綠島、蘭嶼、琉球嶼可見的開花植物，包含當地的原生種、特有種與有故事的外來種類，它們可能僅見於上述地區，也有可能藉由自身生命的韌性進而擴展自己的生育地，或是將臺灣視爲避難所，藉由文字與照片紀錄這些獨特的臺灣熱帶植物。或許臺灣並不存在典型的熱帶植物，因爲他們是世上獨一無二的存在！

鍾明哲

Contents 目次

推薦序 2
作者序 5
如何使用本書 10

熱帶在哪裡？ 12
體感深刻的熱帶氣候 13
腦海中的熱帶印象──熱帶植物 ... 14
　　COLUMN 來自熱帶的多肉植物？ ... 22
熱帶植物與人類 23

熱帶植物圖鑑
裸子植物
蘇鐵 26
臺東蘇鐵 28
臺灣蘇鐵 31
臺灣油杉 34
福氏油杉 36
竹柏 38
蘭嶼羅漢松 40

雙子葉植物
海茄冬 42
直立半插花 44
匍匐半插花 46
柳葉鱗球花 47
蘭嶼馬藍 48
長穗馬藍 50
珊瑚樹 52
鈍葉大果漆 54
臺東漆 56
恒春哥納香 58
琉球暗羅 60

濱當歸 62
念珠藤 64
隱鱗藤 66
海檬果 67
蘭嶼牛皮消 70
風不動 72
華他卡藤 74
毬蘭 76
蘭嶼馬蹄花 78
全緣葉冬青 80
草野氏冬青 82
港口馬兜鈴 84
三菱果樹蔘 86
蘭嶼八角金盤 88
鵝掌藤 90
金鈕扣 92
短舌花金鈕扣 93
白花小薊 94
長苞小薊 96
臺灣假黃鵪菜 97
山菊 98
蘭嶼木耳菜 100

蔓澤蘭 102
臺灣黃鵪菜 104
蘭嶼秋海棠 106
濱芥 108
琉球黃楊 110
蘭嶼胡桐 112
瓊崖海棠 114
菲律賓朴樹 116
魚木 118
柿葉茶茱萸 120
交趾衛矛 122
常春衛矛 123
日本衛矛 124
淡綠葉衛矛 126
蘭嶼裸實 128
日本假衛矛 129
蘭嶼福木 130
恆春福木 132
菲島福木 134
欖李 136
亨利氏伊立基藤 138
吊鐘藤 140
海牽牛 141
掌葉牽牛 142
鱗蕊藤 144
圓萼天茄兒 146
金平氏破布子 148
鵝鑾鼻燈籠草 150
小燈籠草 152
倒吊蓮 154
伽藍葉 155

象牙柿 156	灰莉 220	樹蘭 289
軟毛柿 158	雄胞囊草 222	小葉樫木 290
柿 160	蓮葉桐 224	蘭嶼椌木 292
蘭嶼柿 161	蘭嶼溲疏 228	大花樫木 294
黃心柿 162	青脆枝 230	毛錫生藤 296
楓港柿 164	朝鮮紫珠 232	蘭嶼麵包樹 298
厚殼樹 166	蘭嶼小鞘蕊花 234	尖尾長葉榕 300
破布烏 168	纖序臭黃荊 236	對葉榕 302
長花厚殼樹 170	田代氏黃芩 238	蔓榕 303
恆春厚殼樹 171	牞樟 240	鵝鑾鼻蔓榕 304
滿福木 172	蘭嶼肉桂 242	綠島榕 306
蘭嶼厚殼樹 174	網脈桂 244	菩提樹 308
臺灣胡頹子 176	土楠 246	蘭嶼落葉榕 310
菲律賓胡頹子 178	菲律賓厚殼桂 248	稜果榕 312
腺葉杜英 180	腰果楠 250	山豬枷 314
繁花薯豆 182	三蕊楠 251	鈍葉毛果榕 316
球果杜英 184	蘭嶼木薑子 252	幹花榕 318
蘭嶼杜英 186	金新木薑子 254	越橘葉蔓榕 321
蘭嶼鐵莧 188	蘭嶼新木薑子 255	白肉榕 322
綠珊瑚 190	偽木荔枝 256	蘭嶼肉荳蔻 324
土沉香 192	翅實藤 258	紅頭肉荳蔻 326
蘭嶼土沉香 194	三星果藤 260	雨傘仔 328
白樹仔 196	銀葉樹 262	蘭嶼紫金牛 330
紅肉橙蘭 198	牧野氏山芙蓉 264	高士佛紫金牛 332
圓葉血桐 200	翅子樹 266	小葉樹杞 334
搭肉刺 202	蘭嶼蘋婆 268	日本山桂花 336
蘭嶼合歡 204	繖楊 270	蘭嶼山桂花 338
澎湖決明 205	大野牡丹 272	賽赤楠 340
蘭嶼魚藤 206	蘭嶼野牡丹藤 274	密脈赤楠 342
老虎心 208	革葉羊角扭 276	十子木 344
蘭嶼木藍 210	大葉樹蘭 278	細脈赤楠 345
蘭嶼百脈根 212	紅柴 280	臺灣赤楠 346
蘭嶼血藤 214	蘭嶼樹蘭 282	高士佛赤楠 348
濱槐 216	穗花樹蘭 284	疏脈赤楠 350
金合歡 218	蘭嶼擬樫木 286	蘭嶼赤楠 352

臺灣棒花蒲桃 354	琉球九節木 418	鞘苞花 484
大花赤楠 356	大果玉心花 420	布氏宿柱薹 486
皮孫木 358	薄葉玉心花 422	克拉莎 488
菲律賓鐵青樹 360	錫蘭玉心花 424	羽狀穗磚子苗 490
厚葉李欖 362	貝木 426	匍伏莞草 491
紅頭李欖 364	恆春鉤藤 428	蘭嶼竹節蘭 492
山柚 366	呂宋水錦樹 430	臺灣白及 493
紅頭五月茶 368	水錦樹 432	管花蘭 494
刺杜密 370	短柱黃皮 434	燕子石斛 496
土密樹 372	過山香 436	紅鶴頂蘭 498
白飯樹 374	蘭嶼月橘 438	臺灣鷺草 500
密花白飯樹 376	長果月橘 440	白蝴蝶蘭 502
擬紫蘇草 378	烏柑仔 442	桃紅蝴蝶蘭 504
大葉石龍尾 380	蘭嶼花椒 444	紫苞舌蘭 506
毛蓼 382	羅庚果 446	管唇蘭 508
水紅骨蛇 384	魯花樹 448	雅美萬代蘭 510
蘭嶼海桐 386	止宮樹 450	呂宋石斛 511
沙生馬齒莧 388	蘭嶼山欖 452	山露兜 512
紅茄苳 390	山欖 454	莎勒竹 514
水筆仔 392	苦藍盤 456	綠島細柄草 516
五梨跤 396	羊不食 458	蒼白野黍 518
小石積 398	宮古茄 460	無芒鴨嘴草 520
蘭嶼野櫻花 399	呂宋毛蕊木 462	小黃金鴨嘴草 522
水冠草 400	蘭嶼野茉莉 464	帝汶鴨嘴草 524
苞花蔓 401	蘭嶼銹葉灰木 466	蘘稃竹 526
葛塔德木 402	火筒樹 468	呂宋月桃 528
小仙丹花 404	菲律賓火筒樹 470	臺灣月桃 530
諾氏草 406		山月桃 532
毛雞屎樹 407	**單子葉植物**	蘭嶼法氏薑 534
橄樹 408	菲律賓扁葉芋 472	
玉葉金花 410	假柚葉藤 474	
大葉玉葉金花 412	針房藤 476	中名索引 536
小花蛇根草 414	廣西落檐 478	學名索引 539
茜木 415	番仔林投 480	
蘭嶼九節木 416	鳳梨 482	

如何使用本書

依據「2017臺灣維管束植物紅皮書名錄」評估類別。

- **RE** 區域絕滅
- **CR** 極危
- **EN** 瀕危
- **VU** 易危
- **NT** 接近受脅
- **LC** 暫無危機
- **DD** 資料缺乏
- **NA** 不適用（本書指外來種）

學名

依據「植物命名法規」，學名應包含屬名、種小名及命名者。以下即針對本書出現的幾種類型加以說明。

1. *Cycas taiwaniana* Carruth.
   - 屬名 / 種小名 / 命名者

2. *Nageia nagi* (Thunb.) O. Ktze
   - 屬名 / 種小名 / 原來命名者 / 後來訂定的命名者

資訊欄

說明該物種的科名、別名、英名及植物特徵，以便讀者查詢。

形態特徵

包括植物的生長方式、葉形、花序、花色及果實外觀特徵說明。

主文

介紹該植物族群的分布、形態、生長環境、發現史、生態特性、民俗文化利用以及相似種辨識等，娓娓道來植物與人們日常生活的關係。

球果杜英 NT

Elaeocarpus sphaericus (Gaertn.) Schumann var. *hayatae* (Kanehira & Sasaki) C.E.Chang

科名	杜英科 Elaeocarpaceae	英名	Rudraksha
別名	圓果杜英		
植物特徵	碩大的葉片與種實		

杜英科　雙子葉植物

形態特徵

多年生喬木，小分支光滑，褐色。葉不規則輪生，紙質，長橢圓形、披針形至倒披針形，先端短漸尖，具鈍突；葉基楔形至鈍形，葉背具微突，近先端邊緣鋸齒至鈍齒，葉柄表面光滑。花序總狀，腋生或於落葉枝條先端；花萼5枚，披針形，先端銳尖，外表面被伏毛；花瓣5枚，邊緣流蘇狀，基部微被毛。果近球形，果核圓柱狀，堅硬。

原變種產於印度、緬甸、中南半島、海南島、馬來西亞至菲律賓、爪哇、摩鹿加群島至新幾內亞；本變種特產於蘭嶼。

球果杜英為高大的多年生喬木，為蘭嶼的特有變種。成株時主幹高聳而直立，因此木材可作為拼板舟與家屋之用。生長在山林中的它，偶爾會出現在山間溪邊的水芋田旁，是蘭嶼較為少見的可食地景。

球果杜英的白色花瓣邊緣呈流蘇狀，成串地綻放在簇生的綠色葉叢間。不過更吸引人的，應該是它深藍色的核果，外觀球形，掛在高高的橫向枝條上。如果有幸撿到，不妨嘗嘗看它乾燥的果肉，啃咬完粉粉的果肉，竟然帶有一絲藍莓的氣息，與其他蘭嶼島上生長的野生果實不同。由於族群數量較少，加上生長在山林之中，因此如果能嘗試的話，千萬不要錯過喔！

▲花瓣略長於花萼，倒卵形且先端流蘇狀。

184

如何使用本書

　　本書精選273種臺灣常見與珍稀，分布範圍包含恆春半島、琉球嶼、澎湖群島、綠島、蘭嶼，與其他原生或引進栽培於北回歸線以南區域的熱帶植物。總論中闡述了熱帶地區的自然條件與植物特色，個論闡述各種植物特徵，並隨著作者的親身經歷認識臺灣可見的熱帶植物。

花期
標註該物種的開花時期。

▲球果杜英的葉片脫落前轉紅。

杜英科

雙子葉植物

科名側欄
提供該種所屬科名以便物種查索。

▲果實圓柱狀且先端渾圓，表面具光澤。

生活型

- 草本：草本植物的莖較柔軟，橫切面沒有年輪。
- 灌木：靠近基部處有數個樹幹。
- 喬木：具有明顯單一樹幹。
- 藤本：不能直立，只能倚附其他物體生長。

熱帶在哪裡?

熱帶(Tropics)是指赤道周邊至南北回歸線間的低緯度地區,從天文學的觀點,回歸線所在的緯度為日光能夠垂直照射地表的最遠處,因此熱帶地區為地球表面能受到日光垂直照射的區域,包括部分的亞洲、非洲、美洲與大洋洲陸地,以及廣袤的海洋。

全球熱帶地區的地景多變,包括世界第二大島「新幾內亞」與第三大島「婆羅洲」、世界面積最大的群島「南洋群島」、世界最大河流與第二長河「亞馬遜河」、最大的平原「亞馬遜平原」、最大的三角洲「恆河三角洲」、最大的潟湖「新喀里多尼亞潟湖」,以及最大的珊瑚礁群「大堡礁」。此外,熱帶的地形多變,包括非洲第一高峰「吉力馬扎羅山的基博峰」、非洲第一大湖泊「維多利亞湖」,皆位於熱帶地區內。而世界最長的山脈「安地斯山脈」、最長的河流「尼羅河」、最大的沙漠「撒哈拉沙漠」也橫越熱帶區域,增加了熱帶地區的地理多樣性。

臺灣位在北回歸線上,除了設有多座北回歸線標誌外,也具有豐富的地形地貌,例如「恆春半島、澎湖群島的多座南方島嶼、蘭嶼、綠島等離島」、全臺最大流域與第二長河「高屏溪」、第二大平原「屏東平原」、多座潟湖、發達的珊瑚礁與高位珊瑚礁群。此外,縱貫本島的中央山脈、海岸山脈、嘉南平原、花東縱谷也被回歸線橫越。由此可知,臺灣熱帶地區的地形與地景也極具多樣性。

▲北回歸線橫跨臺灣南端,影響了臺灣的氣候和植被組成。

▲臺灣南部的恆春半島具有森林與草原地貌。

體感深刻的熱帶氣候

熱帶氣候（Tropical climate）主要發生在低緯度地區，然而根據不同的氣候分類法，熱帶氣候的分布區域與熱帶地區不盡相同。根據柯本氣候分類法，熱帶氣候是指「日照時間與溫度隨季節變化不明顯，全年溫度恆定，最冷月均溫在18℃以上，年降水量在750mm以上」者，再依據年降水量的多寡細分為「熱帶雨林氣候、熱帶季風氣候與熱帶乾溼季氣候」。

中國科學家周淑貞教授提出的氣候分類法將熱帶氣候定義為「常年月均溫在15℃以上」者，並根據年降水量將其細分為「熱帶雨林氣候、熱帶季風氣候、熱帶草原氣候和熱帶沙漠氣候」。

有趣的是，由於全球低緯度地區多樣的地形與地景，區域內海拔較高的山區能夠展現出中緯度地區常見的溫帶氣候或高緯度地區才具有的極地氣候，甚至能夠看到長年積雪未消的雪線景觀。赤道周邊地區的對流旺盛，往往雲量與降水量較高，造成日照減弱而氣溫相對穩定；加上受到地形與洋流影響，位於回歸線周邊的地區也會表現出熱帶或溫帶氣候的特徵，回歸線行經地區的沉降氣流盛行，雲量與降水量較少導致日照旺盛，氣溫往往高於赤道周邊地區，雪線的海拔高度也較赤道地區者為高。

植群生態學者常以溫量指數區分不同氣候帶，學者認為維管束植物在5℃以上才開始生長，因此若將月平均攝氏溫度扣掉5度後，取全年月分正數的部分相加（扣掉5度後為負的月分數值則不計）後即稱為「溫量指數」（Warmth Index, WI），溫量指數大於240為熱帶氣候帶，180～240為亞熱帶氣候帶，低於180即進入溫帶氣候帶。根據長年溫量指數的統計與驗證，日本氣象廳預報人員與相關學者能夠推估地處溫帶的日本每年各地櫻花盛開的日期，並據此進行花況預報。然而熱帶與亞熱帶地區的溫量指數普遍較高，各種花況易受其他因子影響或干擾，因此花況預報的難度更高。

根據柯本氣候分類法，高雄市、屏東縣與臺東縣的部分平野符合熱帶氣候條件；然而根據周淑貞氣候分類法，臺灣中南部的許多平地皆為熱帶氣候區。2004年邱祈榮教授等依據美國氣候學家芬區和崔瓦沙提出的氣候分類法進行調查，顯示臺灣本島北回歸線以南的平野多為熱帶冬乾氣候，其中東南部沿海地區具有熱帶溼潤氣候，並且隨著海拔提升而具有溫帶至高山寒帶氣候區。有趣的是，2004年的調查成果顯示嘉南平原部分低緯度地區為「亞熱帶夏季溼潤與冬季乾燥炎熱氣候」，部分北回歸線以北的花東縱谷與臺東海濱分別具有「熱帶冬乾與溼潤氣候」。由此可知臺灣的低緯度地區不僅有熱帶氣候，複雜的地理條件更讓臺灣的氣候分區細緻而多樣。

熱帶植物概論

腦海中的熱帶印象──熱帶植物

熱帶植物（Tropical plants）是低緯度地區可見的植物類群，它們的分布與生育地深受當地氣候條件影響。由於低緯度地區許多地理條件造成的氣候多樣性，使得部分中高緯度廣布的溫帶或寒帶植物類群也能出現在熱帶中高海拔山區。

絕大多數民眾對於「熱帶植物」的印象，源自於「熱帶雨林」植物的特徵，或是「高溫」環境下的沙漠、海灘、草原內可見的植物印象。這些熱帶地區特有或主要分布在特定棲地內的植物種類，雖然類群繁多，彼此的親緣關係不見得相近，但卻具有類似的形態特徵，形塑了人們對於熱帶植物的印象。

• 外形多變的支持根

木本植物的主幹與根系交界處稱為根領（collar），承受著整棵樹地上部與根系之間的應力；除了水分之外，根領與地下根系細胞也需要空氣進行呼吸作用，方能有效支撐與固著，因此絕大多數的木本植物根領處都會隆起且膨大，當生育地的土壤緻密或排水不良時，會造成根系往地面生長而出現浮根現象。

在降水充足的熱帶地區，樹木除了要面對沖刷對於根領的壓力、水流

▲熱帶雨林植物的特徵是許多人對於熱帶植被的第一印象。

導致基質流失使樹身無法支持外，過多的水分往往造成地表積水、基質間隙內充滿水分，進而發生根系缺氧。部分熱帶樹木的樹幹基部具有薄而隆起且垂直於地表的板根（buttress root），除了能夠有效避免樹幹與根系之間因外力而發生變形與倒塌外，也有助於水氣與空氣進入細胞。

在臺東海濱與蘭嶼可見的臺東龍眼、欖仁等大型喬木即有發達的板根，達悟族人在傳統工法中取用適合的板根作為家屋主柱與拼板舟船板。此外，熱帶內陸與海濱的樹木也能長出由不定根（adventitious root）生成的支持根（prop root, stilt root），外觀有如木造結構物可見的斜撐。有趣的是，在熱帶地區占優勢的闊葉樹木材為拉拔材，當樹木發生傾斜時會於傾斜方向相反處的根系進行增生，因此我們能從板根或支持根的分布情形推測每棵闊葉樹所受到的環境應力。

熱帶植物概論

◀部分熱帶樹木的樹幹基部具有薄而隆起且垂直於地表的板根，能夠有效避免樹幹因外力發生變形與倒塌外，也有助於水氣與空氣進入細胞。

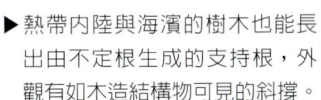

▶熱帶內陸與海濱的樹木也能長出由不定根生成的支持根，外觀有如木造結構物可見的斜撐。

15

熱帶植物概論

• 巨大的葉片

走進熱帶雨林，映入眼簾的往往是大型翠綠葉片。葉片是植物接受日光進行光合作用的器官，照射到日光的同時葉面溫度也隨之上升，需要透過蒸散作用藉以散熱。

2017年科學家認為低緯度地區氣溫較高且日夜溫差小，許多植物的葉片能在高溫且降水量充足而潮溼的環境下生長，伸展出較其他氣候條件下較大型的葉片，因此相較於氣溫較低的中高緯度與低緯度高山地區，以及日夜溫差大、降水量不足或乾燥的生育地，生長在熱帶潮溼氣候的植物往往具有較大型葉片。

即使是同一植株，不同日照條件下葉片大小與葉形也會有所差異，形成「陽葉與蔭葉」。然而這些葉片內主脈、側脈與小脈的數量差異不大，往往被認為受限於水分供應與葉片蒸散量下，日照充足處的陽葉通常較小或較為深裂，遮蔭處的蔭葉則通常較大或較為淺裂。

目前認為世界上具有最大單葉植物的，是2022年發表的熱帶水生植物「玻利維亞王蓮（*Victoria boliviana*）」，其葉片直徑可達320公分；世界最大單葉的陸生植物則是大葉草科（Gunneraceae）的大葉蟻塔（*Gunnera manicata*），原生於南美洲的熱帶氣候區內，圓形葉片直徑可達120公分；臺灣蘭嶼可見的大型陸生草本「蘭嶼姑婆芋（*Alocasia macrorrhiza*）」及灌木「通脫木（*Tetrapanax papyrifer*）」，葉片可達70公分長，應該是臺灣單葉最大的陸生植物。

• 令人驚豔的幹生花

在植物解剖學者眼中，花是一段驟縮的枝條；花朵自中心往外多依「雌蕊、雄蕊、花瓣、花萼」排列，被視為由諸多功能各異的葉片特化而來，聚生在一段極短的枝條上。植物的花芽與葉芽都由莖頂的生長點分化、發育，然而花芽的發育時間較長，以臺灣平地可見的平戶杜鵑（*Rhododendron* × *pulchrum*）為例，

▲蘭嶼叢林內可見的桫欏科、棕櫚科與芭蕉科具有大型葉片，極具熱帶風情。

當年度花季後分化而成的花芽將於次年綻放，若是在夏季後進行當年度枝條的修剪，次年將無花可賞。然而在持續高溫且潮溼的氣候條件下，花芽分化後逐漸發育過程中，同時期分化的葉芽可能早已開展，隨著持續生長、延長且茁壯的莖桿推升繼續開枝散葉，造成若干熱帶樹木出現樹幹上開花結果的現象。在乾溼季分明或冬季寒冷地區，幹生花現象的確較為少見。部分熱帶樹木除了樹冠末梢能見到花朵外，主幹與主要側枝有時也能見到幹生花，在樹幹與樹梢上結出碩大的果實。

• **碩大且多樣的種實**

熱帶植物的種子琳瑯滿目、大小各異且外型多樣，包括細微如粉塵的蘭科植物種子，以及外型奇特的榴槤、波羅蜜等熱帶水果，其中碩大且外型奇特的果實或種子經常吸引人們目光，並廣受人們的喜愛且善加利用。

相較於中高緯度，低緯度地區的植物種實往往體積較大、較重且形態多變。熱帶棕櫚「海椰子（*Lodoicea maldivica*）」的種子種皮與果皮密合，被視為世界最大的種子；臺灣低海拔山區可見的「榼藤子（*Entada phaseoloides*）」又名鴨腱藤，除了碩大而長的豆莢外，分節斷裂的莢果內具有堅硬而大型的扁圓形種子；臺灣熱帶地區海濱的棋盤腳樹（*Barringtonia asiatica*）能結出有如桌腳或肉粽的大型果實，蓬鬆且表面被蠟質的果皮內含飽滿種子。這些種實由於表面大多堅硬或被蠟質，能夠防止海水進入以及種子內的水分流

▲紫葳科喬木常見幹生花景觀（蠟燭木）。

▲海椰子的果皮與種皮癒合，是全球最大的種實。

失，且內部往往富含蓬鬆的纖維或具有氣室以利漂浮，因此可藉由洋流傳播。除此之外，許多種實搶灘登陸時已經憑藉著碩大種子的胚乳或子葉內養分發芽，或是早在種實離開植株前即已發芽，被視為藉由「胎生苗」進行傳播。

• **不耐乾燥儲藏的種子**

學者根據各式種子經過乾燥處理並儲藏後的發芽情形，將其分為能耐乾燥儲藏的正儲型（orthodox）種子與不耐乾燥儲藏的異儲型（recalcitrant）種子。

異儲型種子通常較大顆，當含水率降至12～31%以下時，其發芽率便隨之下降，除了儲藏時須保持溼潤外，儲藏期限也較正儲型種子短。除此之外，根據儲藏時可耐受的溫度，可進一步將異儲型種子區分為熱帶與溫帶異儲型。

熱帶異儲型種子必須在15～25度間、保持換氣流通條件下保存，儲藏溫度過低易造成發芽率下降，但儲藏溫度過高又會讓種子發芽而無法保存。

溫帶異儲型種子能在潮溼通風條件下以接近0度的環境儲存，並保持種子活力達一年左右。在潮溼的氣候條件下，森林底層往往能夠看到熱帶異儲型種子成員萌芽，長出密密麻麻的種苗，或是在適當季節看到溫帶異儲型種子的幼苗，成為熱帶森林底層獨特的景觀。臺灣低緯度地區的許多喬木皆具有熱帶異儲型種子，區域內若干樟科與殼斗科植物則具有溫帶異儲型種子，可見不耐乾燥儲藏的種子為熱帶潮溼氣候內的植物特色。

▲每年夏秋之際，台東龍眼的樹冠下總可見到大量的種苗。

• **起源複雜的藤本植物**

相較於其他氣候區，熱帶氣候區域時常可見穿梭林間且生長茂密的藤本植物。藤本植物通常具有長且柔軟的枝條，雖然缺乏強而有力的支持組織，卻能利用特化的器官攀附或纏繞在裸露的岩石、植物體或其他支持物上爭取日照，例如黏附性的根、纏繞性的莖與葉柄、特化的捲鬚、刺或是其他鉤狀、吸盤構造。

部分藤本植物能在遮蔭的環境下耐受生長，藉以伸展至其他大樹或物體上，目的是為了爭取更多的生長空間與日照，使得藤本植物能快速的占領或覆蓋大面積生育地。

大多數藤本植物為開花植物，包括木質與草質藤本，其攀附方式多元，像是胡椒科（Piperaceae）與部分天南星科（Araceae）植物利用「根」黏附於岩壁或樹幹上；許多草質藤本及木質藤本藉由纏繞莖攀附於其他植物上；蕨類植物中的海金沙科（Lygodiaceae）成員與毛茛科（Ranunculaceae）鐵線蓮屬（Clematis）植物藉由纏繞性的葉柄進行攀緣；棕櫚科（Arecaceae）省藤屬（Calamus）植物藉由葉軸先端具倒鉤的葉軸鞭鬚（cirrus）進行攀附；西番蓮科（Passifloraceae）與茜草科（Rubiaceae）鉤藤屬（Uncaria）植物利用花序軸特化而來的倒鉤進行攀緣。

此外，許多分類群特化出「捲鬚」的構造，且不同分類群的捲鬚形態與著生位置各異，成為鑑別藤本植物的特徵，如：葡萄科（Vitaceae）植物的捲鬚與葉片對生於莖上，可能是由枝條特化而成；葫蘆科（Cucurbitaceae）植物的捲鬚雖同為枝條特化而來，卻著生於葉腋；除了枝條以外，鞭藤科（Flagellariaceae）植物的葉片先端特化為捲鬚；菝葜科（Smilacaceae）植物的捲鬚為托葉先端特化而成。由此可知「藤本」此一特性為多起源、相似的攀緣類型出現於親緣關係甚遠的物種間，然而各分類群內的攀附方式頗為一致。

熱帶植物概論

▲藤本植物多具有長而柔軟的枝條，利用特化的器官攀附或纏繞在裸露岩石、植物體或其他支持物上以爭取日照。

▲西番蓮屬植物的捲鬚自葉腋伸出，可能為花序軸特化而來的構造。

• 種類繁多的附生植物

附生植物（epiphytes）是一群生長在其他植物體上，不與地表接觸的自營維管束植物。即使根系或莖葉依附著樹幹，卻憑藉本身的光合作用製造養分，不仰賴依附對象體內的養分。附生植物必須藉著雨水流經體表，或是攔截空氣中的水氣，作為必需的水分來源。某些種類的葉片得以攔截飄落的枝葉與動物排遺，待其發酵成為腐植質後，化為得以吸收的養分。

Madison M.於1977年採用廣義的附生植物定義，排除偶發附生性植物後，概算全世界約有29,000種附生植物，包含根系完全與地表隔絕的「真附生植物」（Holo-epiphytes）、從樹皮萌芽後延伸根系至地表，成為地生植物的「初級半附生植物（Primary hemi-epiphytes）」、從地表發芽後利用吸附性的根系攀附，逐漸成為完全附生的「次級半附生植物（Secondary hemi-epiphytes）」，以及能在植物體表面、岩石、枯倒木或是淺層表土行光合作用「兼性附生植物（Facultative epiphytes）」。

其中真附生植物和次級半附生植物開花結果時，根系往往已經離開地表，必須仰賴流經樹幹的雨水和周圍瀰漫的水氣維生。這些植物的氣生根表皮具有多層表皮細胞組成海綿狀的「根被（velamen）」，表面呈白色或灰色，能夠吸收大氣中的水分和營養，也能保護下面的細胞免受紫外線破壞。

• 旺盛的纏勒植物與絞殺現象

附生植物中，從樹皮萌芽延伸根系至地表後，逐漸成為地生植物的「初級半附生植物（Primary hemi-epiphytes）」以桑科（Moraceae）榕屬（Ficus）植物為主，這群植物許多都具有氣生根（Aerial root）、無根冠與根毛，起初於空氣中吸收水分，隨後攀附在其他氣生根或周邊物體上，接觸地表後逐漸加粗並具有支撐植物體的功能。

由於初級半附生植物的氣生根攀附在周邊樹木時，氣生根會彼此癒合且日漸加粗，造成被攀附樹木的樹幹無法正常茁壯，並且對其樹皮底下的維管束造成壓迫，阻礙被攀附樹木水分與養分的運輸，加上這些初級半附生植物也與被攀附樹木競爭日照，往往造成被攀附樹木日漸凋零而死亡，因此這些初級半附生植物也被稱為「絞殺植物」（Strangler fig）。雖然多年生藤本植物粗大的纏繞莖或發達的捲鬚不似初級半附生植物的氣生根那般彼此癒合而發生絞殺，然而堅韌的纏繞莖與捲鬚也能像初級半附生植物的氣生根般壓迫被攀附樹木的樹皮與維管束，況且同樣是競爭日照，因此過於旺盛的藤本植物和初級半附生植物一樣，也會影響被攀附樹木的正常生長。

熱帶植物概論

▲榕樹為初級半附生植物，其氣生根攀附在周邊樹木時容易引發絞殺現象。

熱帶植物概論

COLUMN

來自熱帶的多肉植物？

　　除了日夜溫差小、高溫且潮溼的熱帶溼潤氣候外，低緯度地區還具有「日夜溫差大、高溫且乾燥」的地帶，同樣有種類繁多的耐旱植物生長。

　　來自溫帶國度的博物學者與蒐藏家為熱帶植物瘋狂著迷，紛紛興建溫室種植這些來自低緯度地區的嬌客，也一併將同樣需要冬季保溫栽培的多肉植物引入溫室栽培，使得人們經常把這些植物與低緯度地區或熱帶印象相連結。

　　這些來自低緯度乾燥地區的植物有著「特化的儲水細胞」，具有較薄的細胞壁且不具葉綠體，造成植物體的根莖、莖或葉片膨大為肉質，而被稱為「多肉植物」。它們的根系範圍廣大，有利於在乾燥環境下吸收水分，並能利用景天酸循環於夜間完成光合作用。然而，這些多肉植物往往原生在全球各地的乾燥地區，並不局限於低緯度地區，因此在過於潮溼、土壤或基質容易淹水環境下不利栽培，必須留意環境通風與提升基質排水性。

　　在棲地多樣的臺灣，能夠看到若干原生多肉植物，如：景天科、馬齒莧科、鴨跖草科植物，以及其他適應力較強的「仙人掌科、大戟科、鳳梨科」等外來種多肉植物。植物的生存深受氣候條件影響，熱帶地區的多樣地景又影響了當地氣候條件，讓熱帶地區植物展現了極高多樣性，甚至影響了人類歷史發展。

◀在棲地多樣的臺灣，能夠看到適應力較強的外來種多肉植物。

熱帶植物與人類

今日全球的主要糧食作物中，除了大豆與小麥外，玉蜀黍、馬鈴薯與番薯皆源自熱帶美洲；木薯與高粱分別起源自熱帶與亞熱帶非洲；香蕉與水稻分別起源自熱帶與亞熱帶亞洲。許多熱帶植物能夠作為蔬菜與野菜食用，源自溫帶的蔬菜能栽種於氣候溼涼的熱帶山區，作為高冷蔬菜栽植。

世界三大非酒精性飲料的原料包括源自低緯度地區的阿拉比卡咖啡（Coffea arabica）和可可樹（Theobroma cacao）。阿拉比卡咖啡源自東非，陸續傳播到葉門並於十七世紀的大航海時代引種至全球熱帶森林內栽植。

地處低緯度的東南亞地區有著繁多的植物資源，並研發出各式香料。中古世紀的歐洲貴族與富豪渴求黑胡椒、肉桂、肉荳蔻等這些來自遠東的珍貴香料，因此在必須仰賴縱橫沙漠的阿拉伯商人才能貿易取得情況下，催生了大航海時代、發現新大陸等重大歷史事件。

進入工業革命後，大量工業原物料需求增加，許多熱帶植物如巴西橡膠樹、瓊麻、甘蔗、油棕等陸續引種栽培，一旦具有量產價值後，就會被推廣種植。三大飲料之一的可可樹原產於南美洲北部與亞馬遜盆地，可可樹的白色花朵生長在主幹與大型側枝上，在原生地透過微小的鋏蠓屬昆蟲授粉，尤其以雌蟲為主；授粉成功後結出橘紅色的碩大果實，內含多數一元硬幣大小的種子「可可豆」，這是可可與巧克力的主要原料。由於可可樹喜好生長於高溫多雨且潮溼的森林內，透過原住民間交易與大航海時代的傳播，現已廣泛引種栽培於全球南北緯20度內的「可可種植帶」。大面積推廣栽培熱帶作物下，可能與其他熱帶原生、特有甚至瀕危植物競爭棲地，或是改變了微棲地氣候，進而危及全球植物資源的永續利用。

地球歷經多次氣候變遷，由兩極持續出現大面積冰蓋，引發全球氣溫下降、海平面下降的冰河期，以及兩次冰河期間的間冰期。影響冰河期的原因之一包括地球的大氣組成，其中大氣層中二氧化碳的比例被認為與目前氣候變遷、全球暖化有關。工業革命後化石燃料的大量應用使得排放到大氣層內的二氧化碳量大增，加上人類活動擴張與棲地破壞，造成大量藻類與綠色植物驟減，連帶減少它們行使光合作用固碳的效力。

▲可可樹現已廣泛引種栽培於全球中南北緯20度內的「可可種植帶」。

由於全球變遷關係到全球人類存亡與經濟活動，因此碳中和（carbon neutrality）概念提出，國家乃至個人在一段時間內直接或間接產生的二氧化碳或溫室氣體排放總量，透過使用低碳替代能源、造林、節能減排等方式減少溫室氣體排放，藉以相互抵消達到溫室氣體零排放。許多國家與企業常以「造林」作為碳中和策略，認為通過人工造林，特別是「低緯度地區基於社區與環境需求推廣熱帶造林」作為實現碳中和的一種手段。

由於熱帶植物生長快速且生育地條件適當，許多熱帶植物長成後能夠用以加工並長期保存使用，砍伐後可再持續造林，即使造林成功後所形成的次生林也能提供額外的環保、生態與遊憩價值，因此善用熱帶植物（特別是熱帶喬木）對於碳中和的實現極具潛力。

有鑑於全球氣候變遷與生物多樣性的流失嚴重，保留種子與種源成為挽救全球植物資源的必要手段之一。

由聯合國糧食及農業組織、全球作物多樣性信託基金和北歐遺傳資源中心支持成立，挪威政府全額資助的「斯瓦爾巴全球種子庫」用於保存全球的農作物種子，為全球最大的種子庫，也被稱為全球農業的「諾亞方舟」。雖然斯瓦爾巴全球種子庫具有完善的保冷系統，在低溫缺氧且真空密封的鋁箔包裝妥善保存種子，提供儲存種源的單位也包括全球許多熱帶作物研究單位，然而許多熱帶植物的種子為異儲型種子，必須透過保留植物活體並模擬其生育環境才能更妥善保存種源，因此各國政府與民間的植物園、苗圃透過現地蒐集、國際交流下，致力於廣泛蒐集全球的熱帶植物種源，例如辜嚴倬雲植物保種中心即為民間成立的世界級熱帶植物保存基地，除了成為稀有植物的庇護所，也讓許多分類學者得以順利觀察熱帶植物罕見的生理現象。

▲日治時期推廣的銀合歡，形塑了現今澎湖群島林蔭的景象，對碳中和也有貢獻。

▲辜嚴倬雲植物保種中心是民間創立的國際級植物種原保存基地。（攝影／辜嚴倬雲植物保種中心）

熱帶植物圖鑑

The Illustration of Tropical Plants

★★★

蘇鐵 外來種 NA

Cycas revoluta Thunb.

科名	蘇鐵科 Cycadaceae
別名	鐵樹、鳳尾蕉、鳳尾松、避火樹
植物特徵	碩大的葉片與種實

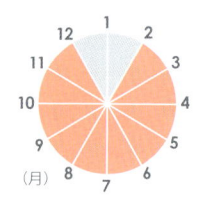

形態特徵

植株 2～6 公尺高，樹幹表面密被葉痕，一回羽狀複葉，小葉線形，硬質且斜伸成 V 狀，先端銳尖成刺狀，基部歪斜，葉緣明顯反捲，葉背疏被絨毛。雌雄異株，雄花序圓柱狀，雌花序卵狀。大孢子葉與胚珠表面被灰黃色絨毛，胚珠成熟為種子後表面呈朱紅色、漸光滑。

分布於日本南部與琉球島弧。

蘇鐵類植物是現存種子植物中最為原始的類群，古老的蘇鐵類植物在恐龍活躍年代就已存在，其外型卻與現存蘇鐵類植物有所不同。蘇鐵類植物現生於全球熱帶與亞熱帶地區，為全球重點保護的瀕危植物，其中蘇鐵屬植物分布於舊世界熱帶與亞熱帶地區，被認為是蘇鐵類植物中最為原始的類群。中南半島至中國南部一帶的蘇鐵種數頗多，屬內組成較為複雜，有可能是現代蘇鐵屬植物的起源中心。

蘇鐵為蘇鐵屬植物中第二個發表的種類，近年來基於分子親緣的證據，認為分布於日本南部至琉球島弧的蘇鐵，和原生於臺灣東南部的臺東蘇鐵極為近緣，且兩者位於蘇鐵屬植物親緣關係樹的基部，在現代蘇鐵屬植物的種化過程中極早分化而出。

▲臺灣可見的蘇鐵成葉邊緣反捲。

◀蘇鐵為臺灣早年常見的庭園造景樹種。

蘇鐵為雌雄異株的植物，個體生長間距較近時能夠透過風力傳粉，但是個體間距較遠時必須仰賴鞘翅目昆蟲傳粉。此外，蘇鐵的莖幹上具有能夠營養繁殖的鱗芽，能和種子一樣透過水力或海漂進行遠距離傳播，琉球島弧與日本南部間的蘇鐵族群極有可能跨過海洋的隔閡而基因交流。

在日本與琉球島弧，蘇鐵原生於海濱地區陡峭的山崖或岩石上，不禁令人讚嘆蘇鐵生命力的旺盛，想要近距離觀察卻極為困難。不過，蘇鐵在日本是一種廣泛栽培的園藝植物，時常列植或叢植於花園或建物周邊，加上蘇鐵的結實率與發芽率頗高，又能透過鱗芽進行營養繁殖，因此被作為庭園造景或盆景植物栽培。營養繁殖的優點是能夠保留母株的許多優良特徵，連帶將其他特徵有如搭便車地一併保留下來。臺灣早年也有栽培蘇鐵作為庭園造景的風氣，因此在許多歷史悠久的宅第或公園中也能見到碩大的蘇鐵，其葉片邊緣多為反捲狀。然而就在大量栽培下，引發了白輪盾介殼蟲與東陞蘇鐵小灰蝶啃食幼葉的蟲害，讓園主改種其他造型類似、如噴泉般的蕨類或棕櫚科植栽，使得在作者童年印象中頗為常見的蘇鐵逐漸消失。

▲雌球花大孢子葉基部可見表面被毛的胚珠。

▲修除羽狀複葉後可見莖幹先端的雄球花（中）圓柱狀，雌球花卵狀（右）。

▲授粉成功後胚珠轉為朱紅色，表面漸為光滑。

蘇鐵科

裸子植物

27

臺東蘇鐵 特有種 CR

Cycas taitungensis C. F. Shen, K. D. Hill, C. H. Tsou & C. J. Chen

科名	蘇鐵科 Cycadaceae
別名	臺灣蘇鐵、臺灣鳳尾蕉、海鐵鷗
植物特徵	碩大的葉片與種實

形態特徵

樹幹可達 5 公尺高，羽狀複葉長橢圓形，小葉往末梢漸小，形成先端具缺刻的葉片，基部具棘刺，小葉披針狀線形，直或微鐮形，先端具有堅硬尖突，基部驟縮至小葉柄，厚革質，邊緣略厚且微反捲。雄球花卵狀圓筒形；大孢子葉淺黃色至橘色，匙狀且先端羽狀裂片。種子表面漸光滑，種皮橘黃色至橘紅色。

臺灣特有種，局限分布於臺東岩壁或陡坡。

臺東蘇鐵是一群局限分布於臺灣東部海岸山脈與延平鄉紅葉村周邊溪谷內的蘇鐵科植物，也是臺灣唯一原生的蘇鐵科植物。它的發現源自於原住民兜售鐵樹幼苗與種子，1975年確認其生育地後，劃設了臺東紅葉村臺東蘇鐵自然保留區加以保護。然而，臺東蘇鐵的胚珠表面明顯被毛，與以往被認為由郇和（Robert Swinhoe）採自高雄港周邊、胚珠表面光滑的蘇鐵科物種明顯不同，因此1994年時發表為新種。臺灣平地庭園內時常栽植來自日本與琉球島弧的蘇鐵或是本土的臺東蘇鐵，許多園

▶ 臺東蘇鐵局限分布於臺灣東部海岸山脈與延平鄉紅葉村周邊溪谷內。

藝愛好者認為蘇鐵的成葉小葉邊緣常明顯反捲，臺東蘇鐵的成葉小葉邊緣則否。由於兩者外觀相似，加上大孢子葉與胚珠表面皆密被灰黃色絨毛，種子成熟後絨毛逐漸脫落並轉為朱紅色，因此極難區分。再加上兩者都能透過鱗芽繁殖，密集栽培時又能藉由風力與蟲媒近親繁殖產生種子，因此透過分子親緣分析成果認定兩者極為近緣，且在自然環境下很有可能透過海漂種子或鱗芽進行跨越海洋的基因交流；而琉球諸島間的不同個體形態多變，因此兩者極有可能是親緣關係非常接近，甚至是長期地理隔離下的同一物種。

達爾文（Charles Robert Darwin）和華萊士（Alfred Russel Wallace）聯名發表了《物種起源》一書後，演化成為自然史的新觀點，演化的光輝讓生物學的一切存在有了意義。相較於臨海生長的蘇鐵，臺東蘇鐵的生育地地處內陸溪谷內，加上蘇鐵與臺東蘇鐵的種子具有毒性，無法有效地藉由動物取食而傳播，因此很有可能是早年漂流進駐後，隨著造山運動而逐漸與海洋隔絕的族群。透過近親繁殖與營養繁殖而茁壯，臺東蘇鐵的存在相當獨特，也是臺灣自然史上非常重要的研究題材。

▲臺東蘇鐵的小葉平坦且邊緣微反捲。

◀莖幹表面常具有鱗芽，可藉此進行營養繁殖。

蘇鐵科

裸子植物

29

蘇鐵科

裸子植物

▲雄球花卵狀圓筒形。　　　　　　▲雌球花卵形，大孢子葉頂裂片羽狀裂緣。

▲胚珠表面被毛，隨著種子成熟而漸脫落。

30

臺灣蘇鐵 外來種 NA

Cycas taiwaniana Carruth.

科名	蘇鐵科 Cycadaceae
別名	廣東蘇鐵、臺灣鳳尾蕉、海鐵鷗
植物特徵	碩大的葉片與種實

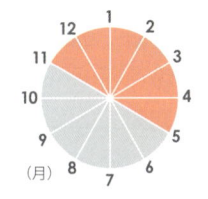

形態特徵

　　樹幹可達 3.5 公尺高，羽狀複葉長橢圓形，小葉往末梢漸小，形成先端漸狹的葉片，基部具棘刺，小葉披針狀線形，直或微鐮形，先端具長硬尖突，基部驟縮至小葉柄，厚革質，邊緣平坦。大孢子葉淺黃色至橘色，卵菱形，表面被淺褐色絨毛，先端頂裂片銳尖，邊緣羽狀裂片，胚珠表面光滑。種皮淺黃色。

　　零星分布於中國南部、西南部與海南島向陽混合林，長期栽培於中國南部，零星栽植於臺灣。

　　臺灣蘇鐵的故事常與臺東蘇鐵的發表與釐清一併傳誦。*Cycas taiwaniana*為William Carruthers在1893年發表，發表時描述了存放於英國漢斯標本館（BM）標本，為「郇和（Mr. Swinhoe）於1867年秋季送給漢斯博士（Dr. Hance）」，同時也提供了一份具有兩段複葉片段以及一枚具有4枚胚珠的大孢子葉的線描

▲臺灣蘇鐵原生於中國南部，臺灣南部可見早年引進的栽培個體。

圖。根據近代學者考據，這份模式標本應該並非源自臺灣，而是原生於廣東汕頭一帶，當地稱爲「海鐵鷗」的蘇鐵種類。由於郇和先生擔任英國領事期間，曾於1856年、1857年與1861年造訪過臺灣淡水與高雄兩處海港，皆爲當時許多西方採集者的主要採集區域，而臺灣唯一已知的原生蘇鐵產地位於臺灣東部，當時被清政府視爲「化外之地」，也是當時西方採集者難以到達的區域，因此許多學者支持郇和先生所採到的「臺灣蘇鐵」應該原生於中國南部，並非臺灣的原生物種。根據《中國植物誌》記載，臺灣蘇鐵的小葉邊緣平坦，大孢子葉頂端卵形且略成五角形，胚珠表面光滑。

作者曾聽聞一則蘇鐵的軼事，西元1100年北宋大文豪蘇軾遇赦北還離開海南島時，臨行前當地友人贈送了鐵樹樹苗給他帶回京城，因此鐵樹又被稱爲「蘇鐵」。如今這項軼事早已被認爲是穿鑿附會之說，不過這也說明了鐵樹在中國北方較爲罕見，在華人世界中常被當成奇樹栽培觀賞，古時也常被互贈。海南島當地的蘇鐵屬植物曾被發表爲海南蘇鐵（*Cycas hainanensis* C. J. Chen），如今被視爲臺灣蘇鐵的同物異名，換句話說，軼事中蘇軾手中的蘇鐵屬植物，極有可能爲現稱的臺灣蘇鐵。古往今來，臺灣與中國沿海地區兩地的貿易與轉口貿易頻繁，除了民生必需品外，被

視為開花吉兆的園藝玩賞品「鐵樹」是否有可能一併傳入臺灣呢？根據模式標本與相關形態描述，作者的確在部分臺灣的私人庭園內尋獲了臺灣蘇鐵的開花栽培個體，但是結實情況不佳，僅能透過營養繁殖進行繁衍。由於中國南部的臺灣蘇鐵生育地遭受破壞，加上以往的野外採集嚴重，野生的臺灣蘇鐵已經非常少見；這時早年珍藏的栽培個體就成為未來珍稀物種復育的珍貴種源。

▲雌球花卵形，大孢子葉先端羽狀裂緣。

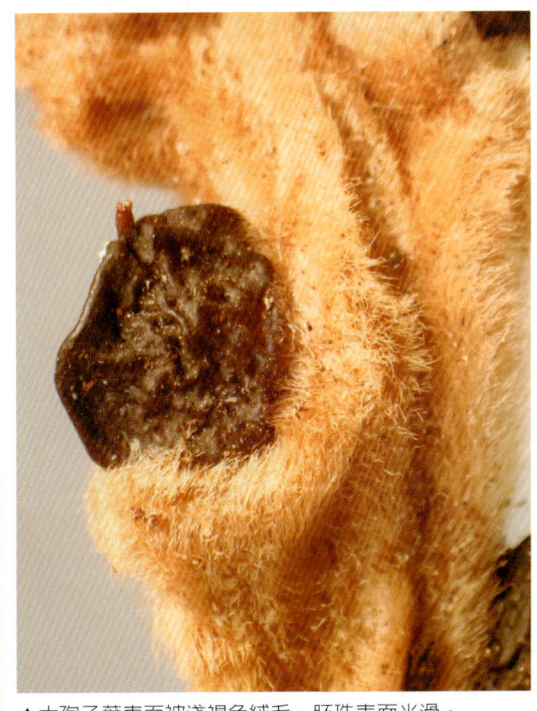

▲大孢子葉表面被淺褐色絨毛，胚珠表面光滑。

▲大孢子葉先端明顯具有頂裂片。

◀臺灣蘇鐵的小葉邊緣平坦。

蘇鐵科　裸子植物

臺灣油杉 特有變種 CR

Keteleeria davidiana（Franchet）Beissner var. *formosana*（Hayata）Hayata

科名｜ 松科 Pinaceae

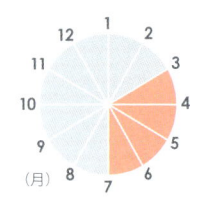

形態特徵

大型喬木，樹皮深灰色，表面具不規則裂溝，幼枝被短柔毛或光滑。葉扁平，線形，葉兩面具脊，先端銳尖、鈍形至圓，邊緣多少反捲。成熟毬果單生，直立，圓筒狀長橢圓形，未成熟時綠色，成熟後轉為淺栗色，種子具翼，翼與種子等長或稍長於種子。

臺灣特有變種，生長於北部海拔300～600公尺及南部海拔500～900公尺向陽闊葉樹林中；原種分布於中國西部及中部。

油杉屬植物為局限分布於中國南部、西南部與中南半島的大型喬木，其雄球花多數排列成繖形，簇生於直立的短枝條上；雌球花直立且毬果成熟展開後果鱗會宿存而不會散落。臺灣油杉的毬果直立，毬果外觀為長筒狀，果鱗先端往往具有凹刻，與其他臺灣平地或低海拔山區可見的松柏類植物明顯不同。

臺灣油杉是臺灣四大奇木之一，但是原生地內的種子多

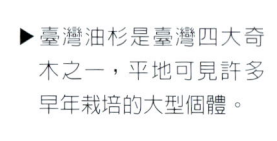

▶臺灣油杉是臺灣四大奇木之一，平地可見許多早年栽培的大型個體。

數發育不良，導致天然更新不易，因此被文化資產保存法列為珍貴稀有植物，並分別於南北兩端劃設自然保留區及保護區，避免珍貴的天然植株遭到人為破壞。由於樹形優美加上種子苗稀少，因此平地可見的臺灣油杉多為早年栽培者，並被視為珍稀的庭園樹種。臺灣油杉的幼葉先端銳尖至鈍形但不具尖突，開出球花枝條的葉片先端鈍至圓，因此成熟度不同的臺灣油杉其植株外觀也有所不同；即使南北兩處生育地的臺灣油杉葉片寬窄不同，兩處所產成葉先端皆屬圓鈍，尚在此一特有變種的變異範圍內。

由於臺灣油杉能夠以扦插方式進行人工培育，採取的扦插穗條成熟度不同也會影響植株外觀，加上營養繁殖能夠保留母樹的許多個體特徵，因此可培育出若干商品化的園藝苗木，如今透過廢止珍貴稀有植物的指定，配合成熟的扦插與育苗技術，臺灣油杉種苗的推廣與栽植或許能夠成為保育此一特有變種的措施之一。

▲幼葉先端銳尖至鈍形（左），開出球花枝條的葉片先端鈍至圓（右）。

▲雄球花排列成穗形，簇生於直立的短枝條。

▲毬果成熟後種鱗先端具缺刻，種鱗明顯長於苞鱗。

◀雌球花表面可見色深的種鱗與綠色的苞鱗。

福氏油杉 外來種 NA

Keteleeria fortunei（A. Murray bis）Carrière

科名	松科 Pinaceae
別名	油杉、炬鱗油杉
植物特徵	異儲型種子

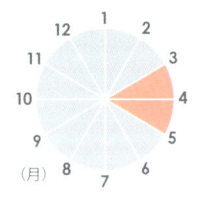

形態特徵

　　喬木，樹皮深灰色，表面粗糙，具縱紋，樹冠錐狀，小分支初為橘紅色或紅色，後轉為黃灰色或黃褐色，表面多少被毛。葉線形，先端鈍或具小尖頭。毬果圓筒狀或長橢圓筒狀，種鱗扁圓形或菱圓形，表面光滑，邊緣全緣，先端圓且不具缺刻。種子長橢圓形，翅黃褐色，先端歪斜。

　　原產中國華南與華中地區，為中國的易受害樹種，木材可用於家具、建築，或栽培為庭園喬木。

　　福氏油杉是油杉屬的模式種，1844年由英國植物探險家福均（Robert Fortune）自福州廟宇採獲標本並寄回英國後，由其他植物學者正式發表為新種。發表之初曾被視為雲杉屬植物，隨後卻因其毬果應為直立生長者而改列為冷杉屬植物，直到發現其「雄球花會繖形排列在短枝條上，毬果成熟後果鱗宿存而不剝落」，才被另立為新屬。福氏油杉為中國特產的油杉，毬果果鱗先端圓而無缺刻，葉片先端明顯具有

▶ 福氏油杉常被栽培為庭園用樹。

小尖突，可與臺灣原生的臺灣油杉相區隔。

　　政府頒布文化資產保存法並於1986年公告臺灣油杉為珍貴稀有樹種，禁止私自繁殖與販賣後，民間園藝愛好者將目光轉向了局限分布於中國與越南的其他油杉屬植物，本來就具有觀賞價值的海外園藝植栽得以因此進入臺灣，間接增加了臺灣園藝樹種的多樣性，也讓植物愛好者有機會見到本屬的模式物種活體。

松科

裸子植物

◀幼枝上葉片先端明顯具尖突。

▲開花枝條上的葉片與幼枝葉片同型。

▲毬果果鱗先端全緣並無缺刻或凹陷。

竹柏 EN

Nageia nagi（Thunb.）O. Ktze

科名｜ 羅漢松科 Podocarpaceae
英名｜ Asian bayberry
別名｜ 山杉、竹葉柏、南港竹柏、恆春竹柏、高樹竹柏、臺灣竹柏
植物特徵｜ 碩大的葉片

形態特徵

小型至中型喬木，樹皮灰黑色，表面光滑，片狀剝落。分支與小分支近對生，粗壯或纖細，斜倚或展開狀，多少下垂。葉對生或近對生，葉片橢圓狀披針形或卵狀披針形，無柄，具多數平行脈。雄球花腋生，卵狀圓柱體，4～8枚叢生。種子球形，花托缺如，花梗具葉痕。

分布於中國南部與日本；臺灣全島零星分布於闊葉林內，集中於南北兩端。

竹柏屬植物的地理分布以東南亞為中心，部分種類往外擴及南亞、澳大利亞及東亞溫暖潮溼森林內。根據化石紀錄，竹柏屬植物曾往北分布至朝鮮半島一帶，如今退縮至華中以南以及日本本島。臺灣分布者為中國南部、日本也分布的種類：竹柏，主要分布於南北兩端的森林內，零星分布於中央山脈淺山區內。竹柏是臺灣森林內自生的裸子植物中單葉葉片最為寬大者，其葉形多變。臺灣北部森林

▶竹柏零星原生於臺灣南北兩端森林內。

內原生的竹柏葉片較長且寬圓，葉片質地較厚且先端較為銳尖；臺灣南部臺東與恆春半島內原生者葉片較小且窄，葉片質地較薄且先端較圓，因此不僅曾被細分為「南港竹柏、高樹竹柏、臺灣竹柏」等，甚至被認為是原產於中國與中南半島的物種：長葉竹柏（*Nageia fleuryi*）。

　　在日本，竹柏時常栽植在神社與墓地中，但是其抗寒性較差，因此除了栽植位置外，冬季時也須以適當的防雪與禦寒措施保護。由於臺灣也曾受日本殖民，許多大型都市內都設置有神社，即便進入國民政府時期後陸續改建為忠烈祠，園區內留存的竹柏也因地處溫暖而持續成長茁壯。

▲日本神社內常栽植有竹柏。

羅漢松科

裸子植物

▲雄球花多枚簇生於枝條先端的葉腋處。

▲臺灣北部的竹柏葉片較長且寬圓，質地較厚。

▲臺灣南部的竹柏葉片較窄小，質地較薄。

▲圓葉品系為園藝化的竹柏品系。

蘭嶼羅漢松 CR

Podocarpus costalis C.Presl

科名｜　羅漢松科 Podocarpaceae

形態特徵

矮灌木或小喬木，葉叢生於小分支先端，革質，線狀倒披針形，先端圓或偶鈍形，葉基銳尖，邊緣多少反捲。雄球花單生，無柄，圓柱狀，2.5～3cm長；雌球花單生。種子橢圓形，成熟時深藍色；果托肉質，圓柱狀。

分布於菲律賓、蘭嶼海濱礁岩、叢林內與小蘭嶼坡地。

蘭嶼羅漢松原生於蘭嶼海濱地區，由於其堅韌的生命力與奇特的樹形，深受人們的喜愛而引進臺灣成為行道樹或園藝造景之用，在仰賴野採個體藉以滿足園藝市場的需求下，導致蘭嶼本島當地的族群量銳減至瀕臨滅絕。1976年以前在蘭嶼東清灣海濱礁岩上尚有成片的蘭嶼羅漢松族群，如今僅在當地深山、老人岩與小蘭嶼島上具有殘存林群，早年曾依「文化資產保存法」公告為「珍貴稀有動植物」之一，如今由於蘭嶼羅漢松的結實率甚高，能以種苗加以繁殖，雖然野採壓力驟減，但是原本的自然壯觀景色已不復存。小蘭嶼島位於蘭嶼島南南西方外海，島體略成方形，其海

▲蘭嶼羅漢松原生於蘭嶼海濱地區，具有奇特的樹形。

濱缺乏腹地，僅有北側濱海山坡較為平緩，其餘兩側皆為較陡峭的坡地與崩崖，東側則為陡峭的海蝕崖。由於孤懸海外，當地傳統禁忌的限制以及國防部早年將小蘭嶼作為飛行演練投彈靶場使用，相對於蘭嶼本島，小蘭嶼島上的蘭嶼羅漢松植株約有百株，甚至有胸徑達90cm的巨木，種種客觀因素下讓小蘭嶼成為此一物種的絕佳避難所。

羅漢松科

裸子植物

▲雄球花單生於小枝條先端葉腋。

▲雌球花單生於小枝條先端葉腋。

▲種子成熟時果托顏色轉深。

▲引進琉球嶼栽培後已見自生小苗。

41

海茄冬 LC

Avicennia marina（Forsk.）Vierh.

科名	爵床科 Acanthaceae
英名	grey mangrove, white mangrove
別名	茄萣、茄藤仔、白骨壤
植物特徵	支持根

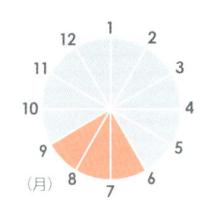

形態特徵

灌木或小喬木，葉橢圓形或卵形，先端銳尖或鈍，葉基銳尖或鈍，兩面光滑，葉背密被微小腺點，葉柄密被微小腺點。花序頭狀，小苞片表面密被毛，花橘黃色，花萼基部癒合，表面被毛，邊緣具纖毛，花冠筒 4 裂，裂片三角狀卵形，表面密被毛。果扁卵形，表面密被腺點，先端具毛。

分布於東非、東南亞、澳洲北部，中國南部；臺灣西海岸可見。

臺灣通史中記載「茄萣：生海濱，本可為薪。皮色赭，以染網。安邑有茄萣莊。」其所稱的「茄萣」即為海茄冬的古稱，廣泛分布於亞洲與大洋洲的熱帶與亞熱帶地區及臺灣西海岸新竹至屏東海濱的泥灘地，為臺灣最常見的紅樹林樹種，也被認為是高雄市茄萣區的地名由來之一。海茄冬的花與果實並不顯眼，雖然夏季在樹梢可見細小的橘黃色花朵，或是硬幣大小的綠色果實，但是泥灘地土質鬆軟，不一定能夠近距離觀察，因此退潮時，海茄冬樹冠周邊密集且直立於地表的呼吸根在難以踏足的泥灘海濱成為遠遠分辨它的重要特徵。

海茄冬種實為海漂的隱性胎生種實，果實成熟時果皮仍然完整，當中的種子胚根並未突出果皮外，但其實

▶ 海茄冬常見於臺灣西海岸新竹至屏東海濱的泥灘地。

已經悄悄萌芽，因此夏末秋初在海濱撿到它的海漂種實時，往往果皮早就脫落、胚軸末端已長出根系，並且子葉膨脹，隨時準備在適生的泥灘地上成長茁壯。

▲花冠筒具 4 枚三角狀卵形裂片。

▲花序頭狀，腋生於小分枝先端葉腋。

▲果扁卵形，基部可見宿存花萼。

◀海漂種子擱淺時往往已經發芽。

◀海茄冬樹冠周邊往往可見密集且直立於地表的呼吸根。

爵床科 雙子葉植物

43

直立半插花 VU

Strobilanthes cumingiana（Nees）Y. F. Deng & J. R. I. Wood

科名｜　爵床科 Acanthaceae

形態特徵

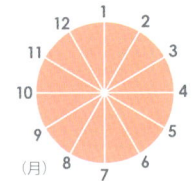

　　直立草本，嫩莖具4稜且被毛。葉片長橢圓狀披針形，先端銳尖至漸尖，葉基漸狹，邊緣淺齒緣，葉面光滑，葉背脈上被鉤毛，葉柄表面疏被鉤毛。穗狀花序頂生，苞片卵形至長橢圓狀卵形，邊緣疏具纖毛，花萼裂片線狀披針形，花冠白色，裂片圓形。蒴果長橢圓形，先端漸尖，種子卵形，微被毛。

　　分布於菲律賓與臺灣蘭嶼。

　　蘭嶼分布有四種馬藍屬植物，其中直立半插花與蘭嶼馬藍僅有直立莖而未見匍匐莖，且不具基生葉片。它們的葉片翠綠，並不像其他兩種蘭嶼可見的馬藍屬植物葉面泛紫色，因此極易分辨。在蘭嶼，直立半插花的發現甚晚，在日治時期並未被發現，直到1970年代臺灣進入臺美日合作的植物調查階段，正值第一版《臺灣植物誌》編纂期間的1974年才首次確認分布於當地。這可能與蘭嶼早年缺乏深入叢林的通道，加上直立半插花這類較為柔軟的草本植物壓製成標本後不易保存且花朵只綻放半天，以及蘭嶼當地還有其他更加吸引目光的喬、灌木與野花，因此看似平凡無奇的小野花才會被忽略。直立半插花在當地叢林內並不少見，只要在中午前走進原始叢林中都能發現它的白花。

▲直立半插花僅有直立莖且不具基生葉片。

▲葉片長橢圓狀披針形，葉面翠綠。

▲花序直立於莖頂，具有多數葉狀苞片與白色花朵。

▲卵形苞片邊緣明顯具纖毛。

爵床科 雙子葉植物

45

匍匐半插花 VU

Strobilanthes tetrasperma（Champion ex Bentham）Druce

科名｜爵床科 Acanthaceae

別名｜四子馬藍、黃猺草、匍匐半柱花

形態特徵

纖細被毛的多年生草本，莖匍匐至斜倚，節上生根。葉長橢圓狀卵形至圓形，先端鈍或圓，基部明顯截形或微心形，邊緣鋸齒緣，葉背脈上被伏生長柔毛。穗狀花序頂生，總梗纖細；花近無柄，簇生於總梗先端，苞片匙形，表面被纖毛，花萼裂片線狀披針形，表面被開展長柔毛。種子壓扁狀圓形。

分布於中國南部、馬來半島、菲律賓與琉球南部；臺灣僅見於蘭嶼。

廣義馬藍屬是東南亞一帶常見的多年生草本，包括以往所稱的半插花屬植物。蘭嶼當地的馬藍屬植物中，匍匐半插花廣泛分布於海岸林至溪流旁森林底層，為蘭嶼當地最常見的馬藍屬植物。匍匐半插花的葉片常呈長橢圓狀卵形至圓形，會於匍匐莖頂端抽出穗狀花序，開出同樣的白色或粉色花朵。匍匐半插花也能生長在人為干擾較多的地區，極易受到海岸林開墾、道路整建或溪流整治影響，所幸除了利用種子繁殖外，匍匐半插花也能利用旺盛的走莖繁殖，只要棲地營造與復原得宜，極有可能在植被復原後恢復生機。

▲匍匐半插花的植株匍匐至斜倚，開花於枝條先端。

▲葉背明顯帶紫色，葉面色深且帶紫色。

▲穗狀花序軸較短，頂生於莖頂。

柳葉鱗球花 特有種 NT

Lepidagathis stenophylla Clarke ex Hayata

科名｜　爵床科 Acanthaceae

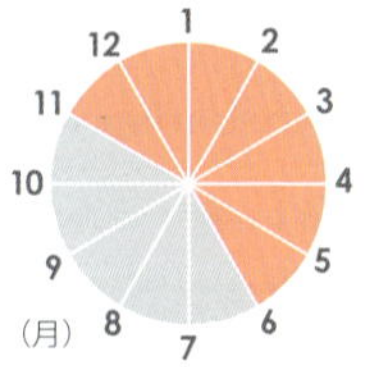

形態特徵

　　草本，莖基部匍匐後直立，具4稜，表面近光滑。葉紙質，葉片線形、披針形至卵形，先端鈍、銳尖或漸尖；葉基窄或漸窄成葉柄，邊緣淺波緣，兩面光滑。穗狀花序頂生或腋生，近無柄，苞片覆瓦狀，披針形，邊緣具纖毛，小苞片窄披針形；花萼5裂，窄披針形或廣披針形；花冠白色，二唇化。蒴果錐狀，表面被毛，種子扁圓形。

　　分布於臺灣東部、南部林緣。

　　柳葉鱗球花的模式標本採自牡丹社，本種的原始發表文獻中註明模式標本存放在英國邱園，然而同模式標本存放於東京大學標本館內。雖然早田文藏教授在其圖誌中繪製葉片線形且葉尖鈍，但從同模式標本上可見柳葉鱗球花的葉形多變。

　　柳葉鱗球花的海拔分布極廣，可自恆春半島海濱背風側至中海拔山區林緣，偶與同屬的臺灣鱗球花共域生長，然而根據早田文藏教授的描述，臺灣鱗球花的葉兩面被細毛，因此即使柳葉鱗球花偶爾會長出卵形的葉片，也可以從它光滑的葉片加以區分。

◀花冠白色，下唇中裂片中央常帶粉紫色。

▲柳葉鱗球花的葉形多變。

▲苞片披針形，邊緣具纖毛。

爵床科　雙子葉植物

47

蘭嶼馬藍 特有種 EN

Strobilanthes lanyuensis Seok, C. F. Hsieh & J. Murata

科名｜ 爵床科 Acanthaceae

植物特徵｜ 支持根

形態特徵

　　灌木，莖 4 稜。葉對生，紙質，葉柄表面被伏毛；葉形長橢圓狀披針形、長橢圓狀卵形或卵形，葉基銳尖至漸狹，邊緣鈍齒緣，兩面光滑，葉背脈上偶疏被毛。總狀花序頂生或腋生於上部葉腋，表面光滑或被腺毛，苞片倒卵形，花萼宿存，花冠漏斗狀，白色。蒴果圓筒狀梭形，表面光滑；種子橢球形，表面被粗毛。

　　蘭嶼特有種。

　　入秋後的蘭嶼常被戲稱為進入封島半年的時節，四面環海的蘭嶼受到強烈東北季風吹拂，不僅影響班機起降，掀起的風浪也讓往返臺灣與蘭嶼的客輪難以停靠。蘭嶼馬藍的花期正值隆冬，在迎風面的密林底層或是山谷背風面的森林底層，可見蘭嶼馬藍灌叢內有著點點白花，為看似蕭瑟的蘭嶼山林增添了幾分亮點。廣義的爵床科馬藍屬植物主要分布於南亞、東南亞，並向北延伸至東北亞。爵床科植物的雄蕊著生於花冠筒內基部單側，花絲於花冠內側形成花絲幕簾，但是細微的花部構造在壓製臘葉標本後難以直接觀察，加上蘭嶼馬藍的花

▲蘭嶼馬藍僅見於當地叢林底層。

期正值冬季,增加了研究者觀察的難度。1968年時任屏東科技大學森林系的張慶恩教授曾記載蘭嶼分布有馬藍屬植物,但並未描述其花部特徵,直到2004年才確認蘭嶼馬藍獨特的分類地位。從觀察新鮮花朵可知,臺灣本島的馬藍屬植物成員其花絲幕簾多位於花冠下側,但是蘭嶼馬藍的雄蕊與其花絲幕簾位於花冠上側,除此之外,蘭嶼馬藍的內側雄蕊花絲與外側者近等長,與其他臺灣產馬藍屬植物不同,這也是蘭嶼當地僅見的灌木型馬藍屬植物。

爵床科

雙子葉植物

▲蒴果圓筒狀,兩瓣裂。

◀總狀花序頂生或腋生於枝條先端葉腋。

▲花冠內上側可見4枚雄蕊的花藥與雌蕊。

49

長穗馬藍 特有種 LC

Strobilanthes longespicatus Hayata

科名｜　爵床科 Acanthaceae
別名｜　穗花山藍

形態特徵

　　具分支灌叢，莖近 4 稜，表面光滑。葉片長橢圓形或長橢圓狀披針形，先端銳尖或漸尖，葉基楔形至漸狹，邊緣鈍齒緣，兩面光滑。花排列成頂生穗狀花序，偶具分支或排列呈圓錐花序，苞片披針形或線狀披針形，小苞片線形，花冠淺紫色或白色，花冠裂片 5 裂，裂片近等大，三角狀圓形。蒴果線形。

　　臺灣特有種，分布於臺灣南部，恆春半島尤其常見。

　　長穗馬藍的外型極為獨特，是枝條粗壯的灌叢；冬季時粗壯的花序軸上開出大型的紫色或白色花朵，加上長穗馬藍的花冠裂片先端反捲呈凹陷狀，與其他臺灣本島可見的馬藍屬植物明顯不同，不免讓人懷疑它會不會是其他爵床科植物？其實馬藍屬植物曾被細分成許多屬別，不過目前的分類見解傾向將其歸為同屬之下。長穗馬藍的雄蕊和雌蕊位於花冠筒內下側，與臺灣本島未見的蘭嶼馬藍有所不同，然而這樣的形態特徵最好能透過活體觀察較容易確認。爵床科植物的種子往往仰賴蒴果受潮後自行彈開而傳播，再透過土壤基質的搬運進行二次傳播，若無其他大型動物造成的基質搬運，這些大型爵床科植物往往分布較為局限，因此長穗馬藍成為臺灣南部限定的大型馬藍。

▲花冠筒內下側可見雌蕊，雄蕊較短因此外觀較難見到。

▲長穗馬藍的外型極為獨特，是枝條粗壯的灌叢。

▲長穗馬藍的粗壯穗狀花序頂生。

爵床科

雙子葉植物

51

珊瑚樹

Viburnum odoratissimum Ker Gawl.

科名｜　五福花科 Adoxaceae

別名｜　山豬肉

植物特徵｜　碩大的葉片

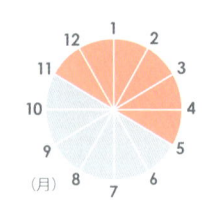

形態特徵

　　大型灌木或小型喬木，常綠，小分支被毛或光滑。葉革質，表面光滑，倒卵形至橢圓形，先端鈍至圓，葉基楔形，全緣或疏鋸齒緣。花為繖房狀聚繖花序，5～10cm 寬，表面光滑，總梗長於花序，苞片披針形，表面被毛，萼齒裂片淺，三角形，花冠白色，裂片橢圓形。果長橢圓形，紅色至黑色。

　　分布於印度、中南半島、中國南部至菲律賓；原生於臺灣南部低至中海拔山區。

　　原生植物較能適應當地的土壤特性、氣候與季節變化，對當地病蟲害具有相當的抗性或耐性，栽培後的存活率也較高。選用原生植物作為園藝植栽之用能避免外來園藝作物逸出後，成為外來入侵種的風險。若是園藝植物選用時，能從原生植物中挑選出具有觀賞與實用價值的種類，便能提高園藝綠化、生態營造與園藝療癒的成效。珊瑚樹是原生於臺灣南部的樹種，在引種至臺灣北部栽植後，仍能於冬季開出白色花朵組成的聚繖花序，並在春季結成豐碩的紅色果串，加上樹型大小適中，能夠作為高綠籬進行強剪，因此已被廣泛應用為原生綠美化植栽，是近年來成功引種的原生植物之一。

▲ 珊瑚樹是原生於臺灣南部且廣泛引種至各地的樹種。

◀繖房狀聚繖花序懸垂於枝條先端。

▲植株結實率高，成熟後轉為鮮紅色。

五福花科

雙子葉植物

53

鈍葉大果漆 EN

Semecarpus cuneifomis Blanco

科名｜ 漆樹科 Anacardiaceae

植物特徵｜ 碩大的葉片與種實

形態特徵

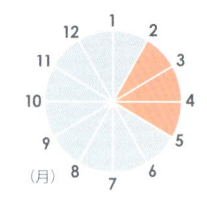

小型喬木，小分支圓柱狀，褐色。葉革質，長橢圓形，先端圓或鈍，偶於先端銳尖，葉基常不對稱銳尖，葉片光滑或於中脈上微被毛，小脈明顯網狀。圓錐花序頂生，花兩性，5 或 6 數性，花梗基部具 1～2 枚小型苞片，花萼裂片廣卵形，先端鈍形，花瓣白色，披針形。核果扁卵形，基部具一膨大果托。

分布於菲律賓與蘇拉維西島，在臺灣僅見於蘭嶼。

鈍葉大果漆為分布於菲律賓與蘇拉維西島的小型喬木，在臺灣僅見於蘭嶼和小蘭嶼，零星分布於海濱與森林內開闊處。大果漆屬在蘭嶼共有 2 種，除了本種尚有植株稍微高大的「臺東漆」。兩種植物的成熟果實均為黑色，果實基部著生在膨大而多汁的紅色果托上，藉以吸引動物啃食傳播果實。由於葉片常綠，開花時皆為醒目的白色大型圓錐花序，加上結果時具有鮮豔的紅色果托，因此兩者成為臺灣偶見的原生景觀樹種。不

▲鈍葉大果漆原生於蘭嶼海岸林至淺山叢林內。

過，鈍葉大果漆和臺東漆兩者與芒果同屬漆樹科植物，植物體內多少含有容易引發過敏的化學物質：漆酚（urushiol），尤其鈍葉大果漆與臺東漆並非果樹，植物體內漆酚含量較高，因此野外觀察時必須格外留意，盡量避免皮膚碰觸到樹汁，以免造成身體不適。不過對於某些人而言，鈍葉大果漆果實成熟時的鮮紅果托多汁且可食，因此以往熟稔鈍葉大果漆與臺東漆的蘭嶼長者，也會採摘鈍葉大果漆的果托作為兒童的零嘴。

漆樹科

雙子葉植物

▲葉片先端銳尖，圓錐花序頂生於枝條先端。

◀花兩性，花瓣白色，可見 5 或 6 枚雄蕊與 3 裂柱頭。

▶鈍葉大果漆的果實基部著生在膨大而多汁的紅色果托上，藉以吸引動物啃食。

55

臺東漆 NT

Semecarpus longifolius Blume

科名｜漆樹科 Anacardiaceae
別名｜大葉肉托果
植物特徵｜碩大的葉片與種實

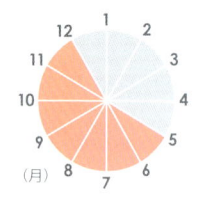

形態特徵

中型常綠喬木，葉互生，叢生於小分支先端，橢圓狀披針形，先端銳尖，葉基鈍至近圓形。圓錐花序頂生，花白色，5束性。核果橢圓形，縱向扁平，坐落於肉質果托上。

分布於菲律賓、臺灣南部與東南部、蘭嶼、東沙島海濱。

許多植物藉由動物取食進行種實傳播，然而又需避免動物取食過程傷害種子中的胚，以免功虧一簣地浪費了辛苦長成的種實。臺東漆採用了極端的手段——毒，來保護它的種子。臺東漆屬於漆樹科植物，植物體內多少含有容易引發過敏的化學物質：漆酚（urushiol），全株除了果托的漆酚含量較低外，其餘部位皆足以引發皮膚的過敏反應，因此不宜取食。臺東漆的種實成熟後，肉質而膨大的果托會轉為鮮豔的紅色，以吸引鳥類或其他動物取食，而真正的果實內則含有漆酚，藉以避免種子在攝食過程中被破壞。雖然名為臺東漆，但也分布於菲律賓、花蓮、恆春半島以及東沙島，由於其渾圓的樹型、常綠特性以及果托具觀賞價值，因此也被零星栽培作為觀賞樹木之用。以往臺灣相關文獻採用 *Semecarpus gigantifolia* Vidal 此一學名，本文根據POWO加以訂正。

▶ 臺東漆原生於臺灣與蘭嶼的近海森林內。

◀葉片先端銳尖，圓錐花序頂生於枝條先端。

▲花白色，花朵內可見 5 枚雄蕊，花柱不明顯。　▲臺東漆的果托是全株唯一可食的部分。

▲部分日治時期留下的庭園內，可見種植臺東漆為庭園植栽。

漆樹科

雙子葉植物

57

恆春哥納香 CR

Goniothalamus amuyon（Blanco）Merr.

科名｜ 番荔枝科 Annonaceae
別名｜ 臺灣哥納香、叢立鷹爪花
植物特徵｜ 碩大的葉片

形態特徵

小型常綠喬木至灌木，分支深褐色。葉互生，長橢圓形、倒卵形或披針形，革質，葉面深綠色，葉背黃綠色，先端銳尖或鈍，葉基鈍，全緣，兩面光滑。花腋生，單生，兩性或偶單性，花梗位於小分支基部且與葉片對生，花萼革質，裂片3裂，綠色，花瓣黃綠色。果長橢圓形至橢圓形，且於種子間驟縮。

分布菲律賓、馬來西亞與爪哇，臺灣南部地區局限分布於恆春半島。

恆春哥納香在臺灣被視為珍稀樹種，為目前臺灣本島唯一的原生番荔枝科樹種，僅見於恆春半島西側高位珊瑚礁森林內，以及臺灣本島僅存的香蕉灣原生海岸林。雖然原生地極為局限，但是它的種子發芽率很高，因此時常被許多學校與研究保育機構進行境外保育，即使位於臺灣中北部，恆春哥納香也能順利開花結果，可見耐受性頗強。在濃密的熱帶叢林中，它成熟的橘色果實與綠色花朵更顯耀眼。

▲恆春哥納香為臺灣本島唯一的原生番荔枝科樹種。

◀花朵單生且懸垂狀，內含心皮多數。

▲果實成熟後呈橘色，種間驟縮。

番荔枝科

雙子葉植物

▲在幽暗的林間，恆春哥納香的果實十分顯眼。

琉球暗羅

Polyalthia liukiuensis Hatusima

科名｜ 番荔枝科 Annonaceae

植物特徵｜ 碩大的葉片與種實、幹生花

形態特徵

　　中型喬木，表面光滑，幼枝灰褐色。葉互生，薄革質，長橢圓形至橢圓形，先端漸尖，基部近圓形，葉面具光澤，葉背暗沉不具光澤。花序具 1～6 朵花，腋生，花梗表面光滑或零星分佈短毛，花萼 3 枚，先端圓或三角狀圓形，花瓣 6 枚，初為綠色後轉為黃綠色，窄披針形。核果漿果狀，橢圓形，兩端圓。

　　分布於琉球南部珊瑚礁岩質低地灌叢及蘭嶼。

　　琉球暗羅為主幹直立的喬木，僅分布於琉球島弧的西表島、波照間島的珊瑚礁岩質低地灌叢，以及蘭嶼東北方雙獅岩一帶陡峭山壁，也是臺灣離島中唯一的番荔枝科喬木。由於分布區域較為局限，在蘭嶼當地極為罕見。琉球暗羅與臺東的水果名產「釋迦」同屬番荔枝科成員，具有開展的枝條與成列的互生葉片，仲夏時節開展的綠色花朵與釋迦的花朵神似。琉球暗羅與釋迦的花朵具有許多離生雌蕊，授粉成功後心皮逐漸膨大成圓球狀，不過琉球暗羅的心皮基部並未隨之膨大，因此漿果狀的核果成熟轉為紅色時具有果柄，與釋迦的心皮基部及心皮一併膨大而成卵圓形不同。從琉球暗羅的分布情形以及果實的形態特色推論，琉球暗羅應是藉由鳥類傳播於琉球島弧與蘭嶼間。

▲琉球暗羅為臺灣離島中唯一的原生番荔枝科喬木。

▲花萼與花瓣綠色，幹生於細枝基部。

番荔枝科

雙子葉植物

▲果實成熟後轉為紅色，基部明顯具有果梗。

濱當歸 特有種 VU

Angelica hirsutiflora Tang S.Liu, C. Y. Chao & T. I. Chuang

科名｜ 繖形科 Apiaceae

別名｜ 濱獨活、毛當歸

植物特徵｜ 碩大的葉片

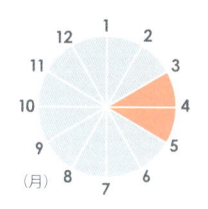

形態特徵

粗壯多年生草本，根系粗壯成塊根狀，下部莖生葉與基生葉大型，三角形，二回羽狀複葉，小葉質地厚，兩面脈上被毛，廣卵形，先端鈍，葉基心形至圓形，邊緣鈍齒緣，葉柄粗壯，具大型葉鞘，莖生葉漸小，漸變成僅存葉鞘。繖形花序大型，表面密被毛，花白色，花瓣卵形，具有窄而內捲的先端。

特有種，臺灣北部海濱、龜山島與綠島可見，並曾零星於蘭嶼採獲。

濱當歸是1961年由任職於國立臺灣大學的劉棠瑞教授等人引證莊燦陽先生採自臺灣北部海濱的標本所發表之特有種，發表時並未引證當時既已在綠島所採獲的標本，因此以往被認為局限分布於北部海濱地區。其實濱當歸在綠島的生育地環境多為海濱地區的火山岩縫隙內，與北海岸一帶大屯火山群噴發後留下的多數火成岩海濱類似，加上兩處冬季皆受到東北季風吹拂，氣候條件也極為類似。濱當歸於日治時期曾在蘭嶼被採獲，然而如今現地族群已不復見。當歸屬植物為廣泛分布於北半球溫帶至極地邊緣的繖形科類群，若干種類也因青康藏高原的地勢提升而分布至較低緯度地區，臺灣產當歸屬植物多數生長在中高海拔山區，因此濱當歸的習性極為特別，冬末春初時開枝散葉，隔年夏季地上部就逐漸枯萎，可能是這群植物往熱帶擴展後進一步分化而成的物種。

▲濱當歸是大型的直立草本，分布於臺灣北部海濱、龜山島與綠島。

▲花白色,排列成繖形花序分支後組成大型頂生花序。

▲結實率甚高,果序上可見倒卵形離果多數。

繖形科

雙子葉植物

念珠藤 特有種 NT

Alyxia insularis Kanehira & Sasaki

科名｜ 夾竹桃科 Apocynaceae

植物特徵｜ 碩大的葉片與種實、藤本

形態特徵

　　光滑纏繞性木質藤本，葉 3 或 4 枚，水平狀展開，厚革質，倒卵形，先端鈍，葉基楔形，邊緣反捲，中肋於葉面下陷，葉背隆起，側脈多數，色淺或不明顯。聚繖花序腋生，花萼裂片三角形，表面光滑；花冠筒裂片卵形；雌蕊短於雄蕊，柱頭卵狀或二叉，表面被毛。果橢圓形，內含 1 ～ 2 枚種子。

　　臺灣特有種，僅見於綠島與蘭嶼。

　　綠島與蘭嶼島上有許多夾竹桃科的灌木與藤本植物，除了環島公路與林緣常見的蘭嶼山馬茶之外，還有一種光滑纏繞性藤蔓：念珠藤。念珠藤的中文名稱與它獨特的果實外型息息相關。和其他夾竹桃科的成員一樣，念珠藤全株具有白色乳汁，花冠基部著生的雄蕊具有貌似箭頭狀的花藥，雌蕊同樣由兩枚心皮組成，於授粉後離生。不過，授粉成功後的念珠藤卻結出 5 ～ 10 公分長的念珠狀果實，與其他臺灣產夾竹桃科植物光滑而流線型的果實不同，每一顆看似念珠的部分，裡頭藏著一顆褐色種子。其次，念珠藤的果實成熟後並不開裂，而是由果實基部直接脫落，與其他夾竹桃科成員單側開裂的蓇葖果明顯不同。由於不同果實的形態特徵常隨著生育環境不同發生適應上的演化，因此這種果實不開裂特性可能與適應海漂傳播有關，加上念珠藤種子必須經由去除果皮的步驟才能順利發芽，因此封閉的果皮可能需得仰賴海水浸潤與海浪拍打礁岩的摩擦，才得以喚醒細心呵護的種子在綠島與蘭嶼海濱蔓延生長。

▶念珠藤為綠島、蘭嶼環島公路和林緣常見的光滑纏繞藤本植物。

▲花朵聚繖狀排列於葉腋。

▲果實種間驟縮成念珠狀,成熟後不開裂。

夾竹桃科

雙子葉植物

隱鱗藤 LC

Cryptolepis sinensis（Lour.）Merr.

科名｜ 夾竹桃科 Apocynaceae
別名｜ 牛蹄藤、白葉藤
植物特徵｜ 藤本

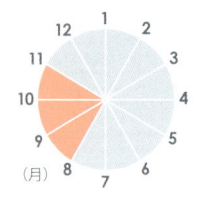

形態特徵

纏繞性藤本，表面光滑。葉對生，葉片長橢圓形至線狀披針形，先端具小尖頭至漸尖；葉基鈍形至圓或心形，葉柄纖細。花序為大型疏鬆二叉的頂生或腋生聚繖花序；花萼裂片卵形，先端鈍；花冠黃色，披針形裂片具直毛。蓇葖果圓柱狀，先端漸尖；種子扁平，披針形，具環狀翅與叢毛。

分布於印度、中南半島、馬來亞；臺灣與綠島淺山林緣可見。

夾竹桃科成員的植株型態多變，包括喬木、灌木、藤本等，但只要一折葉片，就能從滲出的白色乳汁得知它的身分。

臺灣南部具有許多夾竹桃科藤本植物，其中隱鱗藤生長在離海岸稍遠的向陽開闊林緣，包括平原間兀立的大崗山、牛屏山、柴山等都能發現它。然而隱鱗藤的花期較短，花冠色淺且裂片纖細，加上成對而生的蓇葖果也很細小，因此不易在濃密葉叢中發現。近年來發現此物種也分布於綠島林緣。

▲隱鱗藤為纏繞性藤本，葉片長橢圓形。

▲花冠裂片白色，裂片纖細且略為捲曲。

▲蓇葖果成對，果實纖細且單側開裂。

海檬果

Cerbera manghas L.

科名	夾竹桃科 Apocynaceae
英名	sea mango
別名	山橙仔、猴歡喜、海橙仔、黃金茄、山杬果、牛金茄、牛心荔、黃金調、山杬果、香軍樹
植物特徵	碩大的葉片與種實

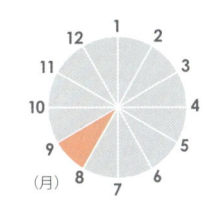

形態特徵

小喬木，小分支堅硬，葉革質，簇生於小分支先端，披針形至倒披針形至線狀倒卵形，先端銳尖至驟漸尖，葉基楔形。花白色，花苞周圍常帶粉紅色，聚生成大型繖房花序，花萼裂片長橢圓形至橢圓形，花冠白色，具花冠筒，表面被毛。果橢圓形，外果皮肉質，中果皮富含纖維，內果皮堅硬。

熱帶亞洲常見，臺灣與許多離島海濱可見，並廣泛栽植於平地海濱造林地與公園綠地。

早年臺灣的公園綠地內設有「果實有毒、請勿採摘」標語的警示牌警告民眾，使得海檬果美麗的身影與它身旁常見那塊警示牌成為公園文化的一部分。

以往許多公共空間時常栽植夾竹桃科觀賞植物，如：夾竹桃、黃花夾竹桃等，偶有人畜誤食造成悲劇，因此逐漸換植而日漸消失在大眾眼前。海檬果的結實率佳，不僅樹型優美、葉片油亮、開花性佳，果實成熟後還會呈現紅紫色，的確是優良的庭園景觀樹種。如今國民素質提高，人為採摘誤食情況極為罕見。

海檬果的果皮內富含纖維，加上外果皮表面具有一層防水的蠟質，為典型的海漂種實，因此在臺灣沙灘的高潮線旁，時常看到海檬果果實或既已發芽的小苗。

◀海檬果原生於臺灣與許多離島海濱。

夾竹桃科 雙子葉植物

▲花冠白色，排列成大型繖房花序。

夾竹桃科

雙子葉植物

◀由於樹形優美，兼具賞花、賞果價值，被廣泛栽植於公園綠地中。

▲果實橢圓形，成熟後自棗紅色轉深。

69

蘭嶼牛皮消 特有種 NT

Cynanchum lanhsuense T. Yamaz.

科名｜ 夾竹桃科 Apocynaceae

植物特徵｜ 碩大的種實、藤本

形態特徵

纏繞性藤本，莖表面光滑。葉對生，革質，廣卵形，先端具短尾突，葉基圓或淺心形。聚繖花序二叉排列，花萼 5 裂，裂片卵形，先端鈍，表面光滑，花冠表面光滑，裂片長橢圓形，副花冠 10 裂，合蕊柱近花冠 1 / 2 長。蓇葖果單生，直且披針形。種子扁平卵形，邊緣具翼，先端具冠毛。

蘭嶼特有種，僅見於海濱至淺山區。

十七世紀蘭嶼以Botol Tobago、Botol Tobage等名稱出現在荷屬東印度公司繪製的航海圖中，華人則以「紅豆嶼、紅頭嶼」稱之，作為前往菲律賓的航海標記。

1896年中日馬關條約簽訂後，紅頭嶼連同「臺灣及其附屬島嶼」成為日本的首處殖民地，隨後早田文藏教授於1911～1921年陸續發表《臺灣植物圖譜》十卷，其中包含川上瀧彌與佐佐木舜一先生前往紅頭嶼進行系統性植物調查的成果，此時許多蘭嶼當地發現的新種常以kotoensis或kotoense此一紅頭的臺語發音拼出拉丁文種小名。

1970年代，臺灣進入臺美日合作的植物調查階段，蘭嶼當地發現的新種開始改以華文蘭嶼發音拼出lanyuensis或lanyuense的拉丁文種小名。蘭嶼牛皮消為時任日本東京大學的山崎敬教授於1968年發表的新種及蘭嶼特有種，其種小名有趣地以臺語的蘭嶼發音拼成，也是蘭嶼特有種中唯一如此拼寫種小名的物種。

▶花瓣褐色，副花冠白色且先端 10 裂。

◀ 蘭嶼牛皮消為僅見於蘭嶼的藤本植物。

夾竹桃科

雙子葉植物

▲ 蓇葖果外型披針形，單側開裂後內具多數種子。

▲ 種子先端具白色冠毛，可透過風力進行傳播。

71

風不動

Dischidia formosana Maxim.

科名｜ 夾竹桃科 Apocynaceae
別名｜ 臺灣眼樹蓮
植物特徵｜ 藤本、附生

形態特徵

具走莖草質藤本，莖纖細，表面光滑，節處生根。葉對生，葉片肉質，表面光滑，圓形或倒卵形，先端具小缺刻或凹陷，葉基漸狹或楔形。花白色，腋生，單生或 3～5 朵簇生，花萼裂片卵形，表面光滑；花冠 5 裂，裂片反捲。蓇葖果每果梗 1～2 枚，表面光滑，圓柱狀，微鐮刀狀。種子扁平，長橢圓形，具冠毛。

每一種被正式發表的生物都具有獨一無二、以拉丁文命名的學名，除此之外，也會隨著分布地域，被不同族群的民眾稱呼各式各樣的「俗名」。

俗名的由來時常依據外部形態與生長習性而得名，在臺灣有三種被青草藥愛好者稱為「風不動」的附生植物：桑科的薜荔（*Ficus pumila*）、茜草科的拎壁龍（*Psychotria serpens*）

▲風不動常見於臺灣中、低海拔潮溼的樹木枝條。

以及夾竹桃科的風不動，三者皆能藉由發達的根系附著在樹皮表面，以橫生的莖匍匐而生；然而薜荔的葉片大型而互生，拎壁龍與風不動的葉片較小且對生。

拎壁龍的對生葉片間經常保有褐色的宿存托葉，結果時側枝先端會結出一粒粒渾圓的白色漿果，內含2枚橢圓形種子；風不動的對生葉片間不具托葉，結果時自葉腋伸出狹長的蓇葖果，成熟後開裂散出帶有冠毛的種子，可供辨別。

相較於風不動多生長在臺灣多處低至中海拔的潮溼森林內，蘭陽平原內的風不動分布於礁溪、冬山與三星等平地的珍貴老樹與較為靠近山區的森林內。在三星國小的珍貴老樹群上，能夠看到密布樹幹生長、甚為壯觀的風不動，極適合近距離觀察這種「紋風不動」的附生植物。

夾竹桃科

雙子葉植物

▲節處生根，葉片圓形且先端具缺刻。

▲花白色，單生或 3～5 朵簇生於葉腋，花冠明顯 5 裂。

▲蓇葖果圓柱狀線形，微鐮刀狀彎曲。

73

華他卡藤

Dregea volubilis（L. f.）Benth.

科名｜ 夾竹桃科 Apocynaceae　　英名｜ giant swallowart

別名｜ 南山藤、假夜來香、春筋藤、雙根藤、大果咀彭、假貓豆、各山消、苦涼菜、苦菜藤、帕格牙姆、帕空簪

植物特徵｜ 碩大的葉片與種實、藤本

形態特徵

　　攀緣藤本或灌木，莖4稜，表面光滑，具分支。葉對生，具長葉柄，表面光滑，葉片卵形，膜質，先端銳尖或漸尖，葉基楔形、截形或近心形。繖形花序總梗表面光滑，花梗被毛或光滑，花萼5裂，裂片卵狀披針形，花冠裂片卵狀長橢圓形。蓇葖果卵形，表面具溝紋。種子扁平，卵狀，具翼與冠毛。

　　分布於熱帶亞洲，臺灣中南部與琉球嶼可見。許多都市內的校園設置蝴蝶園時，都會選擇種植華他卡藤此一藤本食草，巨大的葉片加上蔓生習性，讓以它為食草的淡紋青斑蝶不愁沒有食物可吃。

　　華他卡藤是一種很綠的植物，不僅莖葉翠綠，就連開出來的花朵都是綠色，若不是多數花朵聚生成球狀的繖形花序，還真容易讓人忽略。還好它的蓇葖果大型，雖呈綠色但表面被金褐色絨毛，懸掛在藤蔓上時模樣十分逗趣。

　　自然界中開出綠色花朵且仰賴蟲媒授粉的種類較少，加上夾竹桃科雄蕊聚生且花藥彼此癒合的特性，限制了訪花者的種數，卻也保障花粉不會被訪花者任意地沾黏或啃食。或許華他卡藤只讓懂得欣賞它的傳粉者訪花，就像只有懂得欣賞它的人才會珍惜它一般。

▲華他卡藤為大型攀緣藤本或灌木，具大型卵形葉片。

▲初生枝條具捲鬚，捲鬚先端具分叉。 　▲繖形花序具多數翠綠色花朵。

▲蓇葖果成對，表面被有褐色伏毛。

夾竹桃科

雙子葉植物

75

毬蘭

Hoya carnosa（L. f.）R. Br.

科名｜	夾竹桃科 Apocynaceae	英名｜	Common wax plant
別名｜	玉蝶梅、櫻蘭、鱸鰻魚		
植物特徵｜	碩大的葉片、藤本、附生		

形態特徵

攀緣植物，莖圓柱狀，常於莖上生根。葉對生，葉片橢圓形，肉質，脈不明顯，先端鈍或銳尖，葉基圓或鈍，基部具2或多枚腺體。繖形花序具多朵花，花萼5裂，裂片披針形，表面被毛，花冠5裂，裂片卵形至三角形，內側被疣突。蓇葖果每果梗1枚，圓柱狀，先端漸尖。種子扁平，披針形，具冠毛。

分布於印度、中國南部、日本、琉球；臺灣全島、綠島與蘭嶼低海拔岩石或樹上攀緣。

許多附生植物具有不定根，能夠同時藉由莖節與節間上長出的不定根系攀緣於樹幹或岩壁表面，藉以吸收水分與養分。附生植物中許多種類進行光合作用時，能夠利用「景天酸循環」產生醣分，當夜晚蒸散作用緩和時，才開啓氣孔進行氣體交換，藉以降低水分散失，具有此種生理特性的類群稱爲CAM植物。這項特性對於無法直接利用土壤內所蘊含水分的附生植物而言格外重要。

毬蘭便具有前述特性，其具有發達的不定根，能夠採用景天酸循環進行光合作用，成爲臺灣全島廣泛分布的附生植物，也零星分布在綠島與蘭嶼潮溼林緣。當花期來臨，毬蘭肥厚的葉腋間會抽出短而騾縮的花序，由許多朵粉紅色的花朵排列成半圓球形，有如林蔭間一盞盞小燈籠。園藝家善用毬蘭具有發達的不定根系，以及開花時的觀賞價值，加上它能夠利用景天酸循環的特性，將其用作立體綠化的素材之一，因此許多都會區內植生牆面都能見到毬蘭的身影。

▲毬蘭爲攀緣藤本植物，能透過不定根攀附於岩壁或樹幹上。

▲透過人工培育出斑葉品系的毬蘭具有觀花與觀葉價值。

▲毬蘭的結實率低，繖形花序往往僅結出單一蓇葖果。 ▲蓇葖果開裂後可見多數具冠毛的種子。

夾竹桃科

雙子葉植物

77

蘭嶼馬蹄花

Tabernaemontana subglobasa Merr.

科名	夾竹桃科 Apocynaceae
別名	蘭嶼山馬茶、蘭嶼馬茶花
植物特徵	碩大的葉片與種實

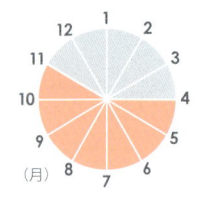

夾竹桃科　雙子葉植物

形態特徵

小灌木，葉革質（乾燥後膜質），淺綠色，具葉柄，披針形，先端圓並具鈍銳尖突，葉基銳尖，邊緣全緣，側脈平行延伸至葉緣，表面光滑。花白色或淺黃色，花萼光滑，裂片卵形，先端漸尖，花冠筒圓柱狀，花冠裂片表面光滑，先端銳尖。蓇葖果橢圓形，表面具點狀油腺。種子表面光滑，具縱向溝紋。

分布於菲律賓和蘭嶼海濱至海拔100公尺灌叢。

蘭嶼馬蹄花是臺灣許多海濱或中南部公園綠地常見的園藝灌木，除了臺灣南方的菲律賓之外，蘭嶼也是它的原生地。由於革質葉片表面具光澤，能開出潔白色花朵，加上常綠鮮少大量落葉特性，讓它成為優良的園藝植栽之一。

沿著蘭嶼的濱海公路走一圈，只要具有綠意的地方，常能發現它的存在。除了翠綠的葉片、潔白的花朵外，另一個吸引觀光客目光的應該是它黃中透紅的果實了！蘭嶼山馬茶的橢圓形果實由兩枚心皮組成，隨著果實成長而逐漸分離、往外且往後膨大，成熟時可見兩枚橘黃色心皮自外側開裂，露出當中外表鮮紅的種子。這種由單一心皮、單側開裂的果實稱為「蓇葖果」，是許多夾竹桃科植物具有的果實特徵。這樣小巧可愛的果實，自然引起遊客好奇，不過夾竹桃科植物大多具有乳汁，且乳汁具毒性，因此觀察完一定要洗淨雙手喔！

▲蓇葖果開裂後露出當中鮮紅色的假種皮與種子。

▲蘭嶼馬蹄花具有翠綠葉片和潔白的花朵，在蘭嶼海濱極為常見。

▲蓇葖果對生，成熟時果皮轉為橘色。

夾竹桃科

雙子葉植物

全緣葉冬青

Ilex integra Thunb.

科名｜冬青科 Aquifoliaceae

別名｜全緣冬青

形態特徵

　　小型常綠喬木，小分支 4 稜表面光滑。葉革質，倒卵形至倒卵狀披針形，先端驟尖或鈍，兩面光滑，側脈 6～9 對，葉柄短。花簇生於葉腋。核果球形，成熟時紅色。

　　分布於韓國、日本與琉球，臺灣僅見於蘭嶼。

　　冬青科植物約600餘種，廣泛分布於全球熱帶與亞熱帶地區，僅有4種分布於歐洲地區。根據現有物種的地理分布，其種原中心位於熱帶美洲與東亞地區，可能透過密集的雜交孕育出繁多的樹種。

　　一般民眾對冬青的印象，來自緣起歐洲的聖誕節裝飾內，翠綠帶有尖銳裂片與紅色果實的冬青。其實冬青科植物的形態各異，蘭嶼可見的全緣葉冬青就是葉片平整不具裂片，果實成熟時不會轉紅的類群，不僅在冬青科植物中較為少見，也讓它在蘭嶼終年綠意盎然的森林內更難被注意。雖然作者首次前往天池的路途中，就見到它綠色的花朵，但是對於樹種辨別極為生疏，直到數年後方知「冬青科植物的植株外觀與衛矛科植物相似，但是它的雌蕊柱頭往往極短」，進而得以認出它的確實身分。

▲全緣葉冬青的葉片全緣，與印象中具有齒裂的冬青不同。

▲花朵中央的雌蕊柱頭極短。

▲結實率高,果實表面光滑。

冬青科

雙子葉植物

81

草野氏冬青

Ilex kusanoi Hayata

科名｜　冬青科 Aquifoliaceae

別名｜　蘭嶼冬青

形態特徵

灌木，落葉，小分支光滑。葉紙質，卵形，4～6.5cm長，3～4cm寬，先端鈍形或廣漸尖，兩面光滑，葉柄5～8mm長。花多朵簇生。核果球形，6mm寬。

分布於琉球、綠島與蘭嶼。

冬青科（Aquifoliaceae）植物是一群常綠或落葉性的小型喬木、灌木或木質藤本植物，雖然花朵不明顯，但結果時常結出成串的紅色或黑色核果，因此在歐美國家被視為觀果植栽。

草野氏冬青的種小名 *kusanoi* 為命名者早田文藏教授為了紀念日本植物學家「草野俊助」而以其姓氏為名，草野俊助為日治時期進行「有用植物調查」的成員之一，曾於1909年7月前往蘭嶼進行植物調查。

草野氏冬青為春季落葉的灌叢，卵形葉片紙質且兩面光滑，落葉季節外時常可見白色的花多朵簇生並下垂於葉腋，冬季則常見黑色的球形核果。本種除了蘭嶼和小蘭嶼外，也分布於綠島及琉球島群間；在蘭嶼當地原生林間以及次生林緣零星分布。隨著蘭嶼橫貫公路翻越山稜，抵達東岸野銀聚落的公路兩旁即可輕易見到它的身影。

▲草野氏冬青為蘭嶼與綠島可見的小型灌木，花朵少數簇生於葉腋。

▲花白色，雄蕊 5 枚外露。

▲核果成熟後轉為黑色，懸垂於枝條下方。

港口馬兜鈴

Aristolochia zollingeriana Miq.

科名｜馬兜鈴科 Aristolochiaceae
別名｜恆春馬兜鈴、港口菸斗花
植物特徵｜碩大的葉片、藤本

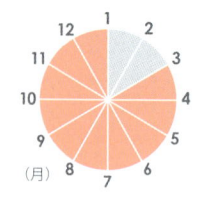

形態特徵

纏繞性藤本，葉片紙質或近革質，廣卵形或腎形，先端銳尖，葉基心形或深心形，基部偶具耳狀裂片，或與葉身呈 3 裂片狀，葉面光滑，葉背被毛。花腋生成總狀花序，花被片漏斗狀，基部膨大成球形，花被裂片唇狀，長橢圓形，先端鈍。蒴果長橢圓形，表面具肋紋。種子三角形至廣卵形，扁平，邊緣具翼。

分布於琉球南部、菲律賓與印尼；臺灣海拔150公尺以下低地林緣與路旁灌叢可見。

若是造訪臺灣各地的蝴蝶園，最常見的蝴蝶食草應該就是港口馬兜鈴了。馬兜鈴屬植物為多種鳳蝶的食草，也是特有種蝶類：珠光裳鳳蝶（珠光鳳蝶）、以及黃裳鳳蝶、紅珠鳳蝶（紅紋鳳蝶）、多姿麝鳳蝶（大紅紋鳳蝶）的唯一食草，因此全臺各地許多蝴蝶園皆有種植港口馬兜鈴，甚至政府機關與熱心民眾將恆春半島產個體引入蘭嶼當地以進行珠光裳鳳蝶保育。然而若是各地熱愛自然復育的人士能夠採用當地族群進行扦插繁殖，或是利用種子、幼苗進行復育，想必更有保留各地物種基因多樣性的意義。

馬兜鈴果實外觀有如馬兒脖前的鈴鐺，兼具賞果與誘蝶價值。其葉片紙質或近革質，廣卵形或腎形，葉面光滑而葉背被毛，極易與其他臺灣產馬兜鈴屬植物區分。港口馬兜鈴的花被呈漏斗狀，先端僅具單一唇狀裂片，也與其他臺灣產同屬植物迥異，因此極易辨識。

港口馬兜鈴雖然以恆春半島的港口村為名，但並非特有種，除了恆春半島、蘭嶼和小蘭嶼的開闊草坡外，廣泛分布於琉球南部、菲律賓至印尼等地。

▲港口馬兜鈴為纏繞性藤本，葉基心形。

▲港口馬兜鈴的花被呈漏斗狀，先端僅具單一唇狀裂片。

▲果實外觀有如馬兒脖前的鈴鐺。

三稜果樹蔘

Dendropanax trifidus（Thunb. ex Murray）Makino

科名｜ 五加科 Araliaceae

形態特徵

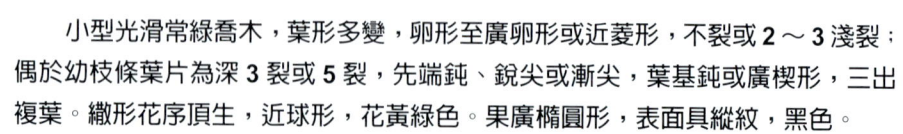

小型光滑常綠喬木，葉形多變，卵形至廣卵形或近菱形，不裂或 2～3 淺裂；偶於幼枝條葉片為深 3 裂或 5 裂，先端鈍、銳尖或漸尖，葉基鈍或廣楔形，三出複葉。繖形花序頂生，近球形，花黃綠色。果廣橢圓形，表面具縱紋，黑色。

日本、韓國與臺灣蘭嶼可見。

蘭嶼與臺灣同樣地處亞洲大陸東南隅，為太平洋上的熱帶火山島，由於鄰近生物地理分界線——華萊士線，加上獨特的地質歷史，導致物種組成極具菲律賓系統特色。

蘭嶼位於北回歸線以南，位居大陸邊緣的東亞島弧中央，並有來自熱帶海域的黑潮與颱風途經，氣候條件與臺灣南部相似。冬季時，東北季風自東北亞、日本一帶往南吹拂，讓一些溫帶可見的物種得以生存，增添當地物種來源與多樣性。

蘭嶼的生育環境多樣，無論是日照充足的海濱還是極度鬱閉的叢林底層，使得許多物種得以邊際分布、局限生長於多樣的微棲地中。三稜果樹蔘原生於日本、韓國與蘭嶼森林中，由於樹冠呈傘狀，葉片渾圓且具光澤，因此在日本是一種庭園造景用樹。在蘭嶼，三稜果樹蔘零星分布於山區近稜線處，極有可能隨著候鳥遷移而進駐，或許未來經由採種、移植、引進後也能成為品質優良的園藝植物。早年若干文獻曾記載蘭嶼產有「昆欄樹（又名雲葉，*Trochodendron aralioides*）」此一小型喬木，應為三稜果樹蔘的錯誤鑑定。

▲三菱果樹蔘的花果期集中，開花枝條的葉片先端圓。

▶ 幼株葉片3裂，與成葉形態迥異。

▲ 花朵綠色，排列成繖形花序。

▲ 果實成熟後逐漸轉為褐色或黑色。

蘭嶼八角金盤

Osmoxylon pectinatum（Merr.） Philipson

科名｜　五加科 Araliaceae

植物特徵｜　碩大的葉片、支持根

形態特徵

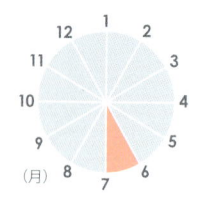

小型喬木，葉常簇生於分支末端，廣卵形，具 3～7 枚裂片，裂片約 1／3 葉片長，葉基廣圓形，具 3～7 脈，邊緣銳齒緣，裂片卵形，先端銳尖，葉面光滑，葉背脈上被毛，葉柄基部膨大。花頂生，呈具短梗的繖形花序，分支約 4 枚，花萼截形。果具 4～5 縱裂，先端具冠狀柱頭。

菲律賓與臺灣蘭嶼、綠島可見。

人們對於觀賞植栽各有所好，有的喜歡熱帶植物碩大的葉片，若是外型奇特或帶有不同層次的綠意，甚至是斑斕的色彩，就會提高民眾種植意願。假設是要栽植於室內，那麼對於日照條件與水分管理的條件就得更高。

蘭嶼八角金盤是蘭嶼和綠島當地森林底層較為常見的物種，由於生長在叢林底層，濃綠的葉片加上日照需求較低，果序基部具不稔性偽果，因此滿足了園藝愛好者對於挑選室內植栽的條件。

蘭嶼八角金盤的繖形花序大型，雖然花朵微小，但聚生成頂生的花序後仍然可觀，加上果實成熟後轉為深紫紅色，因此極具觀果價值。只不過蘭嶼八角金盤的花果期集中，雖結實率極高，但從種子培育至成株的時間漫長，因此僅見於部分學術研究與保育的園區內栽植。

▲蘭嶼八角金盤的葉片大型且具裂片，具有觀葉價值。

▲葉柄基部托葉環狀，具有流蘇狀裂片。

▲花序與果序密生於
　枝條先端。

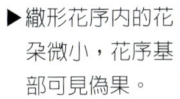

▶繖形花序內的花
　朵微小，花序基
　部可見為果。

◀果球形，成熟
　後果皮顏色逐
　漸轉深。

五加科

雙子葉植物

89

鵝掌藤 VU

Heptapleurum ellipticum（Blume）Seem.

科名｜ 五加科 Araliaceae

別名｜ 鵝掌蘗、密脈鵝掌柴、南洋鵝掌藤、蘭嶼鵝掌藤

植物特徵｜ 碩大的葉片、藤本、附生

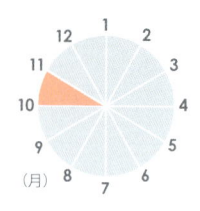

形態特徵

葉大型，葉柄長於小葉，小葉5～6枚，革質，表面光滑具光澤，橢圓形至廣卵形，先端鈍或形成短尖突。花序頂生於側枝先端，疏散圓錐狀，花小型，綠色。果球形，肉質，乾燥後縮小，並呈六角形。

東南亞、南亞、澳洲與臺灣蘭嶼、綠島可見。

鵝掌藤為全株光滑的攀緣性藤本植物，能夠隨著生育地內的喬木長到6公尺或更高，再從樹冠往四周或向光處延伸。掌狀複葉具有5～6枚革質小葉，秋季時從延伸的枝條先端抽出疏鬆的圓錐狀花序，每一個花序分支具有許多排列成繖形的小花，雖然花朵嬌小且呈黃綠色，較不顯眼，然而排列成圓錐花序後相當醒目。

鵝掌藤在臺灣僅見於蘭嶼和綠島，由於實際生育地狹小，能夠繁殖的個體數量較低，因此在《2017臺灣維管束植物紅皮書名錄》中被評估為「易危（VU）」等級。蘭嶼的野生族群較綠島豐富，在許多森林步道中的陡峭邊坡或大樹旁便能就近觀察會開花、結果的鵝掌藤個體，每年秋天都能在它掌狀的葉叢中，留意是否開出一簇簇的花朵。

▲花朵微小，具有明顯展開的花絲。

▲鵝掌藤為大型的攀緣性藤本植物，已培育出斑葉品系作為庭園植栽。

▲花序頂生於側枝先端，花序分枝疏生。

▲結實率低，果序分枝較為稀疏且果實微小

◀幼苗初為三出複葉，隨後轉為掌狀複葉。

五加科

雙子葉植物

金鈕扣

Acmella paniculata（Wall. ex DC.）R. K. Jansen

科名｜ 菊科 Asteraceae
英名｜ toothache plant

形態特徵

　　一年生草本，莖多分支，直立或斜倚。葉柄具窄翼，疏生或被長柔毛；葉片窄卵形至卵形，先端銳尖至漸尖，邊緣齒緣至鈍齒緣，疏被緣毛，葉基漸狹，葉兩面光滑或疏被粗毛或長柔毛。花梗表面疏被長柔毛；頭花盤狀，單生，頂生，圓錐狀，總苞苞片兩列，總花托先端漸尖；心花黃色，偶具黃色舌狀花。瘦果深褐色，具木栓質邊緣與纖毛。

　　分布於印度、斯里蘭卡、中南半島、馬來西亞、菲律賓、華南及臺灣潮溼地。

　　金鈕扣的頭花單生於枝條先端，頭花由100～200朵管狀花聚生於漸尖的總花托上，瘦果邊緣具纖毛及木栓質邊緣。

　　早期金鈕扣在臺灣的紀錄極廣，近年的紀錄主要採集自臺灣東南部以及蘭嶼。金鈕扣過去被誤認為是原產熱帶美洲的外來歸化種，此誤解可能源自於本種與鐵拳頭（*A. oleracea*）的鑑定錯誤。金鈕扣的頭花常不具舌狀花，且瘦果邊緣具纖毛及木栓質邊緣，以往中臺灣一帶的部分農民會栽培金鈕扣，用來替代印度金鈕扣供疏緩牙痛之用。

▲金鈕扣為一年生的多分支菊科植物，葉片窄卵形至卵形。

▶頭花全為管狀花組成，常不具舌狀花。

短舌花金鈕扣 外來種 NA

Acmella brachyglossa Cass.

科名｜菊科 Asteraceae

形態特徵

　　一年生草本。植株 10～30 公分高，莖匍匐至直立，偶於節處生根。葉片窄卵形至卵形，先端銳尖至常漸尖，邊緣具缺刻或疏齒緣；基部漸狹，葉兩面光滑至疏被長柔毛。頭花單生，錐狀，總苞苞片 7～11 枚，兩列，邊花花冠淺黃色，心花淺黃色。瘦果深褐色至黑色，表面被糙毛，邊緣密被纖毛，但無明顯木栓質邊緣，冠毛 2 枚不等長。

　　分布於中美洲、南美洲北部與西印度群島；臺灣中南部平野歸化。

　　短舌花金鈕扣生長於潮溼地與水潭旁。由於口含金鈕釦屬植物的頭狀花序時具有輕微的麻痺效果，因此以往被栽植為藥草，用來舒緩牙痛症狀。

　　雖然實際的引種歷史不明，然而該物種應已引進臺灣中南部超過10年以上，為偶見的外來植物。

▲頭花具有 5 枚以上的舌狀邊花，但是花冠短小不明顯。

▲頭花側面錐狀，花冠淺黃色。

◀短舌花金鈕扣生長在潮溼地或近水域，具有延長的總梗。

菊科　雙子葉植物

93

白花小薊 特有變種 LC

Cirsium japonicum DC. var. *takaoense* Kitam.

科名｜　菊科 Asteraceae

植物特徵｜　碩大的葉片

形態特徵

　　多年生草本，莖直立，具多數分支。基生葉倒卵狀長橢圓形，葉基漸狹，羽裂、齒緣或窄齒緣，裂片上具棘刺；莖生葉長橢圓形，基部抱莖，羽狀裂片，上部莖生葉較小。球形頭花常頂生，直立，總苞扁球形，總苞苞片線形，表面稍被蛛絲狀毛，花冠白色。瘦果長橢圓形，微壓扁狀，冠毛早落。

　　臺灣特有變種，可見於臺灣南部開闊草地、田野或荒地，常見於濱海地區。

　　薊屬（*Cirsium*）成員多為粗壯而多刺的直立草本，本屬在臺灣海濱有3種，在蘭嶼紀錄有1種含2變種。白花小薊於臺灣南部及蘭嶼的西北側濱海開闊草地、田野或荒地可見，其變種名即為拉丁文化的高雄舊名「打狗」。薊屬植物是青草藥愛好者口中的「雞角刺」，全草皆可入藥，被認為具有清熱解毒效果，因此臺灣各地零星可見栽種薊屬植物的藥草園。在蘭嶼長輩眼中，白花小薊頂生的球形頭花內具有甜美的花蜜，可以一把抓住白色且柔軟的花冠扯下後吸食，成為當地甜蜜的兒時回憶之一。

▲白花小薊為粗壯而多刺的直立草本。

▶莖生葉為長橢圓形的羽狀裂葉，葉基多數抱莖。

▲頭花全由白色管狀花組成，總苞表面微被蛛絲狀毛。

▶瘦果先端具冠毛多數，且冠毛羽狀分支。

菊科

雙子葉植物

95

長苞小薊 LC

Cirsium japonicum DC. var. *fukienense* Kitam.

科名｜ 菊科 Asteraceae
別名｜ 雞角刺

形態特徵

多年生草本。植株 50～100 公分高。羽狀裂葉缺刻 V 形，具纖毛，邊緣具刺；基生葉倒披針形至窄橢圓形，先端鈍或銳尖，莖生葉窄橢圓形至窄三角形，基部截形或心形。頭花排列成總狀或圓錐狀，頭花總苞外側苞片表面具腺體，管狀花紫色或淺紫色，先端 5 裂。瘦果長橢圓形，先端截形，冠毛易落。

分布於中國福建；臺灣北部、西部與澎湖向陽處可見。

隨著臺灣植物分類學的蓬勃發展，許多專業研究人員與業餘公民科學家日漸興起，不僅讓許多奇特的植物被發現，也讓研究題材與課題日漸刁鑽或偏門。

薊屬植物葉片與莖表面往往具有毛被物與密刺，多年生的生長習性與平鋪於地表的基生葉被視為抵抗草食動物攝食的生長策略與利器。然而密生的刺與毛被物也增加了研究人員採集與解剖觀察的難度，就像長苞小薊外側苞片上的腺體，就被苞片先端的芒刺遮蔽，加上莖葉上眾多的長刺，讓想一親芳澤的賞花者吃足了苦頭。

長苞小薊曾被北村四郎教授發表，後由曾彥學博士與張之毅博士釐清並確認其分類地位。

▲頭花全由管狀花組成，花冠紫色或淺紫色。

▲長苞小薊具有羽狀裂的基生葉與莖生葉。

▲頭花總苞苞片表面具腺體與蛛絲狀毛。

臺灣假黃鵪菜

Crepidiastrum taiwanianum Nakai

科名	菊科 Asteraceae
植物特徵	碩大的葉片

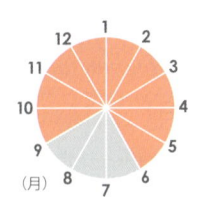

形態特徵

　　莖粗壯而延長，具多數分支，先端具叢生蓮座狀葉片多枚。花莖斜倚，基生葉耳狀，先端圓，葉基漸狹，邊緣具齒緣，表面光滑，先端圓，基部抱莖，邊緣微鋸齒緣，上部葉逐漸變小，不再簇生於斜倚花莖上。頭花少數，聚繖狀排列；總苞管狀，外圍苞片排列成一列，卵形，內層苞片長橢圓狀披針形，先端鈍；花冠黃色。

　　假黃鵪菜屬（*Crepidiastrum*）成員具有粗壯而延長的莖，莖先端具叢生呈蓮座狀的葉片多枚，頭花全由多枚黃色舌狀花組成，呈聚繖狀排列於花莖上。

　　假黃鵪菜屬在臺灣分布有二種，其中臺灣假黃鵪菜為臺灣特有種，侷限分布於臺灣南部及蘭嶼濱海開闊草地及岩壁上，其花莖斜倚具分支，花莖上具互生的莖生葉；另一種臺灣產本屬植物：細葉假黃鵪菜（*C. lanceolatum*）分布於臺灣東半部濱海岩壁上，根據調查結果，細葉假黃鵪菜亦分布於蘭嶼及小蘭嶼海岸。然而，細葉假黃鵪菜的花莖上具有簇生的莖生葉多枚，與臺灣假黃鵪菜的花莖僅具互生的莖生葉有所不同。

▲頭花全由黃色舌狀花組成。

▲臺灣假黃鵪菜具有叢生蓮座狀葉片與斜倚花莖。

▲生長在海濱岩壁或富含珊瑚礁碎屑的海濱灘地。

山菊

Farfugium japonicum（L.）Kitam.

科名｜　菊科 Asteraceae

植物特徵｜　碩大的葉片

形態特徵

　　草本具粗壯根莖，莖灰褐色，表面被絨毛或近光滑。基生葉厚，腎形，邊緣微尖齒緣或近全緣，葉柄基部膨大，表面稍被絨毛，後變光滑。花莖具苞片；頭花聚生成聚繖花序，總苞寬筒狀，總苞苞片排成一列，苞片窄披針形，等長，長橢圓形，先端尖，微被毛；舌狀花排成一列，花冠黃色，筒狀花花冠黃色。

　　分布於中國、日本、韓國、臺灣綠島及蘭嶼。

　　山菊為具有粗壯根莖的多年生草本，莖基部具有醒目的腎形基生葉多枚，葉片厚且邊緣近全緣或具微尖齒緣；頭花由中央黃色的管狀花及外圍一圈黃色的舌狀花組成，聚生在聚繖花序頂端，在綠島和蘭嶼的公路兩旁、濱海及南端山稜上草原可見。

　　山菊在臺灣尚有一特有變種：臺灣山菊（*F. japonicum* var. *formosanum*），此一特有變種分布於臺灣全島低至中海拔山區，葉片邊緣具有7～9枚粗鋸齒，而山菊的葉片邊緣近全緣或偶具齒緣，與臺灣山菊有所不同。

▲葉片厚且葉緣近全緣或具微尖齒緣。

▲山菊為具有粗壯根莖的多年生草本，莖基部具有腎形基生葉。

▶頭花由黃色的管狀花及舌狀花組成。

◀果序內具有長形瘦果多枚，先端具絲狀冠毛。

菊科

雙子葉植物

99

蘭嶼木耳菜 特有種 VU

Gynura elliptica Yabe & Hayata

科名｜ 菊科 Asteraceae

植物特徵｜ 碩大的葉片

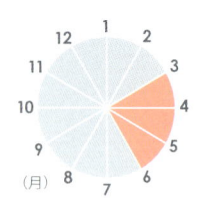

形態特徵

　　肉質草本，基部斜倚；莖中空，表面疏被毛，具分支，表面光滑或先端疏被毛。莖生葉多數，肉質，下段及中段莖上葉片具葉柄，葉基耳狀，鋸齒緣，橢圓形，先端與基部圓，邊緣全緣或疏具小尖突，葉兩面密被毛。頭花聚生成疏鬆聚繖花序，總苞管狀，苞片稍被毛；花冠黃色。瘦果冠毛纖細，不等長。

　　蘭嶼木耳菜為三七草屬（*Gynura*）成員，僅分布於蘭嶼及綠島海岸，少量分布於小蘭嶼，為上述地區的特有種。以往蘭嶼向有一種引進供食用的同屬植物──紅鳳菜，與臺灣本島海濱可見的原生同屬植物白鳳菜同為三七草屬成員，然而蘭嶼木耳菜的葉片基部具有耳狀附屬物，可與臺灣產其他三七草屬植物相區隔。

　　菊科三七草屬植物外觀、口感與五加科人參屬的藥用植物三七（*Panax notoginseng*）迥異，清炒後滑嫩且富含黏液的口感反倒與落葵科的川七（*Anredera cordifolia*）相似，不過這些野菜往往具有較高的草酸含量，因此食用時必須酌量。

▲頭花總苞管狀，內具多數黃色管狀花。

▶托葉呈圓形且具疏齒緣。

◀瘦果長柱狀,先端具有絲狀冠毛。

▲蘭嶼木耳菜局限分布於蘭嶼、綠島海濱至淺山溪流畔。

菊科　雙子葉植物

蔓澤蘭

Mikania cordata（Burm. f.）B. L. Rob.

科名｜　菊科 Asteraceae

植物特徵｜　藤本

形態特徵

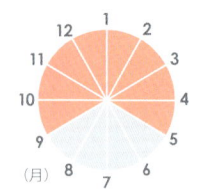

攀緣性草本，莖上具肋，節上常密被毛。莖生葉對生於攀緣莖上，卵形至三角狀卵形，先端銳尖至漸尖，葉基戟形，裂片銳尖或鈍，邊緣鈍齒緣或不規則疏齒緣。頭花 4～5 朵，聚生成圓錐狀聚繖花序，頂生於側枝；總苞苞片 4 列，長橢圓形；頭花內含 3～5 朵管狀花，花冠筒疏被腺毛。瘦果線狀長橢圓形，先端具冠毛多數。

蔓澤蘭為原產熱帶亞洲的攀緣性草質藤本，同屬多數種類分布於熱帶美洲及非洲，臺灣零星分布於全島各地及蘭嶼林緣，是全球熱帶廣布的草質藤本植物。其莖生葉呈卵形至三角狀卵形，對生於攀緣莖上。蔓澤蘭的頭花就像「澤蘭屬（*Eupatorium*）植物」一樣全由管狀花組成，不過蔓澤蘭的頭花為白色管狀花，看來比多少帶點紫紅色的澤蘭屬植物樸素許多。

在臺灣，尚歸化一種具入侵性的同屬植物：小花蔓澤蘭（*M. macrantha*），該物種極可能是隨著源自美洲的農業機具進入臺灣，隨後因其強大的繁殖能力而成為淺山地區的「綠癌」。在南部與東部地區的鄒族、魯凱族與西拉雅族人會採集作為青草藥，用於化痰。

▶ 頭花白色，內含 3～5 朵管狀花。

▲植株蔓生，枝條具有纏繞性。

▲蔓澤蘭為原生的蔓澤蘭屬植物，葉片較為寬圓。

菊科 雙子葉植物

臺灣黃鵪菜 特有亞種 LC

Youngia jaoonica（L.）DC. subsp. *formosana*（Hayata）Kitam.

科名｜ 菊科 Asteraceae

形態特徵

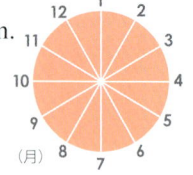

一年生至越年生草本。莖分支，莖上被毛。葉基生及莖生，兩面密被細毛，呈倒披針形，倒向羽裂，裂片三角形至半圓形。花莖腋生或頂生，花序頭狀，排成聚繖狀；頭花總苞圓柱狀，苞片2層，外層副萼狀；舌狀花黃色，先端5齒。瘦果長橢圓形，稍扁平，具稜，暗褐色；瘦果具單層冠毛，白色。

臺灣黃鵪菜是2013年由彭鏡毅博士等人檢視臺灣產黃鵪菜屬植物後，確認 *Crepis formosana* Hayata 此一物種應為黃鵪菜（*Y. japonica*）的特有亞種，生長於高雄市柴山及屏東縣琉球嶼的珊瑚礁岩壁。根據作者的現地觀察，琉球嶼西側公路路緣與林緣岩壁可見臺灣黃鵪菜聚生，族群間另可見零星的黃鵪菜個體混生。

與臺灣本島平野常見的黃鵪菜相比，臺灣黃鵪菜的簇生琴狀裂葉質地較厚，葉片兩面密被細毛，基部具有逆向的羽狀裂片，可藉此與黃鵪菜相區隔。此外，臺灣黃鵪菜的花序常呈斜倚，花序軸表面常密被細毛，與花序常直立呈葶狀，花序軸常光滑的黃鵪菜不同。此外，臺灣黃鵪菜的瘦果表面紅褐色至深褐色，2～2.5mm長，與瘦果表面顏色較淺，長度短於2mm的黃鵪菜不同。

▶ 舌狀花瓣先端具有5齒裂。

▲臺灣黃鵪菜的葉片表面被細毛，花序斜倚後直立。 ▲頭花總苞圓柱狀，內含多數黃色舌狀花。

▲瘦果表面紅褐色至深褐色，先端驟突且具直冠毛。

菊科

雙子葉植物

蘭嶼秋海棠

Begonia fenicis Merr.

科名 | 秋海棠科 Begoniaceae

植物特徵 | 碩大的葉片

形態特徵

多年生光滑草本，具匍匐性根莖。葉歪基卵狀圓形，先端銳尖，基部心形或盾狀，邊緣具不規則齒緣，缺刻先端具小尖頭，表面光滑，具掌狀脈；托葉卵形。聚繖花序二叉分支，雄花白色，花被4枚，雄蕊多數；雌花具5枚花被，花柱3枚。蒴果卵形至圓卵形，具不等大3翼。種子多數，微小。

分布於菲律賓、琉球、蘭嶼、綠島林地底層以及海濱珊瑚礁岩潮溼處。臺灣已知的原生秋海棠種類中，僅本種分布於海岸地區，由於其花朵呈粉紅色，葉片大而有光澤，因此被栽培為室內景觀植栽。

雖然中文名為「蘭嶼」，卻是恆春半島和綠島也有分布的種類；有趣的是，蘭嶼族群的蘭嶼秋海棠葉基心形，葉柄位於心形凹刻處；綠島族群的蘭嶼秋海棠葉基心形至盾狀，葉柄位於心形凹刻處或盾狀著生。不過綠島族群的葉形變化具連續性，甚至同一個體內可見到兩種葉基的葉片，足見熱帶島嶼間的隔離效應。

在蘭嶼人眼中，它鮮紅多汁的葉柄才是注目焦點。蘭嶼秋海棠的汁液含有草酸（oxalic acid），跟酢漿草的葉柄相似，具有酸甜滋味，只要嘗一口即能達到生津止渴效果，加上肉質的葉柄極具口感，因此成為蘭嶼當地人時常食用的零嘴之一。

▲綠島產個體內可見葉基心形與盾狀者，個體內葉形變異較大。

▲幼苗葉片圓卵形，全緣或疏具齒緣。

▲雄花具 4 枚花瓣，中央具多數黃色花藥。

▲蘭嶼秋海棠分布於蘭嶼、綠島的森林底層及海濱珊瑚礁地區。

▲雌花具 5 枚花瓣，中央有黃色花柱與柱頭。

▲蘭嶼產個體的葉片基部皆為心形。

秋海棠科

雙子葉植物

107

濱芥 外來種 NA

Lepidium englerianum（Muschl.） Al-Shehbaz

科名｜ 十字花科 Brassicaceae

形態特徵

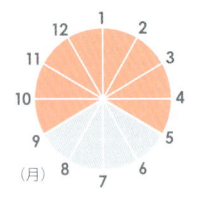

　　一年生或多年生草本，漸無毛；莖斜生或直立，基部常具多數分支，莖上部分支。中段莖生葉窄披針形、倒披針形或線形，先端銳尖或漸尖。總狀花序頂生或側生，直立或斜倚，表面光滑或被毛，花萼綠白色或紫色，橢圓形，斜倚或展開；花瓣白色。果先端與基部具小缺刻，果瓣近球形。

　　原產非洲，歸化於中國路旁與荒地，日本、澳洲與綠島、蘭嶼海濱向陽處可見。

　　濱芥為2000年記載於《臺灣維管束植物簡誌第二卷》中，發表時採用*Coronopus integrifolius*（DC.）Prantl此一學名，並且載明是分布於綠島和蘭嶼海濱的矮小草本植物，然而未見於2005年以來針對綠島植被與植群調查的研究成果，僅於2017年《紅皮書名錄》中名列為不適用（NA）類別的歸化種。因此綠島和蘭嶼的濱芥族群狀態未明。

　　根據作者在蘭嶼和綠島的現地調查成果，於綠島南側的岩岸海濱尋獲穩定的濱芥現地族群，相較之下，蘭嶼的濱芥亞族群僅少量分布於東北邊臨路一側的海濱灘地，個體零星且不穩定，因此足以確認濱芥成功歸化於綠島和蘭嶼海濱，但是不同生育地內的干擾程度不同。近年來隨著十字花科植物分子親緣關係的釐清，將濱芥轉移至獨行菜屬內，並改用*Lepidium englerianum*（Muschl.）Al-Shehbaz此一學名。

▲綠色花萼較白色花瓣顯眼，中央可見綠色雌蕊。

▲果實先端具小缺刻，果瓣近球形。

▲莖生葉窄披針形、倒披針形或線形，葉緣具齒突。

▲濱芥為近年確認分布於綠島和蘭嶼的斜生或直立草本。

十字花科

雙子葉植物

琉球黃楊 NT

Buxus microphylla Siebold & Zucc. subsp. *sinica*（Rehder & E.H. Wilson）Hatus.

科名｜ 黃楊科 Buxaceae

形態特徵

灌木，小分支具4稜，微被毛。葉卵狀披針形至披針形，近革質，先端具小缺刻至鈍形，基部鈍至楔形，葉柄約1mm長，表面疏被長柔毛。腋生總狀花序，總梗密被長柔毛；雄花6～8枚，花萼圓至卵形，凹陷，表面被毛，退化子房具花柱；雌花頂生，花萼卵形，凹陷，表面疏被長柔毛，柱頭倒心形。

分布於日本、韓國與中國，臺灣低至中海拔、綠島與蘭嶼淺山可見。

許多園藝植栽的種小名會出現*buxifolia*此一寫法，意指葉片如黃楊者，buxus為希臘文的黃楊稱呼。

黃楊屬植物生長緩慢、分支多數、植株常綠、葉片小型且光亮等特點，讓本屬植物成為許多綠籬與庭園常綠灌叢樹種。琉球黃楊的枝條先端同時開出雌花與雄花，雌花位於枝條先端，具有明顯的3裂柱頭；雌花外圍圍繞許多雄花，具有4枚展開的雄蕊及其中央的退化雌蕊。

▶琉球黃楊為常綠灌木，葉片厚革質。

▶花序由雌花與雄花聚生，雌花先端具3裂柱頭，雄花具3～4枚雄蕊。

◀雌花先熟，柱頭展開時兩側的雄花仍為花苞。

▲蒴果瓣裂，內含多數黑色梭形種子。

黃楊科

雙子葉植物

蘭嶼胡桐

Calophyllum blancoi Planchon

科名	胡桐科 Calophyllaceae
別名	蘭嶼紅厚殼
植物特徵	碩大的葉片與種實

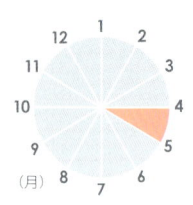

形態特徵

樹皮黃至深灰褐色，分支表面光滑，幼枝具 4 稜。葉面光滑，葉片橢圓形至倒卵形，先端圓或漸尖且具小鈍頭；葉基楔形，革質。花序頂生或腋生，圓錐狀；花兩性，花苞圓球形或橢圓形，花瓣長橢圓狀橢圓形，近革質，邊緣具緣毛，內層倒卵形。核果卵形或近球形，果皮表面初光滑，乾燥後具皺紋。

分布於菲律賓與婆羅洲；臺灣蘭嶼可見，並引種栽培為園藝樹種。

春季的蘭嶼天候並不穩定，一陣鋒面通過就會讓原本和煦的春陽隱身雲層中，並讓往返臺東的航班與船班延後或取消。但春天的蘭嶼北側山稜就像被蘭嶼胡桐的花朵抹上點點雪花般，有如客家庄形塑的六月油桐雪。

蘭嶼胡桐的植株不若開花的油桐高聳，葉片也不比油桐大片，但能在蘭嶼迎風面的森林開花結果，可見其生命力旺盛，加上它的植株高度較矮，樹形與分支較同屬的瓊崖海棠整齊且單純，因此也被引種成為臺灣南部適生的景觀樹種。

▲小天池周邊森林可見遍布的蘭嶼胡桐，春季時滿樹白花。

▲花朵中央具有多數橘黃色雄蕊。　▲核果球形，果皮表面光滑。

▲不僅展開的花朵，就連白色的球形花苞也極為搶眼。

胡桐科

雙子葉植物

113

瓊崖海棠

Calophyllum inophyllum L.

科名｜ 胡桐科 Calophyllaceae
英名｜ tamanu, oil-nut, mastwood, beach calophyllum, beautyleaf
別名｜ 紅厚殼、君子樹、胡桐、海棠果
植物特徵｜ 碩大的葉片與種實

形態特徵

中大型喬木，具有短主幹與長分支，樹皮淺灰色且具橢圓形淺皮孔，分支光滑，幼時具 4 稜。葉柄先端較廣且扁平，葉片廣橢圓狀長橢圓形至倒卵形，先端圓或鈍，葉基廣楔形，革質，兩面同色，側脈明顯。花序總狀，花兩性，花萼 4 枚，反捲花萼與花瓣同型。核果球形，綠色，果核球形。

廣布於印度洋至婆羅洲、太平洋諸島與澳洲，臺灣沿岸或沙岸可見。

不知道還有多少人記得中國海南省的簡稱「瓊」。瓊崖海棠的中名就像是「生長在海南島海崖邊的海棠木」縮寫。對於中原而言，海南島真的就是海角天涯，瓊崖海棠猶如海角天涯的海棠木。許多臺灣本島的公園或臨海公路時常栽植瓊崖海棠作為綠美化之用，雖其葉片油亮，夏季開出大量白花頗具觀賞價值，然而樹型常受強勁海風影響而稍顯雜亂。除此之外，瓊崖海棠的木材質地堅硬，加上生長迅速，因此過去被用做建材、家具或其他木製品。種子內富含油脂，在海南島與許多太平洋原住民的傳統醫學中，會利用其油脂進行民俗療法或作為燈油之用。

▲瓊崖海棠的總狀花序多數聚生於枝條先端，葉片呈橢圓形厚革質。

▲瓊崖海棠為海濱地區常見的綠美化喬木。

▲原生地的瓊崖海棠樹形與枝條雜亂,卻能在凜冽海風下堅強生長。

▲核果球形,表面光滑且大型。

胡桐科

雙子葉植物

115

菲律賓朴樹

Celtis philippensis Blanco

科名 | 大麻科 Cannabaceae

植物特徵 | 碩大的葉片

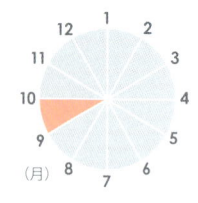

形態特徵

　　常綠喬木，小分支幼時被伏毛，漸無毛。葉卵形至廣卵形，革質，先端銳尖至鈍形，葉基楔形，邊緣全緣，兩面光滑，邊緣具緣脈一對。果卵形，約 1 cm 寬，表面光滑。

　　廣布於熱帶非洲、馬達加斯加、印度、東南亞至澳洲東北部、索羅門群島；在臺灣僅見於綠島和蘭嶼。

　　菲律賓朴樹為廣布於舊世界熱帶地區的朴屬樹種，其與臺灣朴樹（石朴）一樣具有常綠的生長習性，和其他臺灣可見的同屬植物不同。熱帶地區的氣溫變化少且平均溫度較高，因此熱帶植物的落葉特性往往與當地的降水息息相關。綠島與蘭嶼雖然冬季會受到東北季風影響而氣溫偏低，但由於降雨量較平均，因此讓當地的多數樹種四季常綠。

▲初生葉緣疏齒緣，成葉全緣。

▲果實成熟後轉為紅色。

▲菲律賓朴樹為海濱地區的常綠小喬木，具有革質的三出複葉。

▲雌蕊花柱極短，綠色的子房外圍可見較短的雄蕊。

大麻科

雙子葉植物

魚木 LC

Crateva formosensis（Jacobs） B.S.Sun

科名｜ 山柑科 Capparaceae
英名｜ spider tree
別名｜ 三腳鱉、三腳虎、三腳棹、牛角歪
植物特徵｜ 碩大的葉片與種實

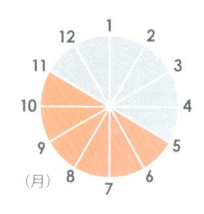

形態特徵

小型落葉喬木，全株光滑，小分支具白色光澤。葉互生，三出複葉，簇生於小分支先端，小葉長倒卵形，全緣，先端銳尖，側生小葉歪基。頂生而短的繖房花序，花黃白色，具長柄；花萼 4 枚，長橢圓形；花瓣 4 枚，具長爪，倒卵形，匙狀；雄蕊花絲展開。漿果球形至卵形，具柄，子房柄微加厚。種子圓腎形。

分布於中國、越南與臺灣；臺灣低地可見，特別是在北部地區。

原生植物（native plant）是指囊括某一特定區域內原有的植物，包含當地特有（endemic）物種，其認定仰賴植物分類學者與在地居民的調查與比對，確認各地植物組成。

早在人類抵達之前，就在原生地生長、繁殖的物種，相較於外來作物需要時間馴化，原生植物則較能適應當地的土壤特性、氣候與季節變化，對當地的病蟲害也具有抗性或耐性，

▲繖房花序具有多數黃白色花朵，可見許多展開的雄蕊。

甚至演化出獨特的共生關係；換句話說，原生植物對當地環境適應性較佳，栽培後的存活率也高。

魚木是許多粉蝶科幼蟲的食草，包括臺灣最大型的粉蝶 ── 端紅粉蝶，選用此種原生植物作為誘蝶食草與園藝用途，不僅能營造符合生態的自然觀察環境，也兼具解說教育功能。

魚木的木材質輕，以往會削成浮鏢作為釣魚之用；在農業社會，魚木的細枝削片後水煎可用來治療牛隻內傷。由於魚木樹型優美，開花時具有大而顯眼的花朵與花序，加上排列於枝條末梢，結果時漿果大型，成熟時轉為鮮豔的黃橘色，極具觀賞價值。

山柑科

雙子葉植物

▲漿果基部具有延長狀的子房柄。

◀南部留有許多又名「三腳虎樹」的魚木，往日用來治療耕牛疾病。

119

柿葉茶茱萸

Gonocaryum calleryanum（Baill.）Becc.

科名｜　心翼果科 Cardiopteridaceae
別名｜　臺灣瓊欖
植物特徵｜　碩大的葉片與種實

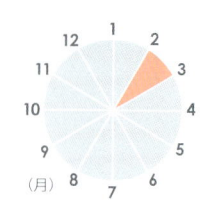

形態特徵

小型常綠喬木，葉互生，厚革質，圓形或廣卵形，先端具短銳尖；葉基圓，全緣，表面光滑，葉面深綠色，葉背黃綠色，側脈 4～6 對，斜倚，兩面隆起；葉柄粗壯。總狀花序短，穗狀或簇生，花少數；花無柄或短柄，具苞片；花萼 6 枚，圓形；花冠圓柱狀，先端 5 裂，雄蕊 5 枚。核果卵形至橢圓形，黑紫色。

分布於菲律賓與臺灣，恆春半島偶見。

海岸林是指陸地至海岸灘線之間存在的林木，隨著各地海岸地理特徵差異以及人為活動干擾，各地海岸林的分布情形與植物組成往往迥異。

日治時期依據「史蹟名勝天然紀念物保存法」，臺灣本島曾有八處海岸林被指定為國家級或地方級的史蹟名勝天然紀念物。恆春半島南端恆春郡鵝鑾鼻的「熱帶性海岸原生林」隨著墾丁國家公園成立，劃設為「香蕉灣生態保護區」，受到國家公園法保護至今。該區域內喬木組成的海岸林植物帶為該處海岸林主體，區域內的樹種具有多數熱帶喬木特徵，其中即包括柿葉茶茱萸。

在臺灣，柿葉茶茱萸僅原生於香蕉灣海岸林內，其葉形有如溫帶常見的果樹「柿樹」，在地處北回歸線以南的香蕉灣海濱顯得格外獨特。它的花極微小且花被片呈綠色，容易隱身在葉叢中而不易發現，反倒是狀似橄欖大小的黑紫色果實格外顯眼。雖然香蕉灣海岸林受國家公園法保護，不對一般民眾開放參觀，所幸透過引種異地復育，在南部的許多植物園皆可見到區外復育保種的個體。

▶花萼與花瓣綠色，花朵微小並不顯眼。

▲柿葉茶茱萸生長在香蕉灣海岸林內,葉形與柿樹相似。

▲果實成熟後轉為黑紫色

心翼果科

雙子葉植物

交趾衛矛

Euonymus cochinchinensis Pierre

科名│ 衛矛科 Celastraceae
別名│ 三宅氏衛矛、越南衛矛
植物特徵│ 碩大的葉片

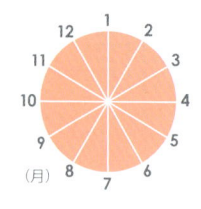

形態特徵

表面近光滑，分支圓柱狀。葉革質，具柄，倒卵形、橢圓形或長橢圓形，先端銳尖或鈍，基部漸狹。花排列成疏散的聚繖狀圓錐花序，頂生或腋生。蒴果倒卵狀球形，具稜，先端截形。種子 1～4 枚，延長狀。

分布於中南半島與菲律賓，在臺灣僅見於蘭嶼低海拔森林內。

交阯古國位於今日中南半島越南境內，因此交趾衛矛又被稱為越南衛矛。作者第一次見到交趾衛矛時是在首次蘭嶼行的民宅周邊，刻意栽植與修剪下讓它黃色的花朵與開裂後帶紅色的蒴果顯得格外搶眼。待植株老化後，還能把植株砍斷做成晒飛魚架或晾衣架，為當地居民的實用植物之一。

在臺灣本島，交趾衛矛也被栽植為公園綠籬或觀賞灌木，原因可能和遠在蘭嶼的居民一樣，看中它高開花率與結實率，以及植株高度適中的生長特性。

▲交趾衛矛的開花性佳，在蘭嶼也被栽植於民宅前。

▲花瓣邊緣流蘇狀，雌蕊先端可見明顯花柱。

▶紅色蒴果內常具有 1 至 2 枚黑色種子。

常春衛矛

Euonymus fortunei （Turcz.） Hand.-Mazz.

科名｜ 衛矛科 Celastraceae
英名｜ thorny-fruit euonymus, wintercreeper euonymus
別名｜ 扶芳藤

形態特徵

攀緣性或附生性灌木。葉橢圓形、廣橢圓形至卵形，革質或近革質，先端鈍；葉基銳尖至鈍，鋸齒緣，側脈不明顯，於葉背平坦或具溝。聚繖花序腋生，常 5cm 長，總梗表面光滑。蒴果廣圓形，疏被長刺或偶光滑，長刺反捲，成熟時綠色。

分布於遠東、東南亞與日本；臺灣低海拔林緣可見。

常春衛矛的節上具有攀附根系，能夠攀附在林緣或林下具有遮蔭的樹幹或岩石表面，開花時才從側枝先端開出花果。

在臺灣，具有攀緣性的同屬植物還有卵葉刺果衛矛，為中海拔林間的特有種。由於常春衛矛與卵葉刺果衛矛兩者的葉形同樣多變，葉形皆可自橢圓形至卵形，因此某些分類學者認為其應為同種植物。不過臺灣西南部淺山的乾溼季明顯，氣候條件與終年雲霧繚繞的中海拔森林不同，因此或許為適應不同氣候條件而分化出的近緣物種。

▲攀緣性灌木，開花側枝平展後下垂。

▲葉片先端銳尖或鈍，葉片革質或近革質。

▶花瓣先端鈍，花色淺綠並不顯眼。

日本衛矛

Euonymus japonicus Thunb.

科名｜ 衛矛科 Celastraceae
英名｜ evergreen spindle, Japanese spindle
別名｜ 大葉黃楊、冬青衛矛、正木、海衛矛、綠籬衛矛
植物特徵｜ 碩大的葉片

形態特徵

灌木，小分支光滑。葉倒卵形，革質，表面光滑，上表面綠色具光澤，下表面淺綠色；葉先端鈍至銳尖，基部銳尖，邊緣鋸齒緣。花聚生成複繖房花序，腋生。蒴果球形，表面光滑，成熟時轉為暗紅色，具 3～4 室。種子紅色。

原生於日本與韓國、琉球，廣泛栽培於中國、菲律賓、西南與東北蘇拉維西、爪哇、蘇門答臘、馬來西亞。在臺灣原生於綠島與蘭嶼，並廣泛栽培於臺灣本島。

作者求學時，很多臺灣植物圖鑑記載著日本衛矛在臺灣並不常見，局限原生於綠島與蘭嶼海濱地區，然而當作者實際前往蘭嶼後，並未在海濱地區看到它的身影，反而僅在奧本嶺的林下看到它的幼苗。回到臺東後，才察覺日本衛矛其實是廣泛栽培為綠籬的灌木，在人為栽培下開花率極高，濃綠的葉叢中開出點點黃花，十分雅致。其實跨過臺灣海峽，馬祖列島的許多向陽坡地上時常能看到日本衛矛的灌叢，不僅如此，日本衛矛的葉片具有解毒消腫的民俗療效，因此也被當地居民視為藥用植物使用。

▶ 複繖房花序頂生於枝條先端。

▲花瓣全緣，雌蕊先端可見明顯花柱。

▲蒴果成熟後轉為暗紅色。

▲蒴果內含 4 枚紅色種子。

▲全日照環境下生長的植株矮小且枝葉茂密。

衛矛科

雙子葉植物

125

淡綠葉衛矛

Glyptopetalum pallidifolium（Hayata）Q.R.Liu & S.Y.Meng

科名｜ 衛矛科 Celastraceae

植物特徵｜ 碩大的葉片

形態特徵

灌木，小分支黃色，具稜。葉片淺綠色，長橢圓形或廣橢圓形，革質，先端銳尖或鈍，葉基楔形或圓，兩面光滑，全緣；葉柄約 **5mm** 長。具果梗，腋生，蒴果扁球形。種子 **2** 或 **3** 枚，具稜，先端具假種皮。

於臺灣恆春半島可見。

作者造訪恆春期間，總會於假日時穿越海岸林進行浮潛活動。行走在林蔭間，會看到一種葉片翠綠、質地較厚的灌木，它就是淡綠葉衛矛。猶記得在林業試驗所期間，有位同事曾對我說這衛矛屬植物僅因為兩片葉子很圓很綠，就被早田文藏發表為新種。

淡綠葉衛矛是早田文藏教授根據西垣晉作（S. Nishigaki）於1910年元旦採自恆春的兩份帶有果實標本，將其發表為新種的衛矛科植物。藉由果實確認科別後，依據它翠綠的葉片加以命名。

近年來，分類學者將本種改列為溝瓣木屬（*Glyptopetalum*），為分布於東亞熱帶與亞熱帶地區的類群。

▲淡綠葉衛矛生長於恆春半島海岸林底層。

▶枝條平展，葉面翠綠，纖細的花序軸腋生。

▶葉背淡綠色，蒴果懸垂於枝條下方。

◀花瓣全緣，雌蕊先端花柱不明顯。

▶蒴果開裂後可見內含的紅色種子。

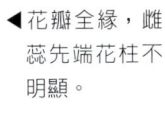

衛矛科

雙子葉植物

蘭嶼裸實 NT

Maytenus emarginata（Willd.）Ding Hou

科名｜ 衛矛科 Celastraceae
英名｜ Lanyu gymnosporia
別名｜ 紅頭裸實

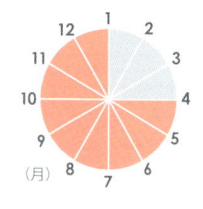

形態特徵

小型灌木。葉倒卵形至楔形倒卵形，革質，先端圓，邊緣鈍齒緣。聚繖花序腋生，花白色；花萼裂片三角形，花瓣倒卵狀長橢圓形或長橢圓形，先端鈍，全緣，雄蕊位於花盤邊緣，花藥廣卵形，花柱極短。蒴果瓣裂，果瓣廣圓形；種子橢圓形，紅色。

分布於印度、斯里蘭卡、東南亞至昆士蘭北部；蘭嶼、綠島與鵝鑾鼻海岸可見。

日治時期臺灣總督府開始系統性地對臺灣植物組成進行調查，然而早年的植物學者調查旅途極為艱辛，不似現代交通普及，也無便捷的網路資源可供查閱，加上標本保存不易，無法利用數位影像進行記錄，因此許多被冠上採集地名的植物名稱，在發現當時可能被視為特有物種，但在之後的研究陸續發現實為廣布種，然當時取的植物名稱卻因使用習慣而被保留下來。

許多中名冠上「蘭嶼」的物種，如今都被確認為東南亞、南亞或東亞分布種類，蘭嶼裸實即為一例。雖然名稱中有「蘭嶼」一詞，卻為廣泛分布亞洲熱帶地區與澳洲的海濱灌叢。除了溫暖的恆春半島、蘭嶼和綠島外，蘭嶼裸實常綠且花期長的特性也被廣泛引種至臺灣各地，成為值得推廣的原生海濱植栽。

▲花瓣白色，花朵中央的黃色花盤大而明顯。

▲蒴果瓣裂，內含表面鮮紅的種子。

日本假衛矛

Microtropis japonica (Franchet & Savatier) H. Hallier

科名｜衛矛科 Celastraceae

形態特徵

常綠小型喬木或灌木，小分支光滑，深灰褐色。葉片橢圓形或卵狀橢圓形，革質；葉基楔形或漸狹，邊緣微反捲，先端鈍至具小尖頭。聚繖花序腋生或頂生，二叉分支，近主梗頂生花無柄；花黃白色，花萼宿存，花瓣 5 枚，微肉質，長橢圓形。蒴果長橢圓形，表面具光滑與縱向裂紋。種子倒卵狀或橢圓形，表面被深紅色假種皮。

分布於日本與琉球群島；蘭嶼山區與鵝鑾鼻海岸可見。

由於日本假衛矛的葉形與森林內其他灌木相似，加上春季時開出的白色花朵微小，因此在蘭嶼山區濃密的熱帶叢林中極易被忽略。不過，當日本假衛矛的種子成熟時，綠色果皮便從單側縱向開裂，露出裡面鮮紅的假種皮，在陽光偶爾撒落的林蔭間顯得格外明顯。當開裂的果皮脫落，帶著假種皮的種子仍然屹立於果梗上，靜靜地等候著鳥兒前來啄食。

假衛矛屬植物廣泛分布於全球熱帶與亞熱帶地區，其中日本假衛矛分布於蘭嶼，以及北方的日本與琉球群島，其極有可能是藉由候鳥跨越浩瀚的太平洋，得以分布於島弧間的森林裡。

▲蒴果成熟時表面仍為綠色。

▲日本假衛矛的花朵微小，在蘭嶼當地並非每年開花。

▶日本假衛矛的假種皮鮮紅，能夠吸引鳥類啄食。

蘭嶼福木

Garcinia linii C. E. Chang

科名｜　藤黃科 Clusiaceae
別名｜　林氏福木
植物特徵｜　碩大的葉片與種實、幹生花

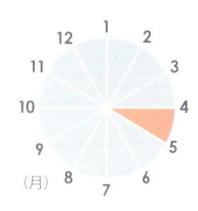

形態特徵

小型單性喬木，小分支粗壯，初具 4 稜，後轉為圓柱狀。葉柄具稜；葉片卵形至橢圓形，先端鈍至微具小尖頭或圓形，邊緣反捲；葉基短而驟縮，多少革質，具光澤。花序腋生，單花，雄花外側具 2 枚花萼，橢圓狀圓形，先端圓；花瓣倒卵形，聚生雄蕊離生，直立且粗壯。漿果橢圓形至球形，表面光滑。

藤黃屬植物為廣布於全球熱帶、亞熱帶的常綠喬木或灌木，在蘭嶼和綠島分布有兩種，其中蘭嶼福木為特有種，僅見於綠島和蘭嶼森林內。

蘭嶼福木的樹身高聳，只有茁壯的個體才會開花，加上花朵都單生於枝條末梢，因此即便春季造訪兩座島嶼，在叢林底部看到片片的白色花瓣，都會因為其他樹木的遮蔽而無法發現正在開花的蘭嶼福木。

蘭嶼福木的果實大型，果皮薄且內含2或3枚大型種子，果皮與種子間富含汁液，可惜並非一般民眾喜愛的風味，因此不像其他的同屬植物如：山竹、菲島福木等一樣受到廣泛食用或栽培。所幸這種特有種喬木生長在資源豐富的蘭嶼和綠島，開發程度不若其他熱帶與亞熱帶地區，因此生育地並未遭到限縮，讓蘭嶼福木粗壯的樹身依然挺立在蘭嶼和綠島的熱帶叢林內，為野生動物提供多汁的果實。

▲蘭嶼福木是蘭嶼南側山區內的小型喬木。

◀雄花腋生於新生枝條，可見明顯外露的聚生雄蕊。

▶雌花腋生於新生枝條，可見明顯外露的膨大柱頭。

▲漿果大型，成熟時果皮呈黑紫色。

▶果實內含2至3枚大型種子。

藤黃科

雙子葉植物

131

恆春福木

Garcinia multiflora Champ.

科名｜　藤黃科 Clusiaceae
別名｜　木竹子、福木
植物特徵｜　碩大的葉片及種實

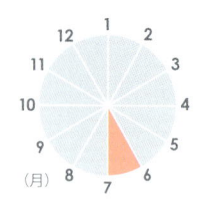

形態特徵

　　灌木或小型喬木，表面光滑且具 4 稜。葉片倒卵形至倒披針形或窄橢圓形，先端鈍或圓或具小尖頭；葉基楔形，薄紙質。近聚繖花序、圓錐花序頂生，雄花花萼近圓形，邊緣全緣；花瓣綠色或黃色，倒卵形至匙形，雄蕊簇離生，直立或斜倚，線形且先端膨大；雌花不具雄蕊。漿果扁球形，表面光滑。

　　中國南部、香港與臺灣南部低海拔林地可見。

　　山竹（*Garcinia mangostana*）是熱帶常綠喬木，盛產於南洋熱帶地區，我們視為果肉的部分其實是種子外的假種皮，質地細膩多汁，酸中帶點微甜的口感，因此有「熱帶果后」之稱。恆春福木與山竹同為藤黃屬植物，在臺灣南部某次野外調查過程中將果實剖開觀察時，果皮內一陣酸甜有如柑橘果肉的香味撲鼻而來，雖然它不似山竹一樣具有可以直接食用的假種皮或果肉部位，但若能以研製佐料的方式善加利用，或許能成為提味的在地原生食材。

▲雄花的花藥密生於合生花絲頂端，中央可見退化的橘色雌蕊。

▲恆春福木的葉片窄橢圓形或倒披針形，質地較厚。

◀漿果內常含 4 枚種子，種子橢圓形。

▶漿果扁球形，表面光滑。

藤黃科 雙子葉植物

133

菲島福木 EN

Garcinia subelliptica Merrill

科名｜ 藤黃科 Clusiaceae
英名｜ Fukugi tree
別名｜ 福木
植物特徵｜ 碩大的葉片與種實

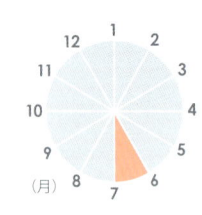

形態特徵

小型或中型雌雄異株喬木，分支粗壯。葉柄具稜與橫向皺紋，葉舌半月形；葉片長橢圓形、橢圓形或近圓形，先端圓或具缺刻，邊緣反捲；葉基廣楔形或圓形，硬革質，具光澤且光滑。花序於側枝基部腋生，4～6朵花簇生，雄花花萼近圓形，花瓣淺綠色，橢圓形或近圓形。漿果扁球形，表面光滑。

分布於菲律賓、爪哇與琉球，臺灣南部、蘭嶼、綠島可見原生族群，臺灣全島廣泛栽培。

校園植栽在景觀營造上扮演了舉足輕重的角色，除了柔化生硬的人工建築物，提供富含美感的景緻外，也改善校園的微氣候，提供師生與其他動植物的適居生境，因此良好的校園植栽成為綠色校園的重要策略。

相較於外來植物，原生植物較能適應當地的土壤特性、氣候與季節變化，栽培後存活率相對較高。菲島福木是原生熱帶樹種，不僅樹形優美且耐造型修剪、葉片常綠，還具有原生植栽的諸多優勢，因此是全臺校園與公園廣泛可見的常見植栽。不僅如此，菲島福木橢圓形且質厚的葉片像極了日本江戶時代的金幣「小判」，因此在日本人眼中也被視為「福木」。

▲菲島福木原生於臺灣南部和綠島、蘭嶼的森林內。

▲臺灣各地公園與校園廣泛栽培為常綠景觀喬木。

▲雄花開放時外觀呈球狀,可見多枚花藥聚生於合生花絲先端的雄蕊。

▲兩性花除了大而明顯的雌蕊外,也可見花藥數量較少的雄蕊或其痕跡。

▲果實成熟後常為橘黃色。

▲漿果內常含1枚種子。

藤黃科

雙子葉植物

135

欖李

Lumnitzera racemosa Willd.

科名｜ 使君子科 Combretaceae
英名｜ white-flowered black mangrove
植物特徵｜ 支持根

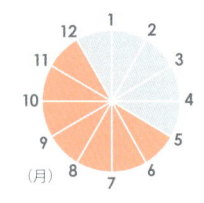

形態特徵

大型灌木或小喬木。葉片橢圓形，先端圓且具小缺刻，革質，葉基漸狹。總狀花序腋生，花萼萼齒扁平，具纖毛；花瓣白色，雄蕊 10 枚，花絲白色，與花冠近等長，總花托略扁。核果橢圓形，兩端鈍。

廣泛分布於熱帶非洲、亞洲、太平洋諸島至澳洲；臺灣西南部海邊紅樹林可見。

欖李是臺灣現存原生紅樹林樹種中分布最為局限的種類，主要分布於臺南、高雄海濱地區較為內陸處，偶見於嘉義海濱。由於臺灣西南部濱海地區的開發較早，因此除了聚落之外，以往發達的鹽業與交通發展也會有一定程度地影響到適合欖李生長的生育地。不過，欖李的生長地點通常較為乾燥而不泥濘，其葉片先端具缺刻、呈總狀花序的白色花朵、長橢圓形果實等特徵都能近距離欣賞與仔細觀察。

▲植株基部可見支持根系。

▲欖李的花朵別緻，為臺灣產紅樹林植物中極具觀賞價值者。

▲總狀花序位於新生枝條先端，花序軸長短不一。

▲花朵內可見 10 枚雄蕊。

▲核果橢圓形，先端可見宿存花萼。

使君子科　雙子葉植物

137

亨利氏伊立基藤

Erycibe henryi Prain

科名｜　旋花科 Convolvulaceae
別名｜　伊立基藤
植物特徵｜　藤本

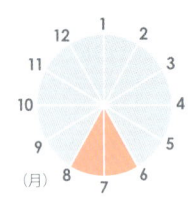

形態特徵

攀緣性藤本，小分支光滑。葉薄革質，卵形，先端鈍或具短尖頭；葉基鈍或圓，側脈約 6 對。圓錐花序表面被毛，腋生或頂生；花萼筒革質，直立，卵圓形，表面光滑，邊緣具纖毛；花冠白色，鐘狀，花冠筒裂片 5 枚，先端二叉，先端鈍或截形。漿果橢圓形，黑色，表面光滑。

分布於琉球與日本南部，臺灣低海拔灌叢內可見。

愛爾蘭的奧古斯汀・亨利（Augustine Henry）於1892～1895年間在臺灣進行大規模植物採集工作，主要採集範圍包括臺南、高雄、屏東、恆春半島以及北臺灣的淡水等地，所收集之標本全數送回英國倫敦皇家植物園（Royal Botanic Gardens, Kew）標本館，並分送複份標本至其他著名的歐美植物標本館收藏。隨後他整理1854年以來西洋人來臺採集發

▲亨利氏伊立基藤是大型的木質攀緣藤本植物。

表的所有資料，1896年在東京發表《A List of Plants from Formosa》（福爾摩沙植物名錄），這是臺灣最早且最有系統的植物誌。

受限當時臺灣高山與東部地區交通不便，並非清朝政府管轄範圍，山區的植物組成僅能透過這些外籍採集家的足跡及交易所獲一窺究竟。亨利先生整理後提及臺灣產開花植物達1,288種，其他維管束植物149種（包含101種栽培與歸化植物）。亨利氏的採集行程多集中於臺灣南部與恆春半島一帶，採集成果便包含採自打狗港旁柴山的亨利氏伊立基藤。

亨利氏伊立基藤廣布於全臺低海拔山區與蘭嶼叢林內，葉形多變，與我們熟悉的旋花科植物「具有纏繞性藤蔓、葉基常心形、多為蒴果」等特徵不同，其為攀緣性木質藤本、葉基鈍或圓、漿果，因而增加了辨別上的困難。過去筆者曾在蘭嶼溪流旁的大樹上攀附大型木質藤蔓，連續觀察好幾年都無法見到花果，直到某年夏季在溪谷邊撿到橢圓形漿果後，才得以確認它就是亨利氏伊立基藤。

旋花科

雙子葉植物

◀結實率偏低，是臺灣產旋花科植物中唯一結出漿果者。

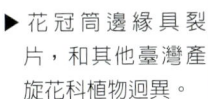

▶花冠筒邊緣具裂片，和其他臺灣產旋花科植物迥異。

139

吊鐘藤 LC

Hewittia malabarica（L.）Suresh

科名｜　旋花科 Convolvulaceae
別名｜　豬菜藤

形態特徵

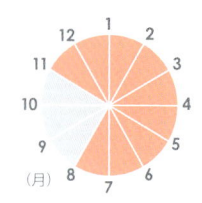

纏繞或斜生草本，表面被毛。葉卵形至廣卵形，葉基心形或截形，先端漸尖至鈍，葉兩面被伏柔毛。聚繖花序長於葉柄，表面被毛；苞片 2 枚，葉狀，著生於花萼基部，宿存，長橢圓狀披針形；花冠鐘狀或漏斗狀，淺黃至白色，中央具紫斑或否。蒴果扁球形，表面被長柔毛；種子表面光滑，臍上被毛。

廣布於舊世界熱帶地區。

日治時期吊鐘藤在臺灣的採集紀錄包含恆春半島、臺東成功海濱以及蘭嶼，近年來的採集與拍攝紀錄集中在恆春半島與蘭嶼。吊鐘藤的莖葉表現出旋花科典型特徵，具有纏繞性藤蔓與心形葉基，盛開的花冠也與臺灣南部常見的野牽牛相似，不過吊鐘藤的花冠內側中央常具紫色斑塊，因此只要稍加留意，應該不難在公路旁或開墾地周邊的向陽處發現。

吊鐘藤的花朵周邊具有大型葉狀苞片，與在同樣生育地內生長的野牽牛明顯不同。根據恆春半島一帶熱衷觀察植物的朋友說，在2007年的納莉颱風後，就極易在墾丁國家公園和蘭嶼路旁見到吊鐘藤的身影，極有可能是透過颱風攜入種子後日漸成長。

▲吊鐘藤零星分布於恆春半島、蘭嶼海濱向陽處。

▲花朵基部具有大型的葉狀苞片 2 枚。

▶偶爾可見花冠中央為白色的個體。

海牽牛

Ipomoea littoralis Blume

科名	旋花科 Convolvulaceae
英名	coastal morning glory, whiteflower beach morning glory

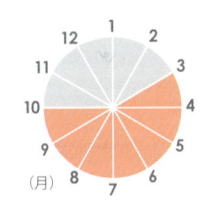

形態特徵

　　草本，莖斜倚或纏繞。葉卵形，廣卵形至長橢圓形或偶圓形至腎形，先端銳尖、漸尖，或鈍及具小尖頭，葉基心形，葉兩面光滑。花序具 1 至多朵花；花梗長於萼片，苞片線形；花萼表面光滑，常為長橢圓形，先端具小尖突；花冠漏斗狀，紫色或粉紅色，表面光滑。蒴果扁橢圓形，種子黑色，表面光滑。

　　廣泛分布於印度洋、太平洋濱海地區、墨西哥與西印度群島；臺灣近海沙灘及灌叢可見。海牽牛為旋花科成員，在恆春半島與綠島的海濱偶爾可見，但卻廣布於蘭嶼的近海灘地、礁岩及灌叢中。

　　海牽牛的莖基部斜倚並往四周延伸藤蔓，當莖先端碰觸到能夠攀附的物體時，便展現出它纏繞的特性。莖上著生卵形且基部心形至箭形的光滑葉片，據觀察，生長於濱海地區的個體葉片較生長於內陸者為窄，葉基較常為箭形。

　　海牽牛開花時綻放出漏斗狀的紫紅色花朵，花冠外圍被先端具小尖突的花萼所包圍。雖然花形與蘭嶼海濱極為常見、同為牽牛屬（*Ipomoea*）的蔓性草本植物 ── 馬鞍藤（*I. pes-caprae* subsp. *brasiliensis*）極為相似，但馬鞍藤葉片先端凹陷而狀似馬鞍，可與海牽牛明顯區隔。此外，海牽牛的蒴果為扁橢圓形，與馬鞍藤扁球形的蒴果明顯不同。

▲海牽牛的葉片心形至箭形。

▲花朵基部具有橢圓形花萼。

▶蒴果扁橢圓形，周圍可見宿存花萼。

掌葉牽牛

Ipomoea mauritiana Jacq.

科名	旋花科 Convolvulaceae
英名	morning glory, railway creeper
別名	七爪龍、藤商陸、細種五爪龍、牛乳薯、千斤藤、五爪薯、野商陸、五爪龍、苦瓜藤

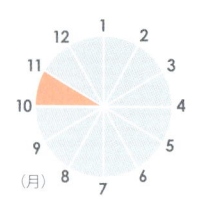

形態特徵

大型多年生纏繞藤本，偶斜倚，全株光滑；具塊根。葉圓形，掌狀裂葉或深裂，葉基多少心形，先端漸尖，裂片披針形至卵形，全緣。聚繖花序具多朵花，腋生，花梗被短棘；花萼圓至橢圓形，先端鈍，革質，表面光滑；花冠淺紅紫色至玫瑰粉紅色，漏斗狀。蒴果卵形，光滑；種子黑色，表面被綿毛。

原產非洲，現為全球廣泛歸化種。以往記錄於臺灣北部與南部低海拔山區，現多發現於恆春半島。

掌葉牽牛是最早出現在西方人眼中的臺灣植物名錄成員之一，也是早年歸化於臺灣的外來種藤本植物。除了分布在打狗港周邊外，日治時期的採集紀錄主要都集中在北部海濱、龜山島，以及南部的琉球嶼，然而近年來僅在恆春半島有穩定族群。由於掌葉牽牛和甘薯一樣，具有膨大的地下塊根，即使蔓生的藤蔓遭到啃食或刈除，雨季來臨後也能再度萌芽成長，開出一朵朵紫紅色的喇叭花。

▶ 根部具有膨大的地下塊根。

▲掌葉牽牛現多生長於恆春半島向陽森林邊緣。

▲掌狀裂葉裂片窄長。

旋花科

雙子葉植物

143

鱗蕊藤 NT

Lepistemon binectariferum（Wall.）Kuntze var. *trichocarpum*（Gagnepain）van Ooststr.

科名｜ 旋花科 Convolvulaceae

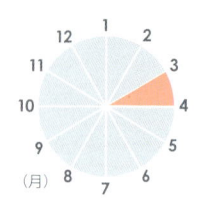

植物特徵｜ 藤本

形態特徵

纏繞草質藤本，莖表面密被直立至展開的黃灰色長柔毛，老莖漸無毛。葉柄多少被長柔毛；葉片廣心形，葉基深心形，邊緣全緣、具角突或深3裂，裂片先端銳尖或漸尖。聚繖花序腋生，花密生；花萼披針形，花冠白或黃白色，壺狀。蒴果球至卵形，表面光滑，先端尖；種子黑色，卵形，表面微被毛。

廣布於東南亞至海南島、菲律賓、琉球南部、西太平洋島嶼和印尼；在臺灣僅見於恆春半島與蘭嶼。旋花科植物廣泛分布於熱帶、亞熱帶和溫帶地區，由於具有觀賞價值，許多成員常被栽植為庭園觀賞之用，部分逸出成為歸化植物。

蘭嶼記錄有8屬11種旋花科植物，其中即包含鱗蕊藤。鱗蕊藤屬植物的雄蕊花絲基部具有多數凹形鱗片，其拉丁文屬名即為此意。鱗蕊藤在蘭嶼局限分布於蘭嶼西岸向陽坡地，其中蘭嶼橫貫公路西側的向陽山坡為最容易觀察的生育地。

蘭嶼的海濱與向陽地區生長著有如「海牽牛、盒果藤、大萼旋花等」花冠大型的旋花科植物，花朵常單生於葉腋或少數排列成繖形花序，然而鱗蕊藤的花多數密集排列於葉腋，也是蘭嶼產纏繞性旋花科植物中花朵最為小型者，迥異於其他當地產同科植物。

鱗蕊藤為1976年方由呂福原教授所記錄的蘭嶼新紀錄屬植物，為臺灣籍學者進入蘭嶼進行植物研究的重要成果之一，除了蘭嶼之外，近日也在恆春半島被尋獲。

▶鱗蕊藤的花多數密集排列，是蘭嶼產纏繞性旋花科植物中花朵最為小型者。

▶花冠壺狀，表面白色或黃白色。

◀雄蕊花絲基部具有多數凹形鱗片。

旋花科

雙子葉植物

145

圓萼天茄兒 NT

Ipomoea violacea L.

科名｜ 旋花科 Convolvulaceae
英名｜ beach moonflower, beach moonflower, sea moonflower
植物特徵｜ 碩大的葉片、藤本

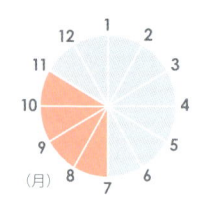

形態特徵

光滑纏繞藤本，莖表面光滑，偶具刺。葉圓卵形，葉基深心形，先端漸尖。聚繖花序 1 至多朵花，花梗於結果時加厚；花萼圓形，先端圓，凹陷或具小尖突，近等長，紙質，結果時延長；花冠白色具綠色線紋，高腳杯狀，花冠筒圓柱狀。蒴果球形，種子黑色，表面被短絨毛。

廣泛分布於全球熱帶地區海濱；臺灣南部與東部海濱、澎湖、琉球嶼及東沙島可見。

圓萼天茄兒在臺灣分布較為零星，自生單一個體往往能藉由蔓生的藤蔓延伸成片，造成現地族群數量多的假象，然而其可透過洋流傳播種實藉以補充各地族群量，因此在《臺灣維管束植物紅皮書名錄》中列為接近受脅。

圓萼天茄兒為大型光滑纏繞藤本，常攀附於海濱其他喬木上成片生長，夜間開花，日間往往僅見開花後殘留的花冠筒與未熟果。雖然白色花冠於傍晚綻放，簷部至次日清晨枯萎捲曲，但其花萼圓形，開花隔日仍可觀察到開花後的高腳杯狀花冠筒，藉此與其他相近類群區隔。此外，臺灣北部與南部淺山偶見外型相似的同屬外來種「天茄兒」，同樣具有夜間開花，綻放出高腳杯形的花冠，但其葉片先端銳尖，花萼先端具肉質尾突，明顯與原生於臺灣南部海濱的圓萼天茄兒不同。

◀花萼圓形，宿存且包覆蒴果。

▲圓萼天茄兒常攀附於海濱其他喬木上成片生長。

▲白色花冠於傍晚綻放，簷部至次日清晨枯萎捲曲。

金平氏破布子 EN

Cordia aspera G. Forst. subsp. *kanehirai*（Hayata）H. Y. Liu

科名｜ 破布木科 Cordiaceae

植物特徵｜ 碩大的葉片

形態特徵

小型落葉喬木，分支具褐色反捲毛。葉披針形至卵形，先端漸尖至銳尖，葉基漸狹至鈍，邊緣近全緣或鋸齒緣，齒緣具小尖突，葉兩面被鉤毛。花序頂生，花白色，近無柄，花萼近圓筒狀，具 10 條縱向可見脊，表面密被鉤毛，為 5 齒，具微外露雄蕊。果橢圓體形。

分布於琉球；臺灣恆春半島、蘭嶼、龜山島低海拔灌叢內可見。

金平氏破布子在以往記載中，為分布恆春半島與蘭嶼低海拔山區灌叢內的小型喬木，2003～2004年間，業餘植物採集者呂碧鳳女士於龜山島一帶尋獲若干族群。由於分布面積狹隘且嚴重破碎化，在《臺灣維管束植物紅皮書名錄》中列為瀕危（EN）等級。

由於金平氏破布子在恆春半島的生育地位於國家公園範圍內，因此族群動態較穩定；然而蘭嶼的採集紀錄集中於1962～1970年間，族群動態現況不明。2020年作者於蘭嶼西北部山區向陽森林內尋獲開花與結實個體，並於當地西南側海岸林緣尋獲多數小苗，藉此推論蘭嶼產族群應可自行更新，加上果皮多汁，種子發芽率極高，應可藉由鳥類進行島嶼間的遠距離傳播。

◀金平氏破布子在蘭嶼西北部山區向陽森林內具有開花與結實個體。

破布木科 雙子葉植物

▲花朵小型,花瓣白色且雄蕊外露。

▲果實呈橢圓體形,在蘭嶼當地結實率甚高。

鵝鑾鼻燈籠草

Kalanchoe garambiensis Kudo

科名｜ 景天科 Crassulaceae
別名｜ 鵝鑾鼻景天

形態特徵

肉質光滑草本，5～8cm 高。葉片小型，具葉柄，先端圓或具小尖頭；葉基漸狹，全緣。聚繖花序 3～10 朵花，花萼 4 裂，裂片卵狀長橢圓形，先端銳尖；花冠黃色，基部壺狀，裂片 4 枚，圓卵形，先端鈍或銳尖；花藥 8 枚，腺體 4 枚，心皮 4 枚。

僅見於恆春半島海濱岩石表面。

景天科植物廣布全球，主要分布於北半球，生育地包括溼地至沙漠，分布緯度自熱帶至寒帶地區，因此在熱帶地區的海濱至高山地區都能發現景天科植物的蹤跡。

鵝鑾鼻燈籠草為工藤祐舜教授（Kudo, Yushun）根據親身採集之標本所發表的臺灣特有種植物，只要前往恆春半島海濱的珊瑚礁岩縫隙內，都有機會在秋冬之際發現它生長於原生地的矮小植株，開出鮮豔的黃色花朵。

鵝鑾鼻燈籠草生命力旺盛，能輕易透過移植幼苗或採集種子進行培養。若有機會栽植，會發現原來鵝鑾鼻燈籠草也能長高至20cm左右，植株基部的葉片菱形且寬度可達3cm，而花序基部的苞葉較窄，但都能長達4cm，這或許是鵝鑾鼻燈籠草在人為細心照料下，擺脫原生地惡劣的海濱強風與乾旱環境，展現出本身真正的形態吧！

由於燈籠草屬（*Kalanchoe*）植物往往具有表型多形性，能夠在不改變遺傳物質序列下，透過表現基因調控方式長出多樣的外型，或是適應不同的生育環境，因此也有分類學者將本種納入廣義的倒吊蓮內，並改採 *Kalanchoe integra*（Medik.）O. Kuntze 此一學名。

▲花萼 4 裂，裂片卵狀長橢圓形，先端銳尖。

▶原生地海濱礁岩上的鵝鑾鼻燈籠草植株矮小。

◀原生地遮蔭處的植株較高,且葉片較為窄長。

▲人為栽培下,鵝鑾鼻燈籠草的植株可達 20cm 高。

景天科

雙子葉植物

151

小燈籠草

Kalanchoe gracilis Hance

科名｜ 景天科 Crassulaceae

別名｜ 大還魂

形態特徵

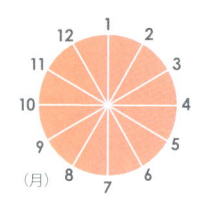

　　肉質草本，莖直立，40～60cm 長，3～10mm 寬，先端圓。葉緣鋸齒。聚繖花序頂生，花萼 4 枚，披針形，1cm 長，2mm 寬；花冠黃色，2cm 長，具 4 裂片，裂片圓卵形，先端銳尖；雄蕊 8 枚，子房 4 裂，披針形，合生成 15mm 長的花柱。種子小型，長橢圓形。

　　生長於臺灣南部低至中海拔岩生地與琉球嶼海濱，由於燈籠草屬植物的花果特徵類似，植株外型易受到生育地條件影響，因此在觀察時，原生地的形態特徵格外重要。

　　原生於臺灣中南部低海拔珊瑚礁岩縫隙內，花果特徵和其他臺灣產原生燈籠草屬植物，以及常栽植為青草藥，醫治跌打損傷的同屬植物──伽藍葉（*Kalanchoe ceratophylla* Haw.）相似。

　　小燈籠草葉形多變，具有單葉、三裂葉或羽狀深裂葉三型，羽狀深裂時裂片窄於1cm，與伽藍葉、其他臺灣可見的原生種不同。不過，部分分類學者認為臺灣產的小燈籠草應非臺灣特有種。若能將東亞廣袤範圍內的相近類群一併栽培多代，才能進一步排除生育地環境對於外型的影響。

▶小燈籠草具有單葉、三裂葉或羽狀深裂葉三型。

▶遮蔭處的小燈籠草基生葉片較為寬大。

▲向陽區域的個體較為矮小,且葉片多為窄長的單葉。

倒吊蓮 LC

Kalanchoe integra（Medik.） Kuntze

科名｜ 景天科 Crassulaceae

別名｜ 白背子草、肉葉芥藍菜、匙葉伽藍菜、匙葉燈籠草、蒐葉燈籠草

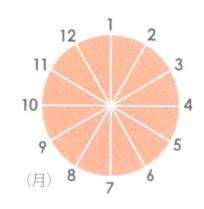

形態特徵

多年生草本；肉質、光滑；莖直立。葉具柄，匙狀長橢圓形至長卵形、楔形，上半部者單葉且狹窄，基部者偶具 3 裂葉。聚繖花序頂生或腋生，苞片線形；花黃色，直立；花萼 4 裂，裂片長三角形，先端鈍；花冠壺形，表面光滑；花冠邊緣 4 裂；雄蕊 8 枚。蓇葖果 4 枚；種子多數，長橢圓形。

分布於中國南部、南亞至馬來西亞。

倒吊蓮為臺灣全島最常見的原生燈籠草屬植物，尤以臺灣南部中、低海拔常見。由於本屬植物的花果特徵相似，因此仰賴莖葉的形態特徵加以辨識。

倒吊蓮別稱匙葉伽藍葉，其葉片常為寬大的單葉，植株中段葉片偶爾可見三出複葉，小葉卵形且較為寬大；伽藍葉的中段葉片雖然是羽狀裂葉，但裂片線形且主脈凹陷呈溝狀，可供區隔。

▲倒吊蓮的葉片單葉至三出複葉。

▲聚繖花序常頂生，花朵排列較為疏鬆。

▲花黃色，花冠邊緣 4 裂。

伽藍葉 外來種 NA

Kalanchoe ceratophylla Haw.

科名｜ 景天科 Crassulaceae

別名｜ 五爪三七、五爪田七、大還魂、青背天葵、假川連、裂葉落地生根、齒葉落地生根、篦葉燈籠草、雞爪三七、雞爪黃

形態特徵

多年生肉質粗壯草本，分支少，全株帶藍綠色，無毛。葉對生；葉片三角狀卵形或長圓狀倒卵形，中部葉羽狀深裂，裂片條狀披針形，邊緣有淺鋸齒或淺裂；頂生葉較小，披針形。聚繖花序圓錐狀或繖房狀，頂生，花冠高腳碟狀，黃色，花冠管伸出花萼外，膜質，裂片驟尖。蓇葖果長圓形。

分布於東南亞與華南；臺灣平野廣泛栽培。

燈籠草屬植物的花果特徵類似，因此往往仰賴葉形進行鑑別。伽藍葉又名篦葉燈籠草，是指它莖中段的葉片具有多數細長的羽裂片，就像細齒梳一般。然而光從文字描述，易與臺灣南部原生的小燈籠草混淆。

不過，伽藍葉的莖葉往往帶有藍綠色，與小燈籠草帶有黃褐色的植株顏色不同。由於民俗上認為伽藍葉具有治療跌打損傷、緩解燙傷的功能，因此時常被偏鄉民眾栽植於自家門前，加上成株花況壯觀，也頗具觀賞價值。

▲伽藍葉植株直立，花序頂生。

▲花冠高腳碟狀，花色鮮黃。

象牙柿

Diospyros ferrea（Willd.） Bakhuizen

科名｜ 柿樹科 Ebenaceae
英名｜ black ebony
別名｜ 象牙樹、烏皮石柃、黑檀木

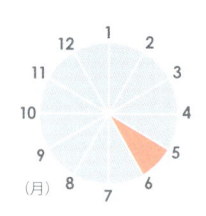

形態特徵

小型常綠喬木。葉厚革質，倒卵形，先端圓且具小缺刻，基部漸狹，邊緣全緣或多少反捲，兩面光滑且同色，側脈與細脈不明顯。雄花常 3 朵聚生成極短的繖房花序，花萼淺裂，裂片瓣裂，先端圓，漸無毛；雌花花萼外表被褐色絨毛，裂片 3 枚偶 4 枚，花冠裂片 3 或偶缺如。果橢圓形，黑色。

西非至印度、中南半島、馬來亞至澳洲、琉球；臺灣恆春半島、蘭嶼海岸林可見。

烏木又稱黑檀木，是一類密度較高、木材色深且拋光後具有光澤的柿樹科植物，常被用來作為雕刻、家具或是早年的鋼琴琴鍵使用。象牙樹就是臺灣習稱為黑檀木的樹種之一，除了生長緩慢、樹皮黝黑外，細緻的葉片與適合強剪的特性也讓它成為許多公園或庭院可見的植栽，常與厚皮香、蘭嶼柿等葉片細緻的園藝植栽一併栽植。

象牙柿生長於恆春半島、蘭嶼密生的海岸林與高位珊瑚礁森林內，由於生長緩慢加上熱帶森林底層具有其他競爭陽光的幼苗與地被灌叢，因此原生地的象牙柿往往枝葉稀疏，不若栽植個體的枝繁葉茂。近年來原生地受到銀合歡等速生外來樹種進駐後，進一步排擠了象牙柿的原生地，故被《臺灣維管束植物紅皮書名錄》中列為易危等級。

▶ 象牙柿原生於海岸林內，並廣泛栽植於臺灣各地。

◀ 象牙樹的花朵微小,花色並不顯眼。

◀ 結實率高,果實會逐漸由黃轉紅。

柿樹科

雙子葉植物

157

軟毛柿 LC

Diospyros eriantha Champ. ex Benth.

科名｜ 柿樹科 Ebenaceae
別名｜ 烏材柿、烏材仔、包公樹

形態特徵

常綠喬木，小樹被暗黃色絨毛。葉薄紙質，長橢圓狀披針形，先端銳尖至漸尖；葉基銳尖至鈍，全緣，表面光滑或中肋上被毛；葉背脈上被絨毛；葉柄表面被絨毛。雄花聚生成腋生聚繖花序；花梗、花萼與花冠被絨毛；雌花腋生，單生；花萼與花冠表面密被纖毛。果卵形，先端銳尖，表面被纖毛。

分布於中國南部至馬來西亞、琉球；臺灣全島低海拔森林內常見。

猶記筆者小學時有次校外教學，被帶往當時提議成立文化史蹟公園的芝山岩，聽著導覽老師述說漳泉械鬥的故事，以及臺北曾經是個湖，而芝山岩曾是露出湖面的小島等遙想。導覽過程中介紹了一棵被稱為「包公樹」的樹種，此即為筆者首次認識軟毛柿的機遇。

其實柿樹科植物在森林中往往具有烏黑的樹皮，甚至連木材也有同樣的顏色，但在臺灣產的柿樹科植物中，果實被毛的種類可就不多見了。軟毛柿的漿果呈卵形，表面被著金黃色纖毛，可與臺灣產的其他種類進行區別。此外，木材呈現烏黑色，又稱烏材柿，由於生長緩慢，木材細緻，亦為良好的用材。

▶果卵形，先端銳尖且表面被毛。

▲軟毛柿的植株枝條平展，葉片呈長橢圓狀披針形。

▶嫩葉鮮紅色，葉面與邊緣密被毛。

◀枝條與花萼表面被暗黃色絨毛。

柿樹科

雙子葉植物

柿 外來種 NA

Diospyros kaki Thunb.

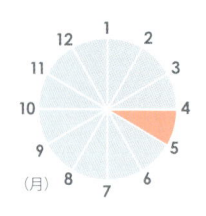

科名	柿樹科 Ebenaceae
英名	persimmon
別名	牛心柿、四季柿、石柿、筆柿、蘋果柿
植物特徵	碩大的葉片與種實

形態特徵

　　落葉喬木，樹皮色暗，橢圓至長卵形。葉緣波浪狀，葉先端銳尖，葉基漸狹，側脈明顯，4～5對，兩面光滑，革質。花單生，花萼卵形且邊緣反捲，先端鈍，宿存；花冠鐘狀，白色。漿果扁球形、球形或心臟形，成熟時黃色或橘色，果皮薄。

　　分布於中國、韓國、日本與越南；臺灣引進栽培。

　　低緯度地區雖然年均溫較高，但如果地勢、海拔夠高，就有機會出現溫帶甚至寒帶植物生長，因此在地理條件許可情況下，低緯度地區的植物多樣性較高且多樣化，豐富的棲地多樣性也能提供多樣化的作物栽培。

　　柿樹屬植物在東南亞、熱帶非洲與中南美洲具有極高的物種多樣性，然而該屬成員最著名的水果是原產東亞溫帶地區的柿子，其學名中的種小名即源自於日文對柿子的拼音。

　　臺灣的柿樹是早年華人移民時自中國引入的種原，日治時期也有引進栽培作為景觀樹種。柿子是溫帶落葉果樹中最適應溫暖氣候的種類，花季時需避免大量降雨，果實發育期間最適合暖溫但日夜溫差大的環境以利脫澀，因此除了新竹、苗栗與臺中淺山外，嘉義的中低海拔山區也成為了臺灣柿子的主要產地。除此之外，平地聚落旁自行栽培的柿樹也常能順利結果，因此柿子意外地成為了臺灣南部可見的溫帶落葉果樹。

▲花大型，花萼長於花瓣。

▶筆柿是近年引進的栽培品種。

蘭嶼柿

Diospyros kotoensis Yamazaki

科名｜ 柿樹科 Ebenaceae

形態特徵

喬木具有光滑分支。葉紙質，宿存，橢圓形至長橢圓形，先端鈍；葉基楔形，邊緣全緣，兩面光滑；葉柄粗糙。雄花由 3～5 朵聚生成聚繖花序，總梗短而光滑；花萼光滑，深 4 裂，裂片卵形，表面微被纖毛；花冠光滑，4 裂，裂片反捲；雄蕊排列成 2 列。果球形，表面光滑；種子梭形，宿存花萼卵形。

蘭嶼海濱至淺山特有種。若要選一種原生植栽來代表「亭亭玉立」，那麼蘭嶼柿應當就是最佳代言。

蘭嶼柿的莖幹直立，具有許多水平延伸後稍微懸垂的枝條，微「之」字形地長出光滑且帶翠綠光澤的互生卵形葉片，沒有過於繽紛的花色或搶眼的大型花朵，只有與葉片相同質感的玲瓏果實，靜靜地在枝梢成熟，雖然果實表面呈黑色，但卻散發出一股優雅的氣質。

蘭嶼柿在適當管理下，能夠成為精緻的景觀庭園植栽。此外，蘭嶼柿的果肉成熟時帶有淡淡甜味，口感有如同樣甜蜜的蜜紅豆。許多柿樹科植物的種子呈壓扁狀，然而蘭嶼柿的種子較為厚實，與其他臺灣產柿屬植物不同。

▲蘭嶼柿的葉片翠綠，秋冬之際開花。

▲花瓣邊緣反捲，內含色深的雄蕊花藥。

▲果實小巧玲瓏，表面具光澤。

黃心柿

Diospyros maritima Blume

科名｜ 柿樹科 Ebenaceae
英名｜ Malaysian persimmon, broadleaf ebony, sea ebony
別名｜ 海邊柿

形態特徵

小型常綠喬木，可達 15 公尺高，小分支漸無毛。葉革質，橢圓形至倒卵狀長橢圓形，先端銳尖至鈍；葉基鈍或漸狹，全緣，兩面光滑。雄花腋生，無柄，2～3 朵排列成聚繖花序；花萼 4 裂，花萼筒表面被絨毛，內側光滑，裂片先端銳尖至鈍；花冠 4 裂，裂片光滑，反捲。果扁球形，光滑或略被毛，果熟時呈橘色。

廣布於中南半島、中國西南部、新幾內亞、澳洲熱帶、菲律賓或琉球；臺灣北部、恆春半島與蘭嶼海濱灌叢可見。

黃心柿是分布於臺灣南北兩端的樹種之一。黃心柿腋生於平展枝條葉間的花朵結實率甚高，因此在秋、冬之際往往結出一整排黃色柿果，模樣極為討喜，加上為抗風性強的海濱樹種，因此早就被廣泛栽培為原生庭園景觀樹種之一。

雖然黃心柿的結實率、種子發芽率高，但果實的果肉卻呈黝黑狀，不禁令人好奇它的黃心在哪裡？昔日筆者有幸參與恆春當地植栽引種與苗木現地馴化，也適量伐除早年栽植過密的喬木，其中就包含了黃心柿。原來黃心柿的木材泛黃，與其他臺灣產的同屬黝黑木材不同。這也讓我體悟到人生中每個能夠實際參與和見證的事件，都將化作獨特的寶貴經驗。

▲黃心柿的木材泛黃，可能是其名稱由來。

▲黃心柿的結實率高，果實顏色醒目。

▲花朵下垂，腋生於平展枝條下方。

柿樹科

雙子葉植物

163

楓港柿 DD

Diospyros vaccinioides Lindl.

科名	柿樹科 Ebenaceae
英名	small persimmon, vaccinium-like date plum
別名	小果柿、黑骨香、黑骨茶
植物特徵	異儲型種子

形態特徵

常綠灌木或小喬木，達4公尺高，小分支漸無毛。葉片近革質，橢圓形至近圓形，先端銳尖或具小尖頭，基部銳尖至圓，幼時被毛，全緣，葉面深綠色具光澤，葉背色淺。花4～5束性，腋生，單生；花萼筒深4～5裂，裂片三角狀披針形；花冠壺狀。果卵形，表面光滑，具宿存萼片，黑色。

原生於中國海南島、廣東與廣西；臺灣常見栽培為園藝植栽。

園藝植栽的種原溯源通常十分困難，主要是因為當造型特殊或需求強烈的苗木生長緩慢、繁殖難度較高時，其種原往往被視為商業機密，若引種的歷史悠久，伴隨著原生地的開發或破壞，則很有可能無法確認其原生地與環境，因此西方分類學所制定的分類法規提供了一部分線索。

楓港柿於1825年被西方學者發表為新種，原始發表文獻中記載命名者是從中國引種至英國倫敦，雖然能在5月開花，卻因雄蕊敗育而無法順利結果。可惜文獻中並未引證模式標本，僅用一張彩色圖版輔以說明，無法透過模式標本的標籤訊息加以確認。

部分網路資訊認為楓港柿為臺灣特有種，其原因可能是臺灣採用的中文名稱關係，可惜屏東縣楓港地區開墾嚴重，有可能的生育地內野生族群恐早已消失。

▶楓港柿的葉片細小，嫩葉微泛紅。

▶花朵下垂，較不具觀賞價值。

◀楓港柿的結實率極高，在植株較為高大時較易觀果。

▲楓港柿常被栽植為造型景觀植栽。

柿樹科

雙子葉植物

165

厚殼樹 LC

Ehretia acuminata R. Br.

科名｜ 厚殼樹科 Ehretiaceae
英名｜ brown-cedar, Koda tree, Kodo wood, silky-ash
別名｜ 崗苣木、仿柿木
植物特徵｜ 碩大的葉片

形態特徵

中型喬木。葉披針形、橢圓形或長橢圓形，近革質，先端銳尖或具小尖頭；葉基圓或近心形至歪斜狀截形，邊緣鋸齒緣；葉面漸無毛或粗糙，葉背脈上被毛。花序頂生於主枝或側枝，蠍尾狀；花萼杯狀，表面光滑，裂片 5 枚，裂片圓或卵圓形；花冠漏斗狀，花冠筒裂片長橢圓形。果黃橘色，球形。

廣布於日本、中國南部、馬來半島、中南半島、印度與澳洲；臺灣低海拔森林與綠島、蘭嶼海濱可見。

厚殼樹是一種兼具觀花與觀果價值的樹種，顯眼的白色花朵排列成巨大且位於枝條末梢的圓錐花序，加上結果時鮮豔的橘黃色果實，讓初到蘭嶼的筆者以為這是刻意栽培的景觀樹種。其實如此美麗的樹木的確被蘭嶼當地和彰化平野居民刻意保留在田埂邊，作為抗風、休息時遮陽、觀賞用。在日本不僅將此樹作為庭園樹種，也取用其木材作為家具與日常用品之用。

▲厚殼樹花朵微小，但密生成大型的花序。

▶ 花冠裂片展開，雄蕊外露。

◀ 果實微小，發育期間逐漸轉黃，並可見大型蟲癭。

▲ 果實成熟時轉為橘色，在海岸林內極為顯眼。

厚殼樹科

雙子葉植物

167

破布烏

Ehretia dicksonii Hance

科名｜ 厚殼樹科 Ehretiaceae

別名｜ 糙毛厚殼樹、破皮烏、臺灣狄氏厚殼、粗糠樹、圓葉萵苣木

植物特徵｜ 碩大的葉片與種實

形態特徵

中型落葉喬木，可達 15 公尺高，分支具褐色長柔毛。葉橢圓形、卵形、廣卵形至倒卵形，先端漸尖至鈍；葉基楔形至近心形，邊緣鋸齒緣；葉面具鉤毛，葉背被剛毛；葉柄表面具溝紋。花序頂生或偶側生，花黃白色或白色，近無柄；花萼裂片 5 枚，離生，表面密被短毛；花冠鐘狀，花冠裂片 5 枚，長橢圓形，表面被剛毛。果黃色至橘色，近球形，內含種子 2 枚。

分布於琉球海濱山地、中國南部至喜馬拉雅山區；臺灣低至中海拔地區可見。

厚殼樹屬（*Ehretia*）廣布於熱帶與亞熱帶地區，多數類群都曾被當作染劑使用，在臺灣除了農家廣泛栽培的破布子樹外，原生的厚殼樹屬多分布於臺灣南部與綠島、蘭嶼等地。

破布烏多數分布於低海拔甚至濱海地區，偶於中海拔山區可見，為臺灣產厚殼樹屬植物中葉片與果實最大型者，也是臺灣產本屬植物中植株表面明顯被毛者，極易與其他類群相區分。破布烏也分布於日本，並在當地被視為庭園造景樹種栽培，但在臺灣未見廣泛栽培。

▲果實大型，成熟時轉為黃色或橘色。

厚殼樹科 雙子葉植物

▲破布烏在日本稱為圓葉萵苣木，被栽植為庭園景觀喬木。

▶花黃白色或白色，頂生。

◀果序內偶見蟲癭果。

169

長花厚殼樹

Ehretia longiflora Champ. ex Benth.

科名｜ 厚殼樹科 Ehretiaceae
別名｜ 山檳榔、長葉厚殼樹
植物特徵｜ 碩大的葉片與種實

形態特徵

　　中型落葉喬木，分支褐色。葉橢圓形至長橢圓形，或倒卵狀長橢圓形，先端漸尖至短尾狀；葉基漸尖，全緣。聚繖花序頂生或腋生，花白色至淺紫色，近無柄；花萼裂片 5 枚，卵形，邊緣疏被纖毛；花冠管狀，裂片 5 枚，長橢圓形或倒卵形，稍反捲，雄蕊伸出花冠，柱頭 2 裂。熟果暗紅色，近球形，果核瓣裂。

　　分布於中國南部、中南半島，在臺灣常見於南北兩端低海拔山區，西部淺山區偶見。

　　長花厚殼樹是分布於臺灣南北兩端的樹種之一，與其他同屬植物相比，長花厚殼樹的葉兩面明顯被蠟質且具光澤，開花時聚繖花序多成懸垂狀，這可能是為了減少雨水沖刷造成花粉流失，與增加花粉藉由蟲媒傳播機會有關。

　　長花厚殼樹的花果期較為集中，花期集中在春季，開出的花冠筒明顯較為狹長，且帶有淡淡的紫色；果期集中在秋季，果色會由橘黃色逐漸轉為暗紅色，以上皆與其他臺灣產同屬植物不同，極具觀賞價值，因此也偶見引種栽培至西部淺山地區。

▲長花厚殼樹又名長葉厚殼樹，相較於其他臺灣產厚殼樹屬植物葉片較狹長。

▲花冠白色或淺紫色，雄蕊外露於花冠。

▶果序下垂，熟果表面暗紅色。

恆春厚殼樹

Ehretia resinosa Hance

科名	厚殼樹科 Ehretiaceae
別名	臺灣厚殼樹
植物特徵	碩大的葉片

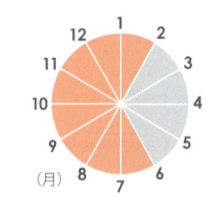

形態特徵

灌木至小型落葉喬木，達 6 公尺高，分支灰色至褐色，表面光滑。葉廣倒卵形至廣卵形，先端銳尖；葉基圓，邊緣全緣至齒緣、波狀緣；葉面被毛，葉背被絨毛。頂生或側生花序，表面被毛，花白色，花萼鐘狀，表面被毛；花冠筒裂片與花冠筒近等長。果橘黃色，近球形。

菲律賓、臺灣東南部與南部林緣可見。

恆春厚殼樹應該是臺灣本島南部最常見的厚殼樹屬植物了！相較於其他同屬植物，恆春厚殼樹總是在許多聚落與海濱林緣向陽處開著白色的花朵，隨後結出橘黃色果實。不過恆春厚殼樹的葉面被細毛，在日照充足且乾溼季分明的南部地區往往沾附著許多泥沙或粉塵，遮蔽了本應顯眼的花朵，加上果實表面又被宿存且延長的花萼包覆，極易被忽視而當作自生雜木。恆春厚殼樹在臺灣南部與東南部並不少見，但未見於臺灣其他離島。

▲恆春厚殼樹是臺灣最常見的厚殼樹屬植物。

▲果實橘黃色，常被宿存花萼包覆。

◀花瓣裂片與花冠筒近等長。

滿福木

Ehretia microphylla Lam.

科名｜ 厚殼樹科 Ehretiaceae

英名｜ baragina tree、false tea ehretia、free tea tree、Fukien tea、Philippine tea、Philippine tea tree、small-leaf ehretia

別名｜ 小葉厚殼樹、福建茶、貓仔樹

形態特徵

灌木或喬木，1～10 公尺高，具多數分支。葉倒卵形至匙形，漸狹至基部，先端具齒緣或楔形，葉面與邊緣具星狀毛，葉背疏被毛。花白色，花萼裂片線形至匙狀，兩面被剛毛，宿存。果球形，成熟後轉成紅色。

琉球、中國南部、中南半島、東南亞、印度可見；臺灣低海拔向陽處可見。

許多庭園會選用「滿福木」作為綠籬，視覺效果與茜草科的六月雪類似，但是滿福木的葉面疏被星狀毛，一旦葉片稀疏或是強剪，往往造成強大的視覺衝擊，所幸滿福木與其他慣用的綠籬植栽生命力旺盛，在歷經強剪後往往幾個月內就能重返綠意盎然的狀態。其實滿福木更適用於小品盆栽上，由於葉片小型加上分支旺盛，能夠在精心修剪、或以鋁線刻意塑形下，搭配奇石或雅石形塑出園藝家內心的小宇宙。

原生地內的滿福木如同疏於管理的個體一般，枝條往往會肆意地呈展開狀，令人不得不佩服獨具慧眼的園藝家挑選滿福木作為盆景植物。以往滿福木被獨立為一屬，然而隨著分子親緣分析的研究成果，將該屬植物改列入厚殼樹屬。

▲葉面疏被星狀毛，枝條可見白色小型花朵。

▲野生的滿福木具有多數延長的平展枝條。

▲果實球形，成熟時轉為紅色。

厚殼樹科

雙子葉植物

蘭嶼厚殼樹 VU

Ehretia resinosa Hance

科名｜ 厚殼樹科 Ehretiaceae

植物特徵｜ 碩大的葉片

形態特徵

灌木或喬木。葉柄 1～2cm 長，葉片廣卵形或圓形；葉背被毛，葉面漸光滑；葉基圓，邊緣全緣或齒緣，先端銳尖。聚繖花序頂生，表面密被毛，總梗 1～3cm 長，花萼 4～6mm 長，花冠筒狀，雄蕊內生於花冠筒上。核果球形，常具 4 枚種子。

分布於南海諸島、菲律賓與臺灣蘭嶼。

根據1988年「蘭嶼國家公園自然資源調查評鑑規劃之研究」調查成果，蘭嶼的西北側與東南側山地具有臺地與階地地形，其中又以東南山地南側者最為典型，其臺地、階地崖甚為發達，共有五層階地。遊客習稱的「天池」位於海拔最高的四道溝山臺地；遊客與當地居民習稱的「四道溝」與蘭嶼天池步道的登山口皆位於四道溝小階地群，是4條古河流匯流前切割階地所殘留的遺跡，海拔約150m左右。盛夏至隆冬期間，在四道溝周邊向陽處林緣可見開出白色花朵的小型喬木或灌木，即為臺灣本島未見、零星分布於蘭嶼向陽坡地與路旁的蘭嶼厚殼樹，由於聚繖花序頂生於枝條末梢，成為夏、秋時節步道口極為亮眼的樹種。

▲花冠裂片長三角形，雄蕊外露。

◀蘭嶼厚殼樹的葉面平整，葉全緣。

▶蘭嶼厚殼樹的花果期重疊，可見到花果並存的景象。

厚殼樹科

雙子葉植物

175

臺灣胡頹子

Elaeagnus formosana Nakai

科名｜ 胡頹子科 Elaeagnaceae
別名｜ 能高胡頹子

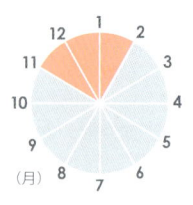

形態特徵

灌木，樹幹基部直立，枝條延伸成蔓藤狀，表面具銀褐色鱗屑，早落。葉闊橢圓形，先端鈍至銳尖；基部鈍或圓，厚革質，全緣但葉緣多向後反捲；葉柄表面具鱗屑與淺溝紋。花白色，花萼筒鐘形，裂片卵狀三角形，長 0.3 ～ 0.35 公分。核果長橢圓形，成熟時紅色，肉質，散生褐色鱗屑。

臺灣本島中低海拔山區與蘭嶼可見。

對於臺灣人而言，前往蘭嶼是一趟漫長的旅程，然而要在冬季前往蘭嶼，還得趁著一波波鋒面間的空檔搭機前往，才能在深受東北季風影響的天候下領略沒有觀光客的蘭嶼。

在蘭嶼東側的迎風山坡上，可見灌叢間黝黑枝條開出白色小花的臺灣胡頹子。胡頹子屬植物葉形多變，果實常呈長橢圓形，且表面具有金屬光澤的鱗片，由於花期往往在冬季至春季，造成本屬植物的鑑定困難。

▲臺灣胡頹子的葉片表面疏被鱗屑，邊緣常反捲。

蘭嶼的個體曾被早田文藏教授發表為 *Elaeagnus kotoensis* Hayata，意指蘭嶼胡頹子，然而現被視為與臺灣中低海拔山區個體同屬一種。也有其他學者認為它們都屬於 *Elaeagnus pungens* Thunb.，是廣泛分布於華中、華南與日本、韓國的類群。

檢視胡頹子屬植物的全球分布，本屬成員廣泛分布於北半球溫帶地區，以及東南亞的熱帶島嶼間，是非常奇特的地理分布類型。根據分子親緣分析與生物地理的研究成果，本屬植物應是源自於歐亞大陸的溫帶起源物種，但是透過華南與中南半島傳入東南亞後，在繁多的熱帶島嶼間種化出多樣的胡頹子種類。

▲花白色，花萼筒鐘形，裂片卵狀三角形。

▲胡頹子屬植物的花萼大而明顯，並無花瓣。

▲果實橘黃色，常被宿存花萼包覆。

菲律賓胡頹子

Elaeagnus triflora Roxb.

科名｜　胡頹子科 Elaeagnaceae
植物特徵｜　碩大的葉片與種實

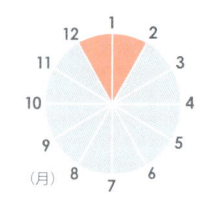

形態特徵

攀緣性灌木或藤本，幼枝與嫩芽銀褐色。葉紙質，卵形、橢圓形或近圓形，先端銳尖；葉基鈍或圓形，側脈 5～8 對。花黃白色，單生於長分支頂端或是 2～5 朵聚生於短總狀花序上；花杯狀，花被筒裂片三角狀卵形。果廣橢圓形至橢圓形；種子具 8 肋紋。

分布於東南亞與澳洲昆士蘭一帶灌叢；蘭嶼溪畔可見。

菲律賓胡頹子是一種常見於蘭嶼溪畔的攀緣性灌木藤本，幼枝與嫩芽被滿銀褐色鱗片，因此外觀相當顯眼。每年冬季至次年春季時從葉腋開出白色或黃色花朵，並於春末結出橘紅色的廣橢圓形至橢圓形果實。每顆果實內都有一顆梭形種子，表面具有8條肋紋，極為別緻。菲律賓胡頹子的果皮表面同樣具有銀褐色鱗片，果實雖然小，果肉卻多汁而酸甜。每當果季時，蘭嶼當地的阿姨們從山邊芋田回家途中，就會順手採摘，作為水果食用。

▲菲律賓胡頹子常見於蘭嶼溪流旁。

胡頹子科

雙子葉植物

▲葉片較圓，花朵黃色或白色。

▶葉背色淺，葉片兩面密被星狀毛。

◀果實橘紅色，果肉多汁且酸甜。

179

腺葉杜英

Elaeocarpus argenteus Merr.

科名｜ 杜英科 Elaeocarpaceae

形態特徵

喬木，小分支圓柱狀，褐色，光滑。葉片革質，橢圓形至長橢圓形，先端漸尖，基部鈍或偶銳尖，邊緣齒緣；葉背脈腋處具腺體，葉柄兩端微膨大。總狀花序腋生，表面被毛；花梗表面密被伏毛，花萼披針形，表密被灰毛，內側具脊；花瓣長橢圓狀倒卵形，先端 1 / 3 處流蘇狀。果卵形，表面光滑。

分布於菲律賓，臺灣僅分布於綠島與蘭嶼。

蘭嶼天池步道是遊客造訪天池的必經之地，沿途穿越了蘭嶼東南側臺地與四階階地的組合地形，臺地與階地間的邊坡陡峻，加上熱帶雨林植被茂密，增加了遊客造訪時的難度。

隨著蘭嶼開放觀光，以往遊客對於旅遊的期待包含諸多設施物、休憩建物以及充足的導覽指示，加上政府於2000年發布「離島建設條例」，臺東縣府基於職責執行各年度「臺東縣離島綜合建設實施方案」，蘭嶼鄉公所因應當時民眾需求，提案建置「蘭嶼天池步道」，計畫於既有的小徑構築登山步道與休憩設施。歷經幾番波折與變更，自2004年至2010年間，在環島公路與原始叢林間施作總長約1200m的登山步道，修築了450m長的高架木棧步道以及大小涼亭共3座；步道延伸進入叢林後築有林間涼亭一座，供遊客遮蔭避雨之用。腺葉杜英就生長在蘭嶼天池步道的前段，秋季期間進入密林遮蔭的步道內，可留意地面是否有直徑1cm以下的藍色圓形果實，那正是腺葉杜英的果實。除了蘭嶼之外，在綠島的過山步道與過山古道也能觀察到它的蹤影。

▲腺葉杜英生長於蘭嶼天池步道前段沿線森林內。

▲6月時自枝條先端抽出總狀花序。 　　▲花瓣長橢圓狀倒卵形，先端流蘇狀。

▲結實率高，果實表面藍紫色。

杜英科

雙子葉植物

181

繁花薯豆 VU

Elaeocarpus multiflorus（Turcz.） F. Vill.

科名｜　杜英科 Elaeocarpaceae

形態特徵

常綠喬木，分支粗壯且光滑。葉互生，紙質，長橢圓形，兩面光滑，先端銳尖或短漸尖，先端具小尖頭，尖頭鈍；葉基鈍或圓，偶銳尖，銳角斜倚，小脈明顯網狀；葉柄表面光滑，兩端膨大。總狀花序腋生或於葉痕上側，疏被毛；花萼 **5 枚**，披針形，花瓣長橢圓形，常具 **3 齒裂**，基部內側具簇生長綿毛。果橢圓形。

分布於菲律賓、蘇拉維西、琉球與臺灣蘭嶼島。

在蘭嶼南端的高位山坡階地邊緣，也就是四道溝至蘭嶼天池步道間的西坡森林一帶，能夠受到夏季充足的日照與來自南方海風的吹拂，適合向陽且抗風性較好的喬木樹種在此立足，這樣的環境也正巧適合繁花薯豆生長。

繁花薯豆為杜英科的大型常綠喬木，在蘭嶼共分布5種杜英屬植物，為臺灣地區本屬植物的大本營，其中繁花薯豆為本屬在野地裡發芽率最高的種類，當果實落地、果皮腐敗後，約莫2個月便從滿是疣突的內果皮中萌芽，抽出翠綠的橢圓形葉片。

▲果實橢圓形，成熟後轉為藍綠色。

◀繁花薯豆生長於蘭嶼南側的叢林內。

▲花瓣先端具有3齒裂。

◀總狀花序腋生，疏被毛。

杜英科

雙子葉植物

球果杜英 特有變種 NT

Elaeocarpus sphaericus（Gaertn.）Schumann var. *hayatae*（Kanehira & Sasaki）C.E.Chang

| 科名 | 杜英科 Elaeocarpaceae | 英名 | Rudraksha |

別名｜圓果杜英

植物特徵｜碩大的葉片與種實

形態特徵

多年生喬木，小分支光滑，褐色。葉不規則輪生，紙質，長橢圓形、披針形至倒披針形，先端短漸尖，具鈍突；葉基楔形至鈍形，葉背具微突，近先端邊緣鋸齒至鈍齒，葉柄表面光滑。花序總狀，腋生或於落葉枝條先端；花萼 5 枚，披針形，先端銳尖，外表面被伏毛；花瓣 5 枚，邊緣流蘇狀，基部微被毛。果近球形，果核圓柱狀，堅硬。

原變種產於印度、緬甸、中南半島、海南島、馬來西亞至菲律賓、爪哇、摩露加群島至新幾內亞；本變種特產於蘭嶼。

球果杜英為高大的多年生喬木，為蘭嶼的特有變種。成株時主幹高聳而直立，因此木材可作為拼板舟與家屋之用。生長在山林中的它，偶爾會出現在山間溪邊的水芋田旁，是蘭嶼較為少見的可食地景。

球果杜英的白色花瓣邊緣呈流蘇狀，成串地綻放在簇生的綠色葉叢間。不過更吸引人的，應該是它深藍色的核果，外觀球形，掛在高高的橫向枝條上。如果有幸撿到，不妨嘗嘗看它乾燥的果肉，啃咬後粉粉的果肉，竟然帶有一絲藍莓的氣息，與其他蘭嶼島上生長的野生果實不同。由於族群數量較少，加上生長在山林之中，因此如果能嘗試的話，千萬不要錯過喔！

▲花瓣略長於花萼，倒卵形且先端流蘇狀。

▲球果杜英的葉片脫落前轉紅。

▲果實圓柱狀且先端渾圓,表面具光澤。

蘭嶼杜英

Elaeocarpus decipiens F. B. Forbes & Hemsl. var. *changii* Y. Tang

科名｜ 杜英科 Elaeocarpaceae

形態特徵

常綠喬木。葉互生，紙質，長橢圓形或披針形至倒披針形，先端漸尖，具鈍頭；葉基銳尖至長漸狹，偶為廣銳尖，表面光滑；葉背具黑色腺點。總狀花序腋生或於葉痕先端枝條抽出，花梗疏被毛，花柄纖細，漸無毛；花萼 5 枚，披針形，表面（特別是邊緣）被伏毛；花瓣 5 枚，三角形，先端裂成流蘇狀，基部內側被長柔毛，基部較狹。果橢圓形，兩端銳尖；種子堅硬，具疣突。

蘭嶼橫貫公路與蘭嶼氣象站易達性高、展望極佳，橫亙於蘭嶼的翠綠山巒間，加上氣象站是前往「山田山」的主要登山口，因此成為植物研究者時常造訪的調查區域。

透過蘭嶼橫貫公路與蘭嶼氣象站的地景，不僅能夠更加了解當地豐富的自然與人文資源，也能透過踏查這條公路遙想日治時期以來串聯「紅頭部落、紅頭嶼出張所（天山牧場）、蘭嶼氣象站、野銀部落、東清部落」的地景變遷與它們的故事。觀察這條橫亙蘭嶼山脈的公路兩側原生植物，彷彿穿越了整座蘭嶼的原生森林，能夠快速而輕易地領略蘭嶼山區的原生植物相。

蘭嶼杜英為蘭嶼的特有變種，具有較短的葉片，可與臺灣中低海拔廣泛可見的原變種「杜英」（*E. decipiens* F. B. Forbes & Hemsl.）相區隔。蘭嶼杜英的生育地湊巧就在橫貫紅頭與野銀部落的公路西段向陽林緣，常生長在日治時期興建的建築周邊。以往臺灣相關文獻採用 *Elaeocarpus sylvestris*（Lour.）Poir. var. *lanyuensis*（C. E. Chang）C. E. Chang此一學名，本文根據POWO加以訂正。

▲結實率與種子發芽率偏低。

▶總狀花序直立，腋生於枝條先端。

◀花瓣三角形，先端平截且呈流蘇狀。

▲蘭嶼杜英通常在每年的 5～6 月開花。

杜英科

雙子葉植物

蘭嶼鐵莧

Acalypha caturus Blume

科名｜ 大戟科 Euphorbiaceae
別名｜ 尖尾鐵莧菜
植物特徵｜ 碩大的葉片

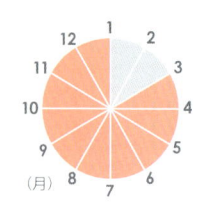

形態特徵

　　小型喬木。葉紙質，廣卵形至心形，先端漸尖；葉基心形、截形或圓形，邊緣鋸齒緣；葉背脈處密被毛，葉柄表面被毛。花序腋生，單性，偶為雌雄同株；雄性穗狀花序懸垂狀，雌性穗狀花序單生；苞片廣腎形，先端銳尖，小苞片 2 枚，花萼 3 枚，卵形，表面被毛。蒴果 3 裂，種子歪斜狀卵形。

　　分布於菲律賓、東南亞；臺灣蘭嶼、澎湖可見。

　　山羊（*Capra hircus*）為人類馴化圈養後逸出，或是刻意進行放牧的肉類與奶類來源，由於生命力旺盛且行動能力極強，加上會以連根拔起的方式取食地被草本植物，因此被視為全球百大入侵物種之一。加拉巴哥群島就曾因為圈養山羊逸出引發大量繁殖，嚴重干擾當地植物生長，並排擠其他當地特有種草食動物的食物來源，可見當人類拓墾時，有意或無意間攜帶的家禽與家畜都有可能造成當地的生態浩劫。

　　蘭嶼當地也會進行山羊放牧，近期逐漸改以圈養家畜以便管理，因此偶爾會見到當地居民採摘自家農地旁長出的蘭嶼鐵莧枝條作為芻料使用；遠在海的另一端澎湖西嶼也可見人為引種後自生的蘭嶼鐵莧，然而由於澎湖特殊的地理環境和氣候條件讓蘭嶼鐵莧不至於逸出，可見臺灣不同島嶼間的生態系極為多樣。

▲雌花序具有多數廣腎形苞片。

▲蘭嶼鐵莧的葉片廣卵形至心形，是山羊的良好芻料。

▲雄花序穗狀且呈懸垂狀。

綠珊瑚 外來種 NA

Euphorbia tirucalli L.

科名｜ 大戟科 Euphorbiaceae

英名｜ African milkbush, finger tree, Indian tree spurge, milkbush, pencil cactus, pencil tree, petroleum plant, rubber euphorbia, sticks of fire, sticks on fire

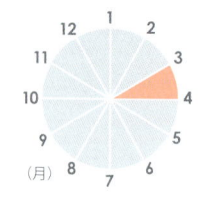

別名｜ 光棍樹、綠珊瑚、青珊瑚、鐵樹、鐵羅、龍骨樹、神仙棒、乳蔥樹、白蟻樹

形態特徵

直立灌木，分支多數，圓柱狀，肉質，表面光滑或疏被毛。葉無柄，線形至倒披針形，先端鈍或圓，基部漸狹，全緣，兩面光滑或葉背被毛，早落。大戟花序頂生，總苞筒狀，裂片三角狀卵形，漸無毛，腺體黃綠色，三角狀卵形；雌花子房漸無毛。蒴果漸無毛，種子扁錐狀，近圓形。

原生於東非與印度，引進並歸化於臺灣南部、琉球嶼與澎湖。

澎湖群島的植物組成及地景和臺灣與其許多其他島嶼相比頗為獨特。1349年，中國元代航海家汪大淵所撰《夷島志略》中記載澎湖「……有草無木，土瘠，不宜禾稻。」與其所描述「其峙山極高峻，自彭湖望之甚近」的流求「地勢盤穹，林木合抱」明顯不同。1776年，澎湖通判胡建

▲綠珊瑚自清代即引進臺灣南部。

偉所撰《澎湖紀略》中描述「澎地無木，止有後所列二種。然亦止植於人家牆內，其平地大道俱不生長。」由此可知古時澎湖群島以草生地為主的植物地景。

外來種植物改變了澎湖的原生植物組成與地景，1915年臺灣總督府殖產局賀田直治編著《澎湖島之造林》一書中記載當時引進「大葉合歡、木賊葉木麻黃、綠珊瑚、銀合歡、仙人掌」等外來樹種作為薪柴來源與抗風樹種，奠定了如今澎湖林蔭的景象。

不僅如此，1765年清代朱仕玠所撰《小琉球漫志》記載當時臺灣南部即自呂宋島引進綠珊瑚並栽植於民居周邊，由此可知綠珊瑚進駐臺灣地區的歷史極為久遠。不過，綠珊瑚為雌雄異株的樹種，在漫長的引種過程中，臺灣地區似乎大多引入了較少開花的雌株，卻未見較常開花的雄株。綠珊瑚的雄花序聚生於枝條先端，排列成繖形，花序周邊具有5枚圓形苞片，有興趣的話或許也能留意看看喔！

大戟科

雙子葉植物

▲綠珊瑚的雄花聚生，花序基部具有5枚蜜腺。

▲臺灣大多引進雌性個體，雌花生長於枝條先端。

◀雌花位於5枚黃綠色線體中央。

土沉香

Excoecaria agallocha L.

科名	大戟科 Euphorbiaceae
英名	blind your eye
別名	海漆、海賊、子彈樹

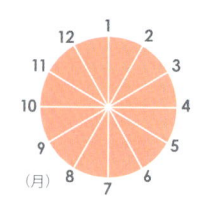

形態特徵

小型喬木。葉肉質，革質，互生，橢圓形或卵形，先端驟尖突；葉基鈍，邊緣全緣或具齒緣；葉柄 1～2cm 長。穗狀花序腋生，單生，雄花序 3～7cm 長，雌花序約雄花序一半長。蒴果扁球形，3 裂。

臺灣西南部海濱、澎湖海濱和蘭嶼可見。

土沉香為熱帶亞洲、澳洲與波里尼西亞西側熱帶海濱分布的廣義紅樹林植物，名列《臺灣維管束植物紅皮書名錄》中易危（VU）等級，零星分布於臺灣南部與蘭嶼。由於臺灣西南部曾遍布如臺江內海、倒風內海等淡鹹水潟湖，隨著海岸的堆積與陸地抬升，如今嘉南平原內陸地區仍可見若干殘留的土沉香老樹，是廣義的紅樹林植物。

蘭嶼的土沉香族群分布局限，偶見於西岸聚落內的面海側，可能為偶然落地生根的個體。另外，根據《澎湖縣菜園溼地植相及海茄苳族群結構研究》調查成果，土沉香曾以海岸防風造林為目的，被引種栽植於馬公市菜園溼地周邊，澎湖並無土沉香屬成員的原生族群。2020年筆者於望安鄉進行植物觀察時，在將軍澳嶼南側海濱尋獲少量成株，雖然其葉片較臺灣與蘭嶼產個體者狹長，但應仍在此一物種的變異範圍內。由於將軍澳嶼生育地現場並未發現人為栽植痕跡，極有可能透過洋流等自然營力傳播至現地自生，為澎湖當地新紀錄屬與其物種。

▲雄花序腋生於枝條先端，多為直立狀。

▲土沉香為廣義的紅樹林植物，嘉南平原內的土沉香個體見證了滄海桑田。

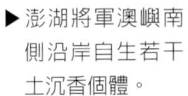

▶澎湖將軍澳嶼南側沿岸自生若干土沉香個體。

◀雌花序和果序較短，蒴果扁球形。

大戟科

雙子葉植物

蘭嶼土沉香 特有種 VU

Excoecaria kawakamii Hayata

科名｜ 大戟科 Euphorbiaceae

植物特徵｜ 碩大的葉片

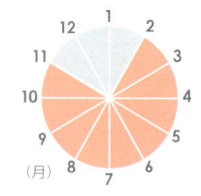

形態特徵

灌木，葉互生，簇生於小分支先端，革質，倒卵狀披針形或倒卵狀橢圓形，先端鈍；葉基漸狹，邊緣全緣。穗狀花序絲狀，**10cm** 長，單性或兩性，先端多為雄性，基部為雌花者，苞片具 **1** 朵花。

僅知分布於綠島與蘭嶼。

相較於土沉香碩大的樹型，蘭嶼與綠島當地可以見到另一種直立灌叢狀的同屬植物：蘭嶼土沉香，蘭嶼土沉香的葉片厚革質，枝條多由多枚倒披針形葉片密生於分支先端，幼苗在園藝景觀的視覺上常與菲島福木相仿。不過蘭嶼土沉香的植株較為矮小且生長緩慢，因此多數在種植後任其自己生長。其實蘭嶼和綠島林緣或森林內的蘭嶼土沉香長大後樹冠會逐漸變寬，樹形不似菲島福木穩定，因此並非熱門的園藝用植栽。蘭嶼土沉香為雌雄異株，盛開時雄花序較長且為鮮黃色，雌花序則為較短的綠色直立總狀花序，不易被人發現，但是結果後的蒴果翠綠，反而比它的雌花更為顯眼。

▲雄花序直立，多枚聚生於枝條先端。

▲雌花序直立且較短。　　　　　　　　▲蒴果結實率高，且果實發育時間較長。

▲葉革質，呈倒卵狀披針形或倒卵狀橢圓形。

大戟科

雙子葉植物

白樹仔

Gelonium aequoreum Hance

科名｜ 大戟科 Euphorbiaceae
別名｜ 臺灣白樹

形態特徵

小喬木，分支綠色。葉互生，偶近對生，橢圓形或倒卵狀長橢圓形，表面具蠟質且被點紋，先端圓；葉基漸狹，全緣或略反捲；托葉合生成鞘狀。花小型，兩性，白色，簇生於葉腋，無柄或具柄，常與葉對生，無花瓣。果球形，3～4稜或3～4裂，多少肉質，表面光滑，種子具假種皮。

分布於臺灣南部、綠島與蘭嶼海濱。

臺灣西南部平野曾遍布野生的臺灣梅花鹿，直到1969年最後一隻野生個體死亡後，臺灣梅花鹿在野外徹底絕滅，僅存人為圈養的個體。1984年在政府與學界的奔走下，臺北市立動物園和中南部幾處養鹿場提供了40～50隻梅花鹿，引入墾丁國家公園區內進行臺灣梅花鹿的復育與野放計畫，至今已在野外成功繁育後代，恆春半島多處已可目睹野生梅花鹿，卻也引發梅花鹿啃咬森林嫩芽與幼苗，甚至破壞居民農作物的事件。為此學者們研究了梅花鹿對於原生植物的啃咬偏好，發現梅花鹿根本不啃食的樹種包括了白樹仔。

在蘭嶼，許多當地住民會放養山羊任其自由啃食當地原生植物，一群羊隻經過之後也往往留下植株完整的白樹仔。由於白樹仔的枝條並無棘刺，因此應與植物體內含的化學成分有關。如果能夠善用這項優勢，白樹仔應為恆春半島、綠島或蘭嶼當地適用的風籬或綠籬樹種。

▶花朵微小，腋生於長年翠綠的葉片間。

▶ 蒴果成熟後果皮表面轉為橘紅色,極具觀賞價值。

◀ 蒴果開裂後可見具有白色假種皮的種子。

▲ 在蘭嶼,白樹仔兀立於海濱礁岩上。

紅肉橙蘭

Macaranga sinensis（Baill.）Müll. Arg.

科名｜ 大戟科 Euphorbiaceae
別名｜ 臺灣血桐
植物特徵｜ 碩大的葉片

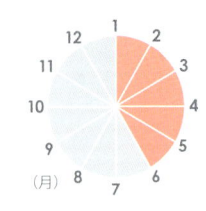

形態特徵

灌木或小喬木，小枝紅褐色，表面光滑。葉對生，卵狀，表面光滑，近革質，羽狀脈；葉基寬截形，邊緣不規則寬楔形，葉背色淺，具多數微小腺點；葉柄光滑。雄圓錐花序，雄花簇生，微小；雌圓錐花序具多數分支，雌花具 1 至多枚大或小型齒緣苞片；花萼 2～4 裂或齒裂。蒴果具 2 球體寬，表面被腺點。

分布於菲律賓北部；臺灣南部、綠島與蘭嶼可見。

綠島位於臺灣東南方海域，為臺灣第四大附屬島嶼，朝南和第二大附屬島嶼蘭嶼遙望。島上西側、南側與北側濱海處地勢較為平坦，具有多處沙灘，東側臨海處多為火成岩組成的斷崖與岩岸。島內中央山丘縱橫，最高點「火燒山」海拔280公尺，以及第二高峰「阿眉山」海拔274公尺，為島上多數溪流的發源地。

綠島周圍海域有黑潮流經，高溫、多雨的氣候與熱帶雨林相似，冬夏兩季分受東北與西南季風影響，夏秋兩季易受颱風侵襲。這樣的自然條件決定了蘭嶼與綠島當地的植被樣貌。紅肉橙蘭為綠島與蘭嶼常見的向陽優勢樹種，具有大而明顯的卵狀葉片，葉基盾狀著生，且具有多數末梢膨大的游離脈，因此可與臺灣產其他同屬植物相區隔；除了綠島與蘭嶼外，紅肉橙蘭也少量分布於南臺灣的壽山山區。

▶葉基盾狀，部分葉片基部可見末梢膨大的游離脈。

▲紅肉橙蘭的葉片寬大,先端銳尖。

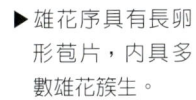

▶雄花序具有長卵形苞片,內具多數雄花簇生。

◀蒴果成熟後表面略帶紅紋。

大戟科

雙子葉植物

199

圓葉血桐

Homalanthus fastuosus（Linden）Fern.-Vill.

科名｜　大戟科 Euphorbiaceae
別名｜　圓葉澳楊
植物特徵｜　碩大的葉片、異儲型種子

形態特徵

灌木或小喬木，分支光滑。葉互生，盾狀著生，膜質，葉柄纖細，先端具 2 腺體；幼葉寬卵形，先端圓，成株葉片圓形，先端具鈍尖突。總狀花序纖細，雄花聚生於先端，雌花聚生於基部，柱頭 2 叉，細長。蒴果微壓扁狀，具 2 室。

圓葉血桐分布於菲律賓與蘭嶼低海拔灌叢或森林中。許多沒去過蘭嶼的人或許會好奇，血桐的葉子不是圓的嗎？那為什麼還有一種叫「圓葉血桐」的樹種？其實圓葉血桐與血桐是兩種截然不同的喬木，由於圓葉血桐僅分布於蘭嶼與菲律賓，因此大家對它較為陌生。

圓葉血桐的葉片先端渾圓而具鈍尖突，血桐的葉片雖呈卵圓形，葉片先端卻為銳尖狀，先端具有尖突，可藉此加以區分。若是遇上花期與果期，兩者的花序及蒴果差異極大，因此極易區分。

血桐的花序呈單性花排列成展開的圓錐狀花序，基部具有卵狀且鋸

▲圓葉血桐的葉片盾狀，常見於蘭嶼橫貫公路沿線林間。

齒緣的苞片；雌花結出的蒴果表面具有長而展開的棘刺。圓葉血桐的單性花同樣聚生成圓錐狀，不過雌花與少數雄花生於花序基部，具有橢圓形全緣苞片包被，多數雄花則聚生於圓錐花序中段至末稍，由於圓錐花序分支較短，因此有如總狀花序般直立於側枝先端；蒴果成熟時呈圓球狀，表面光滑而無毛或疣突，因此可輕易與血桐區分。圓葉血桐在蘭嶼當地數量不少，以往偶為達悟族人伐採為薪柴用；昔日紅頭嶼郵便所與天山牧場廳舍舊址間的干擾地能看到早期進駐的大型成株。

大戟科

雙子葉植物

◀花序基部則具少量雌花，可見其延伸的柱頭。

◀蒴果先端具有宿存柱頭。

◀圓葉血桐的花序先端排列多數雄花。

201

搭肉刺 LC

Caesalpinia crista L.

科名｜ 豆科 Fabaceae
別名｜ 華南雲實、假老虎
植物特徵｜ 碩大的葉片與種實

形態特徵

攀緣木質藤本，達 10 m 或更長，分支側生且被鉤狀棘刺。偶數二回羽狀複葉，羽軸側生且被倒鉤刺；小葉 2～3 對，革質，具光澤，卵形至橢圓狀卵形。圓錐花序頂生，具多朵花；花黃色，總狀排列。莢果先端具喙，堅硬，表面光滑，不開裂。種子 1 枚，近球形。

分布於印度、馬來西亞、中國、琉球、日本；臺灣廣布，尤以海濱灌叢最為常見。

臺灣海濱、琉球嶼和蘭嶼的濱海山崖上能見到攀緣性木質藤本植物 — 搭肉刺，其會在冬、春兩季開出黃色花朵，排列在開展的複總狀花序上；夏季時成熟的莢果表面光滑，可與其他豆科的海濱藤本植物相區隔。此外，臺北盆地內的芝山岩與天母地區山壁也能觀察到搭肉刺，因此被認為是古臺北湖的殘留證據。

大臺北都會區以「臺北盆地」為中心，周圍由大屯火山群等群山環

▲搭肉刺的葉軸可見多數倒鉤刺。

繞，東側與北側山系呈指狀延伸至盆地內，形成如芝山岩、圓山等孤立山頭。臺北盆地曾發生地層下陷、河川襲奪與海水倒灌，形成「古臺北湖」後，原有的孤立山頭成為湖中孤島，現有的盆邊坡地也曾為往日的古湖湖畔。由清朝郁永河筆下《裨海紀遊》得知，西元1697年時的臺北盆地為「……由淡水港入，前望兩山夾門，水道甚隘，入門，水忽廣，港為大湖，渺無涯矣。」隨著周邊河川的搬運與堆積，古臺北湖逐漸乾涸，形成河川蜿蜒其中的沼澤盆地，河畔散布的河港街區。由於搭肉刺的豆莢有利於海漂傳播，因此臺北盆地內生長的搭肉刺極有可能是當時古臺北湖陷落、海水倒灌時傳入後的孑遺族群。

豆科

雙子葉植物

▲圓錐花序頂生，由許多總狀花序分支組成。

▲莢果成熟後並不開裂，表面光滑無刺。

▶果實與種子具有海漂性，能隨著潮水進入內陸河岸。

203

蘭嶼合歡

Albizia retusa Benth.

科名｜ 豆科 Fabaceae

植物特徵｜ 碩大的葉片

形態特徵

小型喬木。葉具 6～10 枚羽片，羽片具 10～16 枚小羽片，葉柄基部具腺體，小葉歪斜狀長橢圓形至倒卵形，基部鈍形。花聚生成總狀的圓球狀頭狀花序，花萼明顯具 5 裂片，花絲紅色，子房長橢圓形，2mm 長。莢果扁平。

分布於爪哇、菲律賓、琉球與密克羅尼西亞；蘭嶼海濱可見。

海岸林是指陸地至海岸灘線之間存在的林木組成，隨著各地海岸地理特徵差異以及人為活動干擾，各地海岸林的分布情形與植物組成往往各具特色。

蘭嶼是臺灣東南方海面的熱帶島嶼，緯度與臺灣南端的恆春半島相仿。自日治時期蘭嶼島被政府劃為「原住民研究區」，將許多林地劃設為「準要存置林野地」，國民政府進駐後全島劃設為「原住民保留地」，並未如臺灣本島般密集開發。

雖然蘭嶼合歡廣布於東南亞諸島海濱，也生長在蘭嶼海濱珊瑚礁岸與灘地交錯的海岸林內，但是受到當地居民的農田開墾與放牧羊群，使得蘭嶼合歡在當地缺乏土壤的珊瑚礁岩岸灌叢間生長之狀況並不穩定，甚至受到海濱的耕地開墾活動而消失。以往蘭嶼合歡也曾於恆春半島龜仔角尋獲，但近期已無任何相關紀錄。

▲蘭嶼合歡是蘭嶼當地海濱少量分布的直立豆科喬木。

▲葉柄基部具大型花外蜜腺。

▲花朵具有細長的紫紅色雄蕊。

澎湖決明 特有變種 VU

Cassia sophora L. var. *penghuana* Y. C. Liu & F. Y. Lu

科名 | 豆科 Fabaceae

形態特徵

灌木，常呈開展狀，除幼枝表面略被毛外，莖表面光滑，綠色。羽狀複葉，葉柄基部具一膨大近球形腺體，小葉橢圓形，近相等，先端圓且鑷合狀，兩面光滑呈綠色。總狀花序2～8朵花，聚生成圓頭的頂生聚繖狀圓錐花序；花瓣亮黃色，倒卵形至近圓形。莢果近圓柱狀，表面光滑，直或稍呈鐮形，開裂慢。

日治時期以來，諸多學者開始系統性地針對澎湖群島植物組成進行調查，1938年正宗嚴敬與森邦彥兩人彙整各研究單位的調查成果編纂《澎湖島產植物目錄》，總計澎湖群島共有115種維管束植物。進入國民政府時期後，許多學者專家持續對澎湖群島進行不同程度的植物調查，各項調查成果也新增了澎湖當地許多的原生、栽培植物與造林樹種，包括1979年才尋獲發表的新變種「澎湖決明」。

澎湖決明的原變種（*Cassia sophora* L.）其模式標本產於錫蘭，澎湖決明此一變種的葉柄基部具有一腺體，葉柄下方第一對小葉具有腺體；小葉橢圓形，先端鈍，早落苞片小且先端漸尖，花萼先端鈍而表面光滑，花亮黃色且具有短而圓柱狀的光滑直形莢果。

▲澎湖決明原生於澎湖群島潮溼處，包括南方四島的草叢間。

▲莢果近圓柱狀，內含多數種子。
◀花朵內具有長短各異的雄蕊。

蘭嶼魚藤

Derris oblonga Benth.

科名｜ 豆科 Fabaceae

植物特徵｜ 碩大的葉片、藤本

形態特徵

攀緣性木質藤本，分支近光滑。葉近革質，具葉柄；小葉 9～15 枚，長橢圓形或倒披針狀長橢圓形，先端鈍至銳尖，多少光滑，下表面蒼白。圓錐花序常短於葉片，近無柄，密具分支；花梗被灰色絨毛；蝶形花旗瓣反捲，表面光滑。莢果長橢圓形，表面光滑。

分布於南亞；臺灣僅見於蘭嶼海拔100公尺以下海岸林緣。

蘭嶼魚藤為攀緣性木質藤本，零星分布於蘭嶼海岸林至淺山一帶，由於熱帶叢林的喬木枝葉茂密，因此蘭嶼魚藤必須攀附在林間的大型喬木上，才能在樹冠層爭取到陽光，於每年春末夏初開出成串的粉紅色花朵。

紅頭森林生態步道入口處正巧位於古河道的崖邊，因此能夠輕易地觀察平時高不可攀的它。蘭嶼魚藤的莢果扁平，每枚莢果內含1或2粒種子，莢果成熟後不會立刻開裂，掉落後能隨著潮水漂流到遠方，藉以開闢新的生育地。蘭嶼魚藤和臺灣的近緣植物一樣，植物體內同樣具有魚藤酮（Rotenone），傳統上可將其莖葉搗碎後，將汁液灑入水中，毒素就能透過鰓來毒殺魚類，除此之外，魚藤酮也被提煉作為殺蟲劑之用。雖然蘭嶼魚藤的毒性對於人類不會造成威脅，不過還是應與它保持距離，以讓如此美麗的藤本植物肆意地盛開。除了毒魚外，汁液的毒性也能用來毒殺田間野鼠。

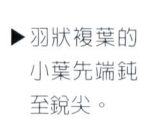

▶ 羽狀複葉的小葉先端鈍至銳尖。

▲蘭嶼魚藤時常攀附於周邊喬木樹冠表面。

▲花期較短，但是成串花朵綻放時頗具觀賞價值。　▲莢果扁平且表面光滑，內含少量種子。

豆科

雙子葉植物

207

老虎心 VU

Guilandina bonduc L.

科名｜ 豆科 Fabaceae
英名｜ grey nicker, fever nut, knicker nut, nicker bean
別名｜ 大托葉雲實、刺果蘇木
植物特徵｜ 碩大的葉片與種實

形態特徵

攀緣性木質藤本，可達 10 公尺長。莖表面具刺，二回羽狀複葉，長可達 1 公尺，葉柄具倒鉤銳利刺，小葉約 10 對，橢圓狀長橢圓形，先端鈍至銳尖。總狀花序腋生，偶聚生成圓錐花序狀叢生於近頂端，花黃色。莢果長橢圓形，壓扁狀，表面具刺，內含種子 1～2 枚，種子近球形。

全球熱帶廣布種。臺灣南部海濱灌叢與北部海濱偶見。

老虎心為泛熱帶海濱分布的攀緣性木質藤本，零星分布於臺灣東北部、西部、恆春半島、琉球嶼、綠島與蘭嶼海濱，其中恆春半島、琉球嶼與綠島較為穩定。

老虎心的莖表面與葉柄具倒鉤且銳利的刺，長可達10公尺的植株能於春夏時節抽出腋生的總狀花序，開出黃色的嬌小花朵，由於周圍被密被鉤刺的莖葉所圍繞，因此不易被人發現。秋冬時結出橢圓形莢果，表面具有約2 cm長的直刺，內含墨綠色種子，球形，1～2枚，堅硬的木質化種皮除了保護裡頭的種子外，也含有空氣，能漂浮於海面進行傳播，因此老虎心屬於海漂型的海濱植物。

因為植株大型且具銳利的倒鉤刺，若是生長於人類活動頻繁之處，往往會被伐除。目前除了生長在臺江國家公園潟湖畔的族群外，恆春半島、琉球嶼、綠島與蘭嶼的海濱偶爾可見老虎心植株，但易隨著道路拓寬及海濱地貌改變，其中又以蘭嶼的干擾最為嚴重，造成當地個體及生育地岌岌可危。

▲老虎心的植株大型，大型羽狀複葉由許多細小的小葉組成。

▲枝條表面密被硬刺，托葉與小葉質地相似。

▶花序直立，腋生於枝條先端。

◀莢果表面密被硬刺，內含少量硬質種子。

豆科

雙子葉植物

蘭嶼木藍

Indigofera zollingeriana Miq.

科名｜ 豆科 Fabaceae
別名｜ 尖葉木藍、紅頭馬棘、蘭嶼胡豆
植物特徵｜ 碩大的葉片

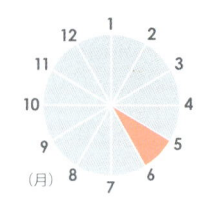

形態特徵

灌木，分支直，羽狀複葉，小葉 9～11 片，長橢圓形。花密生於頂生及腋生總狀花序，約 8～10cm 長；花萼筒廣鐘形，花冠 9mm 長，紅色。莢果線形，圓筒狀，內含 10～20 粒種子。

分布於馬來西亞、菲律賓、中國華南地區；常見於臺灣恆春半島、綠島、蘭嶼開闊珊瑚礁海岸，偶見於海岸林及低海拔森林中。

種類眾多的豆科植物具有極高的形態多樣性，由單一心皮形成的莢果常演化出形形色色的形態，以便進行種實傳播。木藍屬（*Indigofera*）植物的豆莢具有形態多樣性，以臺灣產木藍屬植物為例，多數者為直的圓柱狀，少數種類莢果彎曲，甚至呈圓球形，迥異於其他同屬植物；不同種類的莢果表面光滑、具稜角或被毛，莢果先端鈍或具尖突。

莢果成熟時，部分種類會沿著豆莢表面的縫線開裂，藉以彈射種子，然而許多原生於海濱地區的種類由於果皮較厚，具有層數各異的厚壁細胞（sclerenchyma），因此莢果成熟後不會開裂。這類型不易開裂的莢果，被認為有利於莢果藉由風力或潮汐進行種子傳播。

蘭嶼木藍為廣泛分布於中南半島、菲律賓至琉球群島的灌木，在臺灣偶見於淺山森林內。它的莢果為圓筒狀線形，內含10～20粒種子，成熟後的豆莢不開裂，能夠藉由風力或潮汐進行傳播；隨著莢果表面逐漸風化後，種子便落出並在適當的生育地成長茁壯，在海濱地帶開出直立而帶有鮮紅花朵的花序。

▶蘭嶼木藍的莢果果皮較厚且不開裂，能藉由風力與潮水傳播。

豆科　雙子葉植物

▲蘭嶼木藍是蘭嶼海濱大型的灌木。

▶具有多數直立的腋生花序。

◀與其他臺灣產同屬植物相比，蝶形花的花瓣較為狹長。

211

蘭嶼百脈根 特有種 VU

Lotus taitungensis S.S.Ying

科名｜豆科 Fabaceae

形態特徵

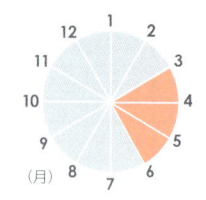

多年生肉質草本。葉片具 5 片小葉，小葉倒披針形，先端具小尖頭，基生小葉對生於葉柄基部，近似托葉。花白色，常 4 朵腋生成繖形；花萼筒鐘狀，萼齒等長，旗瓣倒卵形，基部爪狀，長於翼瓣，龍骨瓣彎曲，具短喙；雄蕊二體化；花絲於先端開展；花藥同型。莢果直線形，表面光滑，種子多數。

　　蘭嶼百脈根分布於臺灣和蘭嶼東側海濱向陽岩岸，為多年生匍匐肉質草本，具有平鋪於海濱地表的延長枝條，以及5片倒披針形小葉組成的羽狀複葉。春末夏初，葉腋間會開出白色的蝶形花，聚生成小型的繖形花序；夏季時，則結出線形而不彎曲的莢果。

　　蘭嶼百脈根曾經廣泛分布於蘭嶼多處，甚至是鄰近聚落的海濱地區，然而現在僅零星地分布於當地東側的少數海岸，而且植株常遭到啃咬，這可能與豆科植物本身的營養價值以及當地的放牧習慣有關。由於豆科植物的根部多具有共生的根瘤菌，能將大氣中的氮氣固定，成為豆科成員合成蛋白質的原料，使得像蘭嶼百脈根這種豆科草本植物成為優良的芻料之一，自然變成草食性動物啃食的目標囉！加上當地盛行的放牧習慣，以及原生海濱環境日漸受到干擾，自然造成蘭嶼百脈根的植株數量逐漸下降，成為當地少見的海濱植物之一。

▲龍骨瓣彎曲。

▲蘭嶼百脈根為多年生肉質草本，生長在干擾較少的海濱灘地。

◀花朵白色。

▲羽狀複葉具有 5 枚小葉，先端 3 枚較為明顯。

豆科

雙子葉植物

蘭嶼血藤

Mucuna membranacea Hayata

科名｜豆科 Fabaceae

植物特徵｜碩大的葉片與種實

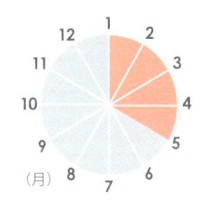

形態特徵

木質攀緣纏繞藤本，分支光滑。三出複葉，小葉膜質，卵菱形，頂小葉最大，先端鈍，具小尖突；葉基銳尖，3脈，葉兩面被毛。腋生總狀花序下垂，蝶形花深紫色，花萼廣鐘形，表面被纖毛，5齒裂，裂片不等大，長者披針形。豆莢扁橢圓形，表面具有多數帶刺毛脊狀隆起，內含 1～3 枚扁圓形種子。

分布於琉球、蘭嶼、綠島海濱與近海濱灌叢。

血藤屬（*Mucuna*）植物皆為木質纏繞性藤本，臺灣分布有4種，由於種子堅硬，血藤屬植物的種子除了拿來刮痧外，以往蘭嶼的部落孩童會把它磨擦生熱後拿來燙人、嬉鬧；隨著種實手工藝製作的興起，像這樣表面具有斑紋的堅硬種子，自然成為新興的裝飾品之一。

蘭嶼血藤分布於蘭嶼與綠島的近海濱灌叢及離岸較遠的溪流旁，尤以蘭嶼的族群最為穩定。除了紫色蝶形花組成串串的腋生總狀花序外，它外形獨特的豆莢更是引人注目。臺灣本島可見3種血藤屬植物：血藤、大血藤與富貴豆的豆莢表面平坦，但是蘭嶼血藤的橢圓形豆莢表面具有許多垂直於表面的隆起，隆起的頂端具刺緣毛，造型極具特色；未成熟時莢果表面及其刺毛略呈金黃色，成熟後逐漸轉為黑褐色。

▲為木質攀緣藤本植物，三出複葉。

▲蘭嶼血藤的花朵密生於下垂的總狀花序。

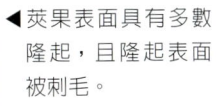

◀莢果表面具有多數隆起，且隆起表面被刺毛。

豆科

雙子葉植物

215

濱槐 VU

Ormocarpum cochinchinensis（Lour.）Merr.

科名｜豆科 Fabaceae

別名｜鏈莢木

形態特徵

　　常綠灌木。奇數羽狀複葉，小葉 9～17 枚，長橢圓形，葉基鈍；托葉披針形，直，宿存。花聚生成疏鬆總狀花序；花萼鐘狀，5 裂，裂齒三角形；上側 2 枚裂齒三角形，下側者披針形；旗瓣寬，龍骨瓣多彎曲；雄蕊 5 枚聚生成 2 簇，花藥同型。莢果線形，表面光滑，具 2～4 關節。

　　分布於熱帶非洲、南亞、東南亞至中國南部、琉球。在臺灣主要分布於綠島、蘭嶼海濱灌叢內，和平島有零星個體。

　　濱槐是蘭嶼與綠島濱海草地或林緣可見的小型灌木，並且會被刻意留在當地水芋田邊，由於葉片內具有皂素，搓洗葉片後可用來清洗雙手。濱槐具有豆科的蝶形花，花季時常常掛滿懸垂的花朵，花瓣的脈色較深，與蘭嶼、綠島其他開出蝶形花的種類明顯不同。

　　濱槐的豆莢內含有多枚種子時種間具有關節，然而當果莢僅有一枚種子時莢果並不會開裂，且能透過海漂進行遠距離傳播。根據作者的實際觀察，濱槐的結實率並不高，即使結了種子發芽率也不高，加上幼苗生長緩慢，因此亟需要現地與異地復育。

▲花萼鐘狀，花瓣脈上具多數褐色條紋。

▲濱槐為蘭嶼、綠島與和平島海濱可見的小型灌木。

▲花朵與節莢果下垂，莢果先端銳尖。

豆科

雙子葉植物

金合歡 外來種 NA

Vachellia farnesiana（L.）Wight & Arn.

科名｜ 豆科 Fabaceae
英名｜ popinac, sponge tree, sweet acacia, West Indian blackthorn
別名｜ 牛角花、消息花、番仔刺、臭刺仔、刺球花、鴨皂花、鴨皂樹、楹樹

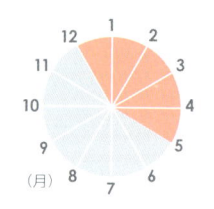

形態特徵

直立灌木，小分枝呈「之」字狀伸展，具有皮刺。托葉形成的刺銳利；羽狀複葉小葉 10～20 對，線狀長橢圓形；葉柄上部具腺點。頭狀花序腋生，1～4 枚簇生，近球形；花黃色，具香氣，雄蕊多數。莢果具 3 稜，直或呈鐮刀狀，歪斜，先端銳尖。種子壓扁狀，橢圓形。

原產熱帶美洲，現已廣布於全球；臺灣南部與琉球嶼可見。

華文世界中將雄蕊細長、花朵簇生成球狀的花朵稱為「合歡」，取其具有闔家歡樂之意，因此許多豆科含羞草亞科的樹種中名內都有合歡二字。

許多人對於非洲大草原上疏生著傘形樹冠的旋莢金合歡（*Vachellia tortilis*）之美景印象深刻，其實這樣的稀樹草原景觀不僅限於非洲熱帶地區，在全球熱帶地區皆有機會見到。

金合歡原產於熱帶美洲的稀樹草原，因受到安地斯山脈地理阻隔，造

▲金合歡的花朵簇生成球狀，金色花朵具有香氣。

成該物種在熱帶至亞熱帶乾燥氣候下生長。在漫長的地質年代裡南美洲和其他陸塊分離較早,由於當地具有許多原生的大型草食動物,使得當時對於食物來源需求龐大。然而金合歡的平展分枝具有許多長而明顯的刺,植物體內富含單寧酸,可能造成草食動物取食上的不便,加上其具有平坦延伸的枝條,即使是在動物踩踏或植株倒伏後,也能持續地開花結果,因此極適應這類稀樹草原的生育地。

臺灣中南部乾溼季明顯,在未開墾水圳的年代並無發達的灌溉系統,加上汛期河川氾濫,並不利於大型喬木生長,因此廣闊的平原極有可能存在著稀樹草原景觀。目前臺灣中南部可見且已歸化的金合歡應為1645年由荷蘭人引入臺灣,開花時耀眼的金色花朵觀賞性佳且具有香氣,因此多被栽植於民宅周邊。清代官員朱仕玠便記載其「每露氣晨流,芬香襲人,冬月盛開」,用文字記載了它多麼受人喜愛。

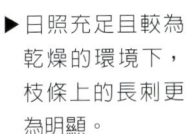

▶日照充足且較為乾燥的環境下,枝條上的長刺更為明顯。

◀莢果表面具3稜,先端銳尖。

灰莉

Fagraea ceilanica Thunb.

科名｜龍膽科 Gentianaceae

植物特徵｜支持根、碩大的葉片、附生

形態特徵

　　肉質附生灌木，小分支粗壯，具明顯葉痕。葉革質，先端鈍至長橢圓形；葉基楔形，邊緣全緣，葉面光滑且色深；葉背色淺，主脈於葉背隆起；葉柄基部膨大。花萼 5 裂，裂片圓；花冠鐘狀，雄蕊著生於花冠筒內，子房卵形，內含胚珠多枚。果卵形。

　　分布於熱帶亞洲、中國南部；在臺灣僅見原生於恆春半島與東南部淺山區。

　　灰莉屬植物廣布於亞洲與大洋洲，植株類型極為多樣，包括喬木、灌木、藤本至附生類型，在當地被許多民族用做木材、藥用、園藝與香花植物。在臺灣，灰莉並未被廣泛利用，僅在部分研究單位的苗圃試種並作為展示之用。雖然夜晚開花時會散發出淡淡幽香，但莖幹延長且附生的特性增加了栽種難度，加上開花時植株往往非常大型，因此想體驗它的花香還是進入到大自然去親近它吧！

▲花萼裂片圓，花冠鐘狀。

龍膽科

雙子葉植物

▲灰莉為原生於恆春半島與東南部淺山區的肉質附生灌木。

▲雄蕊著生於花冠筒內不外露。

◀果卵形，種子多數且細小。

雄胞囊草 VU

Cyrtandra umbellifera Merr.

科名｜ 苦苣苔科 Gesneriaceae
別名｜ 漿果苣苔
植物特徵｜ 碩大的葉片

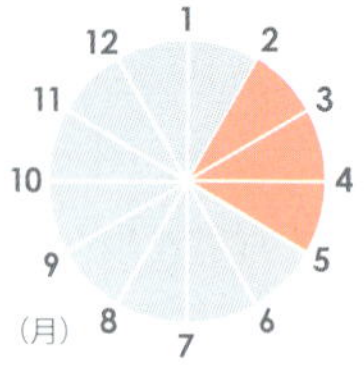

形態特徵

　　灌木，具多數分支，表面被褐色毛。葉對生，葉柄表面被褐色毛；葉片橢圓形或廣倒披針形，葉面漸無毛，脈上被糙毛；葉背光滑或疏被毛，脈上密被毛；葉基楔形，邊緣鋸齒緣至波狀緣，先端漸尖。聚繖花序3～7朵花，總梗表面密被糙毛；花萼裂片窄三角形，花冠白色。漿果橢圓形。

　　分布於菲律賓；臺灣綠島、蘭嶼低海拔地區可見。

　　臺灣原生的苦苣苔科植物種類並不算多，多數為岩生或附生的小型草本植物，以及少數附生性的懸掛木質藤蔓。一般民眾容易見到的苦苣苔科植物多為引進栽培的園藝種類，如大岩桐、非洲堇等。

　　雄胞囊草是臺灣原生苦苣苔科植物中最大型，也是少數地生的種類，因其生長時需要溫溼度較為穩定的環境，因此主要生長在綠島與蘭嶼當地密林遮天的溪谷內。在高大樹林遮蔽日照下減少高溫，而溪谷地形讓溼度更加穩定，才有機會觀察到它微小的白色小花藏在大型且往往懸垂而歪斜的葉片間。

▶微小的白色小花藏在大型且往往懸垂而歪斜的葉片間。

▲雄胞囊草是臺灣原生最大型的地生苦苣苔科植物。

▲漿果橢圓形，先端具有宿存花柱。

苦苣苔科　雙子葉植物

223

蓮葉桐 VU

Hernandia nymphaeifolia（C. Presl）Kubitzki

科名｜　蓮葉桐科 Hernandiaceae
英名｜　buah keras laut, sea-hearse
植物特徵｜　碩大的葉片與種實

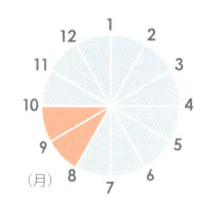

形態特徵

　　常綠雌雄同株喬木或灌木，單葉，全緣，具長葉柄。聚繖狀圓錐花序具長花梗，聚繖花序分支具 3 朵花，側生者雄性，中央者雌性；雄花具 6 ～ 8 枚花被，近覆瓦狀排列；雌花具 8 ～ 10 枚花被片，2 輪排列，子房被薄杯狀總苞包裹。核果，被大型膨大杯狀總苞包圍，種子球形或卵形，表面具肋，外被硬殼。

　　分布於舊世界熱帶地區；臺灣屏東、蘭嶼與綠島海濱原生。

　　蓮葉桐是舊世界熱帶地區常見的海岸林常綠喬木，在強風或海浪偶爾襲擊的海濱地帶以灌木形式存活，是極具熱帶特色的海濱與海漂植物。

　　蓮葉桐的學名與中文名源自於它的大型葉片，就像眾人熟知的荷葉一樣具有細長的葉柄，葉柄先端具有盾狀著生的卵圓形單葉。蓮葉桐的種實是極具代表性的海漂植物，成熟核果的果皮質硬，包覆著當中球形的種

▲蓮葉桐在強風或海浪偶爾襲擊的海濱地帶以灌木形式生長。

子，能夠抵抗海水浸潤與侵蝕，讓漂流到適當環境的種子有機會發芽、茁壯。

核果外被肉質而膨大成杯狀總苞所包圍，由於果實位於杯狀總苞內基部，當果實成熟後隨著總苞脫落時，常能開口朝上的落入海中，就像搭乘著救生艇開始種實的海漂旅程，增加了種實成功登陸的機率。

廣布在西太平洋熱帶島嶼間的蓮葉桐，除了分布在南海的太平島外，也順著黑潮傳送到恆春半島、蘭嶼、綠島與琉球群島間，不過卻未見於南海的東沙島、臺灣東部海岸與外海的琉球嶼、龜山島，可知隨波逐流的海漂種實，其分布充滿了不確定性。

1776年，清朝澎湖通判胡建偉所撰《澎湖紀略》中描述「澎地無木，止有後所列二種。然亦止植於人家牆內，其平地大道俱不生長。」文中僅列載榕（*Ficus microcarpa* L.f.）和檉柳（*Tamarix chinensis* Lour.）二種澎湖民宅內的栽培喬木。由於澎湖的冬季深受東北季風影響而不利喬木生長，澎湖本島的鎖港許氏宗祠內栽植有當地僅見的蓮葉桐老樹，根據考據，該個體應為日治時期引進栽植者，彌足珍貴！

蓮葉桐科

▲蓮葉桐的總苞膨大成壺狀，果皮質厚足以抵抗海水浸潤，極度適應海水傳播。

蓮葉桐科

雙子葉植物

▲雄花具 6 ～ 8 枚花被，近覆瓦狀排列。　　▲雌花具 8 ～ 10 枚花被片，2 輪排列，子房被薄杯狀總苞包裹。

▲種子球形或卵形，表面具肋，外被硬殼。

▲聚繖花序分支具 3 朵花。

蓮葉桐科

雙子葉植物

227

蘭嶼溲疏 特有種 LC

Deutzia hayatai Nakai

科名｜ 八仙花科 Hydrangeaceae
植物特徵｜ 碩大的葉片

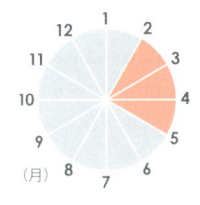

形態特徵

小灌木或小喬木。小枝灰棕色，被星狀毛。葉革質，葉背灰綠色，密生星狀毛；葉表綠色，卵形至闊卵形，疏被星狀毛，先端漸尖至鈍，基部圓形、截平或近心形，邊緣具圓齒緣。頂生圓錐花序，密生花，萼筒杯狀，花瓣白色，披針形。蒴果半球形，密被星狀毛。

　　蘭嶼溲疏為1921年發表的灌木或小喬木，隨後被處理為大葉溲疏（*D. pulchra*）的異名或其變種。然而生長於蘭嶼當地林緣的蘭嶼溲疏「葉片卵形，葉背星狀毛較為稀疏，花序較短且花朵密生」，與臺灣中海拔廣泛分布的大葉溲疏具有「葉片長橢圓形，葉背星狀毛密生，花序較長且花朵疏生」有所不同，因此於2019年再次提出為一獨立物種。

　　蘭嶼溲疏主要分布在橫貫公路至蘭嶼氣象站的向陽坡地，每年冬末春初會開出密生的白花，與臺灣本島可見的大葉溲疏相仿。

▲蘭嶼溲疏生長於蘭嶼當地林緣，葉片卵形。

▲花序較短且花朵密生。

▲花果期重疊,蒴果半球形且表面密被星狀毛。

八仙花科 雙子葉植物

229

青脆枝 NT

Nothapodytes nimmoniana（J. Graham） Mabb. Manilal

科名｜ 茶茱萸科 Icacinaceae
英名｜ fetid holly, stinking tree
別名｜ 臭味假柴龍樹
植物特徵｜ 碩大的葉片

形態特徵

　　大型灌木約 1 公尺高，分支具稜。葉膜質至革質，橢圓狀卵形至長橢圓狀披針形，先端長漸尖；葉基漸狹或圓，歪斜，兩面疏被毛，中脈與側脈明顯被毛，側脈 6～8 對，隆起於葉背。花序頂生，聚繖花序表面被毛，具多數花，花瓣長橢圓形，表面光滑，內層被毛。核果長橢圓狀或橢圓形，微被短毛。

　　廣布於印度南部、中南半島、琉球與中國，臺灣僅見原生於蘭嶼和綠島。

　　依照開花植物系統分類的架構，青脆枝為臺灣唯一原生的茶茱萸科植物。由於青脆枝在兩座島嶼林緣經常可見，因此在蘭嶼當地原住民口中有一個達悟語名「Kamanvoaga」，除此之外，查閱相關書籍或網頁會發現不只達悟族語，生活在臺灣南部與東南部的西拉雅族、布農族與鄒族都有對青脆枝的傳統名，這可能與部分前述族群皆有遷居至臺東淺山居住的後裔相關。

　　昔日日本養樂多公司發現蘭嶼產青脆枝的根莖部具有含量極高的喜樹鹼，成分抽取後可開發製藥，因此和前述族群的居民洽談契作栽培。

▲核果長橢圓狀或橢圓形，成熟後轉為紫紅色。

▲青脆枝為蘭嶼和綠島唯一原生的茶茱萸科植物。

▲花瓣長橢圓形，外表光滑，內層被毛。

茶茱萸科

雙子葉植物

朝鮮紫珠 LC

Callicarpa japonica Thunb. var. *luxurians* Rehd.

科名｜唇形科 Lamiaceae

別名｜馬祖紫珠、蘭嶼女兒茶、韓國紫珠

形態特徵

灌木，小分枝疏至密被星狀毛，幼時常呈紅紫色。葉橢圓形、卵形至廣卵形或倒卵形，先端銳尖至漸尖，偶呈漸尖尾狀；葉基楔形、鈍形、圓形或偶近心形，邊緣鋸齒緣至細齒緣。花萼先端截形至三角形，表面疏生黃色腺點，先端具星狀毛；花冠裂片圓形，粉紅色或粉白色。果球形，成熟時紫色。

分布於中國、韓國、日本與琉球；臺灣綠島、蘭嶼、龜山島、基隆嶼、棉花嶼和彭佳嶼可見。

「紫珠」是花卉市場中常見的賞果灌木，一團團亮紫色的小型果實，團聚在對生的葉腋間，模樣非常討喜。其實不只果實，紫珠屬植物的花多為粉紅色或粉紫色，聚生成團繖花序，每當花果季來臨時，常把整片樹稍點綴得萬紫千紅，加上枝條柔軟具韌性，因此可纏繞於資材上作為盆景裝飾。

臺灣有多種原生的紫珠屬植物，然而朝鮮紫珠原生地並不在臺灣本島，而是廣泛分布於臺灣周邊離島以及中國、韓國、日本、琉球，在馬祖還被當地政府列為「珍稀保育植物」，加以培育為在地綠美化植栽。

除了朝鮮紫珠外，綠島和蘭嶼尚分布另一種紫珠屬灌木 —— 杜虹花，然而朝鮮紫珠體表的毛被物易落，因此外觀上較杜虹花為光滑，加上果實較大，極易區隔。在兩座島嶼公路兩旁向陽開闊處，都有機會見到它滿樹耀眼的果實，在碧海藍天下更顯光芒。目前臺灣本島已有部分國中小引進朝鮮紫珠栽培，作為蜜源植物使用，並能立足於臺灣本島平地後順利地開花結果。

▶ 朝鮮紫珠的果實較大，已引種至臺灣本島栽植。

▲朝鮮紫珠又名馬祖紫珠,花果期間極具觀賞價值。

▲朝鮮紫珠體表的毛被物易落,開花時植株光滑。

233

蘭嶼小鞘蕊花

Coleus formosanus Hayata

科名｜ 唇形科 Lamiaceae

形態特徵

草本，表面被毛，莖與分支4稜，稜角鈍，具微毛，節上漸無毛。葉柄被毛；葉片卵至廣卵形，基部鈍至心形，先端鈍，邊緣疏齒緣，兩面被毛；葉背具腺點。輪生聚繖花序形成頂生總狀花序，花萼管狀，裂片4裂；花冠被毛，具腺點，花冠筒近基部反捲，裂片二唇化，下唇盔狀。小堅果圓形，微壓扁狀。

分布於琉球與巴丹島；臺灣東海岸與綠島、蘭嶼海濱可見。

蘭嶼小鞘蕊花為蘭嶼海濱與開闊田間常見的直立草本，雖然種小名 *formosanus* 意指產於臺灣，但它卻廣泛分布於琉球、蘭嶼、小蘭嶼與巴丹島，並零星分布於臺灣花蓮石梯坪海岸一帶。

全株被毛的它，具有卵至廣卵形、質厚的對生葉片，頂生成串的輪生聚繖花序，每一簇花序由中央往外，開出一朵朵的紫色唇形花，紫色的花冠明顯二唇化，銳尖的下唇隆起，廣卵形的上唇向上展開，仔細看彷彿一支細緻的高跟鞋。

蘭嶼小鞘蕊花的植株外觀與臺灣民間廣泛栽種的唇形花科（Lamiaceae）草藥——到手香（*C. amboinicus*）非常相似，然而蘭嶼小鞘蕊花的植株與葉片不似到手香那樣具有濃郁香氣，反而與同屬的另一種園藝植物——彩葉草（*C. scutellarioides*，又名小鞘蕊花）一樣，葉片搓揉後不具香氣。無論它是否具有唇形花科獨特的氣息，蘭嶼小鞘蕊花始終為春夏時節海濱最常見的海濱植物之一。

▲偶見開出白花的個體。

▲紫色的花冠明顯二唇化，銳尖的下唇彷彿一只細緻的高跟鞋。

▲蘭嶼小鞘蕊花為春夏時節海濱最常見的海濱植物之一。

唇形科

雙子葉植物

繖序臭黃荊

Premna serratifolia L.

科名	唇形科 Lamiaceae
英名	buas-buas, bastard guelder
別名	臭娘子
植物特徵	碩大的葉片

形態特徵

喬木或灌木，小分支近光滑。葉片近革質，長橢圓形至長橢圓狀卵形，先端鈍至漸尖，葉基圓或近心形，主脈微被毛，葉面被毛。聚繖花序表面被毛，花白色帶綠色，略帶臭味；花萼二唇化，萼筒疏被毛，裂片微小，表面光滑；花冠二唇化，4 裂，花冠筒表面光滑，花喉被毛。核果球形，成熟時深紫色。

廣布於熱帶亞洲與澳洲，臺灣全島海濱可見，尤以南部濱海地區常見。

海洋是孕育生命的搖籃，但海濱的浪潮卻具有撕裂的巨大力量，不論樹木具有多麼堅硬的樹幹，也得在狂風驟雨的浪潮中爭取生存機會。繖序臭黃荊是臺灣南部海濱常見的喬木，成熟時黑色的漿果能讓鳥類啄食後將其種子散布在海濱到內陸地區的向陽林間，使得臺灣南部許多林間都能見到它的身影。

相較於內陸地區粗壯而高聳的樹型，海濱地區的繖序臭黃荊往往缺乏明顯的主幹，僅從礁岩間縫隙內長出細長的側枝便開花結果，任憑夏秋之際襲來的浪潮拍打，依舊持續地吐露新芽。許多園藝愛好者看中了它在珊瑚礁岩間崢嶸的美感，因此將它栽植於園中，透過修剪展現出繖序臭黃荊旺盛的生命力，成為風行一時的庭園用木。

▲海濱地區的個體往往缺乏明顯的主幹。

唇形科

雙子葉植物

▲繖序臭黃荊舊名臭娘子，根據馬德里世界植物學大會的倡議應避免使用歧視字眼而改稱；廣布於熱帶亞洲與澳洲，臺灣全島海濱可見。

▲花冠筒表面光滑，花喉被毛。

◀核果球形，成熟時深紫色。

237

田代氏黃芩

Scutellaria tashiroi Hayata

科名｜ 唇形科 Lamiaceae

形態特徵

基部木質化的多年生草本，莖纖細，匍匐，叢生，漸無毛。葉革質，具葉柄，葉柄漸無毛，葉片卵形至卵狀三角形，先端鈍，基部窄心形，邊緣銳齒緣，上表面光滑，小脈凹陷，葉背漸無毛或光滑，表面具腺點。花序腋生或頂生總狀花序，花對生，苞片楔狀菱形。小堅果圓形，表面被具倒鉤的疣突。

分布於臺灣太魯閣山區、海岸山脈與蘭嶼。

筆者第一次見到田代氏黃芩是在太魯閣峽谷的向陽山壁邊，看著延伸長達2公尺的匍匐莖隨著峽谷的風飄逸，先端開出朵朵紫色管狀花朵，令人忘卻即將畢業前的諸多煩惱。

服役時有幸前往苗栗區農業改良場生物防治分場，巧遇當時任職於該分場的陳運造先生，適逢分場內新植草花，協助栽植了一盆盆開著紫色花朵、園藝化的黃芩屬植物。陳運造老師說明這一盆盆的紫色草花就是矮化成功的田代氏黃芩，原來當時正值新一波推廣原生植栽的濫觴，田代氏黃芩是臺灣將原先蔓生種類矮化成草花使用的野花草，並成功推廣栽植的種類之一。

▲田代氏黃芩是在臺灣東部向陽山壁與離島山邊蔓延的多年生草本。

▲花冠筒延長，基部呈平順的圓弧狀。

▲矮化後的田代氏黃芩極具觀賞價值。

唇形科

雙子葉植物

牛樟

Camphora micrantha（Hayata）Y. Yang, Bing Liu & Zhi Yang

科名｜樟科 Lauraceae

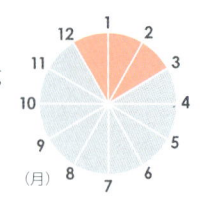

形態特徵

常綠喬木，小分枝表面光滑。葉芽卵形，芽鱗表面被絨毛，葉互生，厚紙質，長橢圓形至廣橢圓形，先端短漸尖；葉基銳尖或鈍，具三出脈，具甜味，葉面具光澤且光滑，脈間腋處具毛，側脈 3 或 4 對；葉柄粗壯。聚繖花序分支排列成圓錐狀，花鐘狀，花瓣 6 枚，近等長，長橢圓形，表面光滑，內側被毛。

分布於中國南部與菲律賓，臺灣全島中海拔以下森林可見。

近年來根據分子親緣證據，顛覆了許多以往以形態特徵作為分類依據的分類系統。根據2019年分子親緣的研究成果，將臺灣全島中低海拔可見的樟樹與牛樟及其相近類群劃為樟屬（*Camphora*），並將坊間視為臺灣國寶之一的牛樟併入牛樟之內。然而2023年應用不同的基因片段進行分析成果，雖然支持樟屬類群的分立，卻將牛樟與牛樟分立為不同種類。這不禁讓筆者想起一段求學時期的趣事。

猶記當時重新回到臺北入校進修時，適逢國立臺灣大學重塑校門前廣場，並拆除周邊圍牆，以讓臺灣大學重新面向羅斯福路四段。重塑臺大校門廣場的同時，也在廣場花臺內種了一列列樟屬植物，並在花臺內立了「牛樟」木製的植物名牌。當時筆者對樟屬植物並不熟悉，只覺得它們的葉形、花期與印象中的牛樟、樟樹不同，便與同窗聊起「它們應該是牛樟吧！」不到一年，花臺內的木製名牌便消失了。人類對於地球萬物的認識，除了各項客觀證據的佐證外，仍會受到人類對於萬物主觀判斷的影響，看多了這些不同觀點下的分合，或許我們應該回歸到萬物對於自身的意義，避免過多不必要的困擾。

▶芽鱗表面被絨毛。

▲葉片厚紙質，長橢圓形至廣橢圓形，先端短漸尖。

▲聚繖花序分支排列成圓錐狀。

樟科

雙子葉植物

蘭嶼肉桂 特有種 CR

Cinnamomum kotoense Kanehira & Sasaki

科名｜　樟科 Lauraceae

植物特徵｜　碩大的葉片與種實

形態特徵

常綠喬木；小分支粗壯，表面光滑。葉對生至近對生，革質，卵形至卵狀長橢圓形，先端銳尖或偶漸尖至圓，葉基常鈍，具 3 主脈，中脈與側脈多少於上表面明顯，於下表面隆起，邊緣微反捲；葉柄表面光滑。聚繖狀圓錐花序表面光滑；花被 6 枚，長橢圓形。果橢圓形，果梗光滑。

在蘭嶼許多開墾的旱田邊，常可見刻意留存的蘭嶼肉桂，似乎人人無法抗拒肉桂葉片及莖枝所散發的清香。以往除了取堅硬的木材用來刻製小船外，樹皮也會攜回品玩。

雖為蘭嶼特有種，蘭嶼肉桂和蘭嶼羅漢松一樣，現已廣泛引種繁殖作為常綠景觀喬木，栽培地點遍布全臺各地平地，為臺灣接受度極高的蘭嶼原生園藝植物之一。

蘭嶼肉桂的葉片大而具光澤，葉片革質，葉面明顯可見3主脈，加上開花結果性佳，因此受到許多園藝業者的喜愛。其雖於臺灣本島許多公園、綠地可見，但在蘭嶼的數量卻日漸稀少，僅於開墾的旱田邊偶然可見刻意留存的蘭嶼肉桂，因此與蘭嶼羅漢松一樣，被評估為嚴重瀕絕的稀有植物。隨著引種成功與有效的園藝繁殖，兩者都能以人工栽培個體滿足市場需求，有效緩解了野生族群的採集壓力。

▶蘭嶼肉桂為臺灣接受度極高的蘭嶼原生園藝植物。

▲聚繖狀圓錐花序表面光滑。

▶花朵微小，花被片
6枚，長橢圓形。

◀核果橢圓形，
基部具有宿
存萼片。

樟科

雙子葉植物

網脈桂

Cinnamomum reticulatum Hayata

科名｜ 樟科 Lauraceae

別名｜ 土樟、網脈樟

形態特徵

常綠喬木，小分枝粗壯，表面光滑，乾燥時淺褐色至深褐色。葉片近對生或互生，革質，倒卵形至長倒卵形，先端鈍或圓；葉基楔形，上表面具光澤，微暗，葉背蒼白。花序單生至聚繖狀圓錐花序腋生，花被片倒卵形至廣卵形，先端鈍，外表漸無毛，內側被絨毛。漿果橢圓形，宿存花托極短，先端截形。

分布於恆春半島海濱礁岩或低地灌叢。

根據最近的分子親緣證據，以往歸為同一屬的肉桂與樟樹近緣物種被區分為肉桂屬（*Cinnamomum* Schaeff.）與樟屬（*Camphora* Fabr.）兩群，雖然物種的分類歸群會隨著各時代的不同觀點而更動，企圖描述著一群持續演化中的生命體，這本來就是一件難事，穩定且能被廣泛採納的分類處理有利於人們的辨別與應用，但是懷疑的存在也見證了人類的反思與進步。

細分後的肉桂屬植物被視為一群葉芽不具明顯芽鱗、葉面常具三出脈的樟科植物，如果這樣的分類處理被廣為接受且能重複驗證，以往被稱為土樟的南臺灣特有種喬木或許該被稱為網脈桂，才能夠充分反應它身為肉桂屬植物的身分。

▲嫩葉帶紅色，頗具觀賞價值。

▲網脈桂的芽不具明顯芽鱗，葉面常具三出脈。

▲花序單生至3朵花排列成聚繖狀，腋生於當年生枝條。

▲果期較長，果梗先端略為膨大。

▲花被片倒卵形至廣卵形，先端鈍。

樟科

雙子葉植物

245

土楠 LC

Cryptocarya concinna Hance

科名｜樟科 Lauraceae

別名｜黃果厚殼桂、海南厚殼桂

形態特徵

中型常綠喬木，樹皮灰色，小分支近光滑，圓柱狀，具皮孔。葉互生，革質，長橢圓形、倒卵形、廣披針形，兩端銳尖，全緣，多少反捲；葉面光滑，葉背蒼白色。聚繖狀圓錐花序頂生或腋生，總梗被短毛，花被片 6 枚，長橢圓形或卵形，兩面被絨毛。漿果卵形，黑色，先端銳尖，具 12 稜面。

中國南部與臺灣全島低海拔闊葉林山區可見。

伯公祠是臺灣客家地區分布密度最高的民眾信仰空間，也是與客家族群生活息息相關的場域，其中包含直接信仰單株大樹的「大樹伯公」。除了大樹伯公以外，許多主祀「伯公」與其他香位的伯公祠常栽植或保有周邊的大型喬木，稱為「伯公樹」。

常見的大樹伯公或保有周邊大型喬木而成的伯公樹多為臺灣平野與低海拔山區常見的樹種，以原生樹種為主；人為栽植的伯公樹常位於伯公祠廟旁或伯公祠正後方的「化胎」處，包含原生及人為引進栽培的外來樹種，這些重要的伯公樹與大樹伯公不僅是文化與信仰，也是極具客家特色的社區林業經營對象。

土楠雖然是臺灣全島低海拔山區零星可見的樹種，在客家聚落鮮少作為大樹伯公或伯公樹，然而在苗栗縣頭份市的藤坪福德祠有一棵被視為伯公樹的土楠，是保有伯公祠旁既有大樹的案例，也是見證了伯公信仰的樹種之一。

▶ 聚繖狀圓錐花序頂生或腋生。

◀苗栗縣頭份市的藤坪福德祠有一棵被視為伯公樹的土楠。

▲花被片6枚，長橢圓形或卵形，兩面被絨毛。

▲漿果卵形，黑色，先端銳尖。

樟科

雙子葉植物

247

菲律賓厚殼桂 CR

Cryptocarya elliptifolia Merr.

科名｜ 樟科 Lauraceae
別名｜ 大果厚殼桂
植物特徵｜ 碩大的葉片與種實

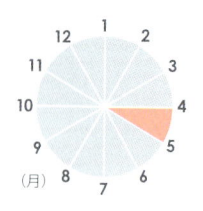

形態特徵

中型常綠喬木，小分支光滑，乾燥時褐黑色，芽被毛。葉卵狀橢圓形，革質，先端短漸尖；葉基鈍，側脈 5～6 對，網狀小脈明顯；葉柄粗壯且光滑。圓錐花序腋生，表面被毛，花被片 6 枚，橢圓狀倒卵形，先端鈍，兩面密被毛。果球形，表面光滑，黑色，具多數縱向脊紋。

分布於菲律賓；臺灣恆春半島和蘭嶼可見。

2012年《臺灣維管束植物紅皮書初評名錄》中，評估出全臺滅絕、野外滅絕與地區滅絕級者，合計臺灣地區共有1,315種面臨生存威脅的維管束植物。與已知的4,000餘種原生植物相比，臺灣面臨生存威脅的維管束植物比例高達1／4。若是選用園藝植物時，能從原生植物中挑選出具有觀賞與實用價值的種類，便能提高園藝綠化、生態營造與園藝療癒的成效；此外，應用面臨生存威脅的原生園藝植物還具有「保留珍貴種源，進行異地保育」的功能，若是能有效利用園藝學者的研究成果，應用園藝手法加以培育、繁殖，將有利於未來進行相關復育工作。

菲律賓厚殼桂即為《2017臺灣維管束植物紅皮書名錄》中成功引種的極危種類，在原生育地局限分布的中型喬木，葉片翠綠且常綠，加上樹形適中，目前已成功引種並培育為臺灣平地栽植的景觀樹種。

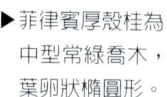

▶ 菲律賓厚殼桂為中型常綠喬木，葉卵狀橢圓形。

樟科

雙子葉植物

▲圓錐花序腋生，表面被毛。

◀果球形且表面光滑，表面具有多數縱向脊紋。

▶花被片橢圓狀倒卵形，先端鈍，兩面密被毛。

249

腰果楠 CR

Dehaasia incrassata（Jack）Nees

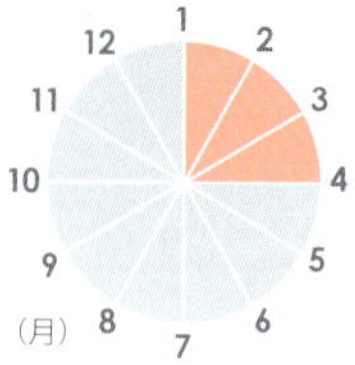

科名｜ 樟科 Lauraceae

植物特徵｜ 碩大的葉片與種實

形態特徵

喬木，小分支灰色，圓柱狀，表面光滑。葉互生，葉柄微彎，葉片橢圓形或卵狀長橢圓形，薄革質，兩面光滑。圓錐花序腋生，位於小分支中段或近先端，表面光滑，花梗纖細，花被片鐘狀，花被裂片廣卵形，革質，結果時掉落，邊緣具纖毛，先端銳尖；雄蕊著生於花被筒內。果長橢圓形，表面光滑，成熟時黑藍色，果梗膨大，成熟時紅色；種子大型。

分布於印尼、馬來西亞、菲律賓、泰國與蘭嶼。

腰果楠是果實極具特色的小型喬木，在臺灣僅見於蘭嶼天池周邊的森林內。由於花序軸與花梗纖細，花朵直徑不及0.5cm，加上分布於許多葉形相似的熱帶叢林內，增加了辨識難度。不過，一旦進入果期，腰果楠便成了蘭嶼叢林中最顯眼的目標之一了。渾圓而黝黑的成熟果實內包含著大型種子，著生在鮮紅的膨大果托先端，懸掛在變粗的果序軸先端，成為熱帶叢林內極具特色的果實。

鮮豔的果托具有吸引狐蝠與鳥類取食的功能，當果托被啄食時，果實極有可能就近落地；當果實連同果托一併被吞下後，才有可能隨著糞便或食物殘渣發生遠距離傳播。由於蘭嶼曾有狐蝠的目擊紀錄，加上當地具有鳩鴿科鳥類棲息，極有可能隨著牠們的遷移而進駐蘭嶼叢林。

▲腰果楠的圓錐花序腋生，位於小分支中段或近先端。

▲花被片鐘狀，花被裂片廣卵形，革質。

▶果實成熟時，果托膨大並轉為鮮紅色。

三蕊楠

Endiandra coriacea Merr.

科名	樟科 Lauraceae
別名	革瓣三蕊楠、革瓣黃肉楠、革葉土楠
植物特徵	支持根、碩大的葉片與種實

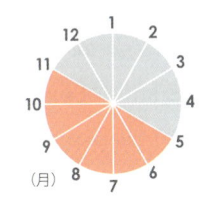

形態特徵

　　中型喬木，小分支圓柱狀，表面被毛，芽卵形，表面密被金褐色毛，漸無毛。葉互生，厚革質，橢圓形，表面光滑，兩面綠色，乾燥時褐色，先端具短尾尖；葉基鈍。圓錐花序頂生或腋生，疏被淺褐色柔毛；花鐘狀，花瓣 6 枚，不等大，外圍者 3 枚廣卵形。果橢圓形，深褐色，果梗漸無毛。

　　分布於菲律賓北部；臺灣僅見於蘭嶼。

　　蘭嶼天池位於蘭嶼島東南側四道溝山臺地中段一處凹地形成的湖泊，地質學者推測它是位於懸谷源頭，可能是臺地面上一處未回春的古河道上，由於排水不良而形成的湖泊。

　　三蕊楠是天池周邊主要的大型喬木組成，也是現地樹幹最為粗壯者。雖然樹身巨大而高聳，但它的花卻極為微小，疏生於熱帶叢林樹冠的花序末梢，因此最容易親近的應該是它碩大的種實。在春季的三蕊楠樹下能夠尋獲它橢圓形而色深的種實，由於果皮極薄，在潮溼的森林底層經常直接發芽，接受著林梢灑落的陽光。

　　三蕊楠是蘭嶼天池周邊森林的主要組成，樹幹表面時常附生許多蘭嶼原生的附生蘭花，在往日蘭況極佳的年代，不知有多少賞蘭者就站在三蕊楠的樹腳下抬頭張望，在尋訪蘭花的君子眼中，或許三蕊楠就是名副其實「最稱職的綠葉角色」。

▲圓錐花序頂生或腋生，疏被淺褐色柔毛。

▲花鐘狀，花瓣 6 枚，不等大。

▶果橢圓形，成熟時深褐色，果梗漸無毛。

蘭嶼木薑子

Litsea garciae Vidal

科名｜ 樟科 Lauraceae

英名｜ bagnolo, bangulo, engkala, kangkala, kelima, mali, malei, medang, pangalaban, pengalaban, pengolaban, kupa, pipi

植物特徵｜ 碩大的葉片與種實

形態特徵

　　大型常綠喬木，小分支粗壯，灰色，近無毛，具稜。葉互生，紙質，卵狀長橢圓形至倒卵狀披針形，全緣，先端銳尖或鈍，基部銳尖，光滑；葉面綠色，下表面初為灰綠色。花序聚繖狀或總狀聚繖形花序，腋生，雄性繖形花序具 7～9 朵花。漿果扁球形，白色至深紅色，內含種子 1 枚。

　　菲律賓、馬來半島與爪哇；臺灣僅見於蘭嶼。

　　蘭嶼木薑子是紅頭生態自然步道沿線最常見的樟科植物，是臺灣地區葉片、花朵與種實最大的樟科原生植物，也是蘭嶼地區最大型的樟科植物之一。蘭嶼木薑子的主幹通直，由許多側枝近輪生的水平伸展，於側枝先端簇生多數葉片。

　　除了步道沿線外，蘭嶼木薑子也分布於蘭嶼其他山區，雖然其他山區的成株較為高大，側枝上的附生植物種類較多，但是族群量不若紅頭森林生態步道密集。除了主幹單一而側枝平展、卵狀長橢圓形至倒卵狀披針形的大型葉片與蘭嶼其他的樟科植物明顯不同外，許多蘭嶼樟科植物的花排列於極短的聚繖花序上，簇生於葉腋間，而蘭嶼木薑子的花朵常呈聚繖形排列在分支上，組成大型的總狀花序，搭配它特殊的樹形與葉形，極易從蘭嶼濃密的森林中辨識。

◀漿果扁球形，白色至深紅色，內含種子 1 枚。

◀ 卵狀長橢圓形至倒卵狀披針形的大型葉片與蘭嶼其他的樟科植物明顯不同。

▲ 蘭嶼木薑子的花排列在大型的總狀聚繖形花序。

樟科

雙子葉植物

253

金新木薑子

EN

Neolitsea sericea（Blume）Koidz. var. *aurata*（Hayata）Hatus.

科名｜ 樟科 Lauraceae

別名｜ 佛光樹

形態特徵

中型常綠喬木；小分支灰色，表面粗糙。葉互生，革質，聚生於枝條先端，卵形至長橢圓形，先端鐮形漸尖；葉基鈍，具 3 主脈，葉背被金黃色柔毛。繖形花序具 5～10 朵花；花單性，鐘狀，花瓣 4 裂，卵形，外表邊緣被纖毛，內側光滑。果橢圓形至球形。

分布於中國南部、日本南部、婆羅洲與琉球；臺灣僅見於蘭嶼與綠島森林與草地。

新木薑子屬（*Neolitsea*）成員的葉片具有典型樟科植物常見的三出脈，但是這屬成員的葉片會密集簇生於枝枒或樹枝分叉處，與其他樟科成員均勻生長的葉片不同。金新木薑子可是貴氣十足，不但葉面光滑而具光澤，葉背常密布金黃色的柔毛，看來光彩奪目，加上隆冬時節簇生於枝枒或葉腋間的淺黃色小花，更是賞心悅目。

不過在臺灣，金新木薑子僅分布於離島的綠島與蘭嶼林緣或林下，想在野外看到本尊可得多花點功夫。金新木薑子最讓人注目的，莫過於它絢爛的金黃色葉片了。居民除了把它的木材作為建材利用外，它的葉片也是昔日達悟族小孩玩賞的童玩。

▶ 果橢圓形至球形。

▲ 金新木薑子嫩葉與成葉葉背密布金黃色柔毛，有「佛光樹」之美稱。

▲ 隆冬時節簇生於枝枒或葉腋間的淺黃色小花。

蘭嶼新木薑子

Neolitsea villosa（Blume）Merr.

科名｜ 樟科 Lauraceae

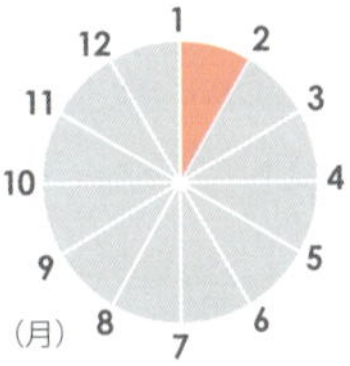

形態特徵

　　小型常綠喬木，幼時小分支表面密被長淺橘色絨毛，後轉為漸無毛或被絨毛。葉薄革質，卵狀長橢圓形至長橢圓形，全緣，先端銳尖具小尖頭或漸尖；葉基鈍，葉面光滑具光澤；葉背蒼白且被毛，嫩葉葉背脈上被絨毛。花序球狀，果球形，表面光滑，果梗漸無毛，具宿存花被片。

　　菲律賓、摩鹿加與馬來半島；臺灣分布於綠島與蘭嶼闊葉林內。

　　蘭嶼和綠島兩座島嶼上原生有許多高大的樟科喬木，但是有二種植株較為矮小的原生樟科喬木，兩者中僅有蘭嶼新木薑子的當年生枝條與嫩葉密被毛，因此可與枝條、葉片皆光滑的金新木薑子相區分。

　　由於蘭嶼新木薑子的果實時常密生於簇生的葉腋間，因此時常吸引舉尾蟻在果實和枝條間築巢，成為奇特的生態景觀。不過跟蘭嶼新木薑子不起眼的花果相比，它的鮮紅嫩葉不僅極具熱帶特色，也有視覺上的觀賞價值。

▲花小型，少量簇生成球狀。

▲蘭嶼新木薑子的嫩葉紅色，表面明顯被毛。

▶果實生長於簇生的葉腋間，成熟時轉為紅色。

樟科

雙子葉植物

255

偽木荔枝

Geniostema rupestre J. R. Forst. & G. Forst.

科名丨 馬錢科 Loganiaceae
別名丨 髯管花

形態特徵

光滑灌木。葉紙質，長橢圓形至卵形，先端鈍至小尖頭；葉基鈍，全緣，葉兩面同色，脈略凹陷於葉面，隆起於葉背，側脈約 5 對。聚繖花序腋生，常具 3 朵花，苞片與小苞片卵形，花萼裂片 5 枚，卵形，邊緣具纖毛；花冠內側被纖毛，裂片 5 枚。蓇葖果球形，種子表面具橘紅色假種皮。

廣布於東南亞、澳洲與西太平洋島嶼；臺灣綠島與蘭嶼可見。

若是回想在蘭嶼、綠島樹林間難以區分與現場鑑別的樹種，應該是偽木荔枝吧！臺灣產馬錢科植物種類不多，包括三種藤本植物、二種草本類群和唯一的直立灌木種類。偽木荔枝就是那唯一的直立灌木，而且局限分布於蘭嶼和綠島的叢林內，記得當時筆者尚不認識它，也不熟悉同樣生長於當地的相似樹種「日本賽衛矛」，因此行經通往天池的林間步道時總多留意那幾棵陌生的灌木，直到它開出點點有如冬青屬植物的花朵，卻結出果皮綠色時就開裂的蓇葖果，才得以確認它的身分，不禁令人感嘆樹木的辨別真是困難呀！

▶ 偽木荔枝是臺灣產馬錢科植物中唯一的直立灌木。

▲蒴果球形，內含單一種子。

◀花冠5裂，花冠內側被纖毛。

▶種子表面具橘紅色假種皮。

馬錢科

雙子葉植物

257

翅實藤 DD

Stigmaphyllon timoriense（DC.）C. E. Anderson

科名｜　黃褥花科 Malpighiaceae

植物特徵｜　碩大的葉片、藤本

形態特徵

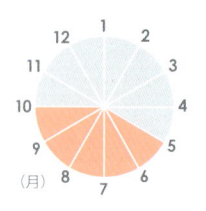

藤本，達 10 公尺高；幼枝密被毛，後漸無毛。葉形與大小多變，卵形，先端銳尖，基部截形、圓或淺心形，葉面光滑，葉背光滑或被絨毛，側脈 4～7 對。花黃色，具香氣；花萼圓，光滑；花瓣圓形至橢圓形，多少基部下延。翅果。

分布於昆士蘭北部至馬來西亞、臺灣、密克羅尼西亞；臺灣僅分布於蘭嶼。

翅實藤是廣泛分布於西太平洋地區的大型藤本植物，常分布在海岸灌叢或熱帶雨林林緣，或是海濱溼地邊緣。由於花朵具有香氣，加上在當地全年開花，因此在馬來西亞被栽培為香花植物之用。在臺灣，翅實藤僅分布於蘭嶼海濱高潮線一帶，花期集中在5～9月，開花時鮮黃的花朵在灌叢樹梢極為亮眼。蘭嶼有發達的環島海岸公路，各處海濱地區的可達性高，當地族群應該不難被發現。不過，隨著環島公路的整建與拓寬，以及近年來多次劇烈風災的侵襲，使得蘭嶼海濱地區地貌驟變，連帶使得翅實藤等大型海濱藤蔓植物的生存面臨威脅。

▲翅實藤是海岸灌叢或熱帶雨林林緣的大型藤本植物。

◀聚繖花序分支排列成繖狀，懸垂狀腋生於枝條先端。

▲葉片先端銳尖，基部截形、圓或淺心形。

黃褥花科

雙子葉植物

三星果藤

Tristellateia australasiae A. Richard

科名｜黃褥花科 Malpighiaceae
英名｜Maiden's jealousy
別名｜三星果、蔓性金虎尾

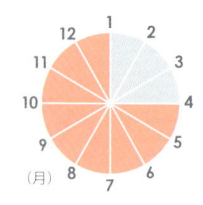

形態特徵

木質藤本，達 10 公尺高。葉卵形，表面光滑，先端銳尖至漸尖，葉基圓至淺心形，常具 2 腺體，邊緣多少反捲；托葉線狀披針形，先端銳尖。花序頂生於側枝先端；花梗下部具關節；花淺黃色；花萼三角形；花瓣橢圓形，雄蕊 10 枚，淺黃色或紅色。翅果。

分布於馬來西亞至熱帶澳洲、太平洋諸島；原生於臺灣恆春半島與蘭嶼海岸林內。

在校園與公園多有綠蔭棚架或涼亭的設計，時常採用大鄧伯花、九重葛、使君子、軟枝黃蟬、紫藤等外來種植栽，但隨著原生園藝植物的推廣，許多成功的綠蔭棚架採用原生於臺灣南部與蘭嶼的三星果藤，其能於蔓生的葉叢間開出成串的黃色花朵，在南臺灣的豔陽下顯得更加耀眼。

根據許多學者的調查成果，都記錄了三星果藤分布在蘭嶼，然而筆者一直無法在蘭嶼當地尋獲，直到某次前往蘭嶼觀察植物的第十年才在環島公路旁一處林緣看到它鮮黃的花朵。三星果藤的雌蕊子房與其他臺灣可見的黃褥花科植物一樣由三枚心皮組成，心皮在果實發育過程中具有突起，形成果皮具翼的翅果。心皮上的突起在果實發育後成為多枚披針狀突起，排列在心皮表面呈星芒狀，因此每朵花會長出三枚星狀的翅果喔！

▲花瓣橢圓形，雄蕊 10 枚，淺黃色或紅色。

▲ 三星果藤的纏繞性佳，能夠形成美麗的綠蔭棚架。

▶ 花序頂生於側枝先端。

◀ 子房三室，每朵花能開出三枚心皮長成的星狀果實。

黃褥花科

雙子葉植物

銀葉樹 EN

Heritiera littoralis Dryand.

科名｜ 錦葵科 Malvaceae

英名｜ dungun , looking glass tree, mangrove dungun, keeled-pod mangrove

別名｜ 大白葉仔

植物特徵｜ 支持根、碩大的葉片與種實

形態特徵

常綠樹種，常具支持根與板根，樹皮粉灰色，表面光滑。單葉長橢圓形、倒卵形或卵形、披針形，具鈍或近心形葉基，先端微漸尖，幼時紅色。圓錐花序腋生，花多數，具褐色毛。果 2～5 枚，表面具脊紋，扁橢圓形，果皮木質，光滑，帶有光澤的紫褐色，內層密被短毛。

常見於沙質與岩質海岸林與紅樹林沼澤中，以及西太平洋與臺灣熱帶海濱，木質船形果實藉海流傳播。

「板根」是許多熱帶喬木的形態特徵，也被視為熱帶植物的特色之一，其中位於「恆春熱帶植物園」的銀葉樹其板根高達1公尺以上，至今仍令遊客嘖嘖稱奇。除了支持樹幹與樹冠外，板根在降雨量高、土壤時常飽滿水分的生育地條件下，也能適時發

▲銀葉樹的板根具有支持樹身，適時輔助根系呼吸的功能。

揮呼吸的功能。

　　對於喜歡收藏奇特種實的人來說，銀葉樹的果實無疑是討喜的收藏品之一。銀葉樹的果實渾圓，富含蠟質而顯得光滑的表面具有一條脊紋，像是特地打磨過的藝術品。憑藉著蠟質且木質化的果皮，銀葉樹的種子得以飄洋過海，廣泛地分布在西太平洋與印度洋的熱帶與亞熱帶海濱，常見於沙質與岩質海岸林，甚至是紅樹林沼澤中。

　　根據國際自然保護聯盟（IUCN）線上資料庫，琉球群島的宮古島（約北緯24.8度）是全球現存銀葉樹分布的北界；然而根據美國賓州科學院植物標本館（PH）、國立臺灣大學生物資源暨農學院森林環境暨資源學系植物標本館（NTUF）以及林業試驗所植物標本館（TAIF）珍藏的日治時期標本紀錄顯示，臺灣北部的金山、基隆與宜蘭海濱也曾生長著能夠開花結果的銀葉樹。

　　順著海濱的小溪谷，筆者曾在新北市貢寮區的海濱溪溝內（約北緯25.01度）尋獲許多株高6公尺以上的銀葉樹，並且在樹梢發現了飽滿的果實，讓這處貢寮海濱的小溪溝成為全球現存銀葉樹天然分布的最北界。

　　銀葉樹得以來到臺灣北部海濱地區，並且在此成長繁殖，極有可能得力於流經臺灣東部的黑潮，帶來溫暖的海水以及熱帶地區的種實，讓臺灣的東北角海岸成為銀葉樹的家鄉。

▲葉背具有銀白色細毛。

▲圓錐花序腋生於枝條先端，花微小且多數。

▲心皮具脊，各自發育成扁橢圓形的木質果實。

牧野氏山芙蓉

Hibiscus makinoi Y. Jotani & H. Ohba

科名｜　錦葵科 Malvaceae

植物特徵｜　碩大的葉片

形態特徵

小喬木，莖直立，全株密布粗糙星狀毛。葉互生，3～5裂，先端鈍；葉基心形，邊緣不規則鋸齒緣；葉背被星狀毛與絨毛，葉面被星狀毛。花腋生，單生，花梗先端具關節，副萼裂片線狀披針形或窄披針形；花萼鐘狀，具關節，裂片三角形；花冠粉紅色至白色。蒴果球形，縱裂成5瓣；種子腎形，表面密被長毛。

分布於日本南部與琉球群島；臺灣東部、綠島與蘭嶼低海拔可見。

牧野氏山芙蓉於1984年發表後一直被認為是日本特有種，廣布於日本南部與琉球群島，但近期曾彥學博士團隊發現分布於臺灣東部，也分布於綠島和蘭嶼。

牧野氏山芙蓉與其他木槿屬（*Hibiscus*）植物一樣，多數族群生長於開闊的乾燥山坡、路緣與河濱，其外形與臺灣已知的本屬植物相似，但具有線狀披針形至窄披針形的副萼裂片，葉片先端鈍形且被星狀毛與絨毛，可與其他相似物種區隔。

▲花瓣展開後常往背側延展，副萼裂片為線狀披針形至窄披針形。

◀蒴果內具有多數微小的被毛種子。

▲牧野氏山芙蓉近年確認分布於臺灣東部。

錦葵科 雙子葉植物

265

翅子樹

Pterospermum niveum S. Vidal

科名｜ 錦葵科 Malvaceae
別名｜ 臺灣翅子樹
植物特徵｜ 碩大的葉片與種實

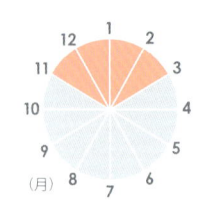

形態特徵

中型落葉喬木，嫩枝表面被褐色或灰色星狀毛。葉卵狀披針形，葉基多少歪斜，一側廣心形，另一側圓形，先端漸尖後具銳頭，全緣，成葉上表面光滑，下表面密被銀褐色星狀毛。花單生，腋生，表面被星狀毛；花萼內側被絨毛，黃褐色；花瓣微歪斜狀倒卵形。果橢圓形，兩端銳尖，表面光滑；種子具翅。

分布於菲律賓；臺灣綠島、蘭嶼海岸林至山區林緣可見。

翅子樹是原產菲律賓與綠島、蘭嶼的落葉喬木，在蘭嶼當地的海岸林、較為開闊的山坡地可見較為矮小的植株，然而在天池旁茂密的森林內，它也可以拔地而起，高達20公尺以上。

翅子樹的側枝平展，互生多數卵狀披針形的葉片，成葉葉面光滑，葉背密被銀褐色星狀毛，為樹型優美、具有觀葉價值的大型喬木。在吹著凜冽寒風的冬季，側枝先端會開出碩大的花朵，雪白的花瓣外圍包裹著黃褐色花萼，在蕭瑟而單調的冬季顯得格外亮眼，為少見的冬季觀花植物。

顧名思義，翅子樹的種子具有大而薄的翅，每當春末夏初蒴果開裂時，便會散下一片片種子，頗具收藏價值。臺北植物園早年戶外試種後，既已成樹並能開花，可見本種應能忍受北臺灣的氣候。這樣的植栽特性與臺灣本島偶見的外來種園藝喬木「槭葉翅子樹（*P. acerifolium*）」相似，若是能夠取代成為臺灣平地的原生景觀喬木，便能增加景觀喬木的生態與保種價值。

▶ 翅子樹於冬季開出碩大的雪白花朵，在蕭瑟而單調的冬季顯得格外亮眼。

▲幼葉較為寬大且略呈五角形，成葉較為窄長。 ▲蒴果開裂後可見多數具翅種子。

▲葉背具有銀褐色星狀毛。

錦葵科

雙子葉植物

267

蘭嶼蘋婆 LC

Sterculia ceramica R. Br.

科名｜ 錦葵科 Malvaceae
別名｜ 呂宋蘋婆
植物特徵｜ 碩大的葉片與種實

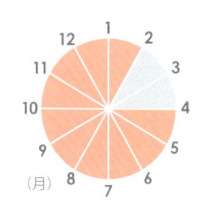

形態特徵

中型常綠喬木。單葉具光澤，表面光滑，卵形至橢圓狀倒卵形；葉基心形，先端銳尖狀漸尖，全緣。圓錐花序頂生，花兩性或單性；花萼鐘狀至倒錐狀，黃綠色，外表被星狀毛，內側被絨毛，裂片與花萼筒近等長，先端癒合。蓇葖果表面光滑至微被絨毛，背側具直與半圓形紋路，深紅色。種子橢圓體。

分布於菲律賓及臺灣蘭嶼與綠島。

蘋婆（*Sterculia nobilis*）又名鳳眼果，是一種臺灣南部可見的外來果樹，可食用部分是碩大的種子，包裹在眼睛狀的紅色果皮內；種子需要蒸過才能食用，有種菱角的口感。除了鮮紅的果皮外，蘋婆花的花瓣先端癒合，有如一盞盞的小燈籠一樣，加上大型具光澤的葉片，因此也可作為景觀植栽之用。

蘭嶼有一種原生的鳳眼果「蘭嶼蘋婆」，為生長在當地海濱至淺山區的常綠喬木，花果與栽培用的蘋婆相似，因此極具觀賞價值。蘭嶼蘋婆可食的部分也是種子，不過不像蘋婆一樣整顆種子食用，也不需要蒸食。

蘭嶼蘋婆的種皮與子葉堅硬，只有胚的部分較為柔軟，取食時需把胚的部分擠出，因此會有一種奇特的聲響，成為蘭嶼當地小孩們邊吃邊玩的奇特水果。

▶花兩性或單性，花萼鐘狀至倒錐狀，黃綠色。

▲心皮受粉成功逐漸發育成橢圓形果實。

▲蘭嶼蘋婆為生長在綠島和蘭嶼海濱至淺山區的常綠喬木。

▲蒴果開裂時轉為紅色，內具少數黑色種子。

錦葵科

雙子葉植物

繖楊

Thespesia populnea（L.）Sol. ex Corrêa

科名｜　錦葵科 Malvaceae
英名｜　Indian tulip tree, pacific rosewood, portia tree
別名｜　截萼黃槿
植物特徵｜　碩大的葉片與種實

形態特徵

小型喬木，小分枝粗糙。葉片廣卵形，先端漸尖，偶具有長尾尖，邊緣全緣，7 脈，脈基具小型腺體，幼時具有小型鱗片，葉柄 6 ～ 12cm 長，托葉早落。花腋生，單生；花梗粗壯，附萼裂片 3 枚，早落；花萼截形，革質；花冠黃色，成熟後轉為深紫色，花瓣倒卵形，子房具 10 室。

廣布於全球熱帶地區，原生於臺灣恆春半島，並在澎湖、琉球嶼栽培後逸出。

繖楊的葉片、花形與同屬錦葵科的大型喬木「黃槿」相似，但是葉片較為狹長、葉面光滑，與葉片寬卵形、葉面略為粗糙的黃槿不同。由於繖楊的花萼光滑且先端平截，與黃槿花萼表面被毛且先端銳尖不同，因此又被稱為「截萼黃槿」。

繖楊的喬木直立，不像黃槿的主幹能在倒伏後再長出許多斜生枝條，因此繖楊多生長在高潮線以上的陸地，不似黃槿除了陸生外，還能如其他紅樹林樹種生長在感潮帶或泥灘地。此外，繖楊的扁球形乾果不開裂，內含許多松子大小的種子，與黃槿的橢圓形蒴果開裂後可見許多芝麻大小的種子，兩者明顯不同。

雖然繖楊在臺灣的原生地局限於恆春半島，但本就是海濱樹種的它極為抗風與耐強日照，因此被廣泛栽植於澎湖、琉球嶼等海濱地帶。此外，它碩大的花朵也極具觀賞價值，因此在許多南部與東南部民宅也能看到栽培個體。

▶ 繖楊與同屬錦葵科大型喬木「黃槿」相似，但葉片較為狹長。

◀ 花萼先端平截，又被稱為「截萼黃槿」。

▶ 果實扁球形，成熟後並不縱向開裂。

錦葵科

雙子葉植物

▲ 種子發芽率高，在琉球嶼經過人為引種後能天然下種。

271

大野牡丹

Astronia ferruginea Elmer

科名｜ 野牡丹科 Melastomataceae

植物特徵｜ 碩大的葉片

形態特徵

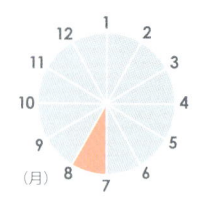

小型喬木，分支光滑。幼葉葉背脈上被毛，成熟後轉為被絨毛；葉三出脈，橢圓形，先端漸尖；葉基鈍，葉緣全緣，葉痕明顯，圓形或三角狀圓形。花序頂生聚繖花序，總梗約 3cm 長；花萼先端 5 齒裂，花瓣 5 枚，雄蕊 8 枚，等長，子房下位，花柱粗壯。蒴果卵形；種子多數，線形。

根據POWO資料，分布於菲律賓與恆春半島東側、南部、綠島與蘭嶼低海拔森林林緣或內部可見。

許多人會前往蘭嶼和綠島找尋金新木薑子，在森林內憑藉著樟科植物常有的三出葉脈，以及金色或褐色的葉背等特徵尋覓它的蹤影。然而在綠島和蘭嶼當地，大野牡丹也具有此一特徵，可惜大野牡丹的樹型不像金新木薑子般飽滿，花朵微小而不像其他野牡丹科觀花植物顯眼，因此並未被引種栽培。

大野牡丹曾由日籍學者金平亮三教授命名為特有種，他曾任職於臺灣總督府林業試驗場、任教於九州帝國大學，並多次前往太平洋諸島進行植物調查，依據當地的植物調查成果提出華萊士線北段延伸至臺灣與蘭嶼之間的理論，為東南亞與太平洋諸島植物組成與植物地理學的重要奠基者。

▲大野牡丹的葉背褐色，在叢林中頗為顯眼。

野牡丹科 雙子葉植物

▲葉片具有三出脈，圓錐狀聚繖花序頂生。

◀花朵微小，迥異於其他臺灣產野牡丹科植物。

◀花萼基部合生成杯狀，表面被褐色短毛。

273

蘭嶼野牡丹藤

Medinilla hayatana H. Keng

科名｜ 野牡丹科 Melastomataceae

植物特徵｜ 藤本、附生

形態特徵

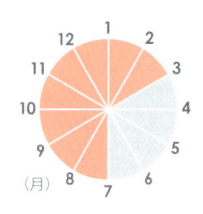

攀緣性藤本灌木，分支表面光滑，節上疏環繞附生性根系。葉輪生，橢圓形，三出脈，基生側脈自基部延伸至先端，先端漸尖，葉基銳尖，邊緣全緣。花序腋生，由多數纖形花序分支排列成圓錐狀，具總梗；花萼明顯具 4 齒，花瓣 4 枚，卵形，雄蕊 8 枚，等長同型，子房球形。漿果。

僅見於紅頭山。

藤本植物是熱帶叢林中常見且重要的成員，多具有長而柔軟的枝條，雖然缺乏強而有力的支持組織，卻能利用特化的器官攀附或纏繞在裸露的岩石、植物體或其他支持物上。

為了得到陽光的照射，熱帶叢林藤本植物的攀附方式各異，蘭嶼野牡丹藤則是採用具有黏附性的根。其植株基部與略具蔓性的莖節上，疏具環繞的附生性根系，得以黏附於樹幹表面，讓直立莖得以長出輪生的葉片與懸垂而柔軟的圓錐花序。

蘭嶼野牡丹藤為當地特有種，集中分布在蘭嶼最高峰「紅頭山」海拔300～400公尺的熱帶叢林小喬木上，除了懸垂的花序時常開滿粉紅色花朵外，結實時紫色的漿果依然極具觀賞價值，若是能夠妥善營造栽培生境，不失為極具潛力的原生性觀賞植物。

▲蘭嶼野牡丹藤為攀緣性灌木，植株基部與蔓性莖的莖節上，疏具環繞的附生性根系。

▲卵形花瓣 4 枚，8 枚雄蕊等長同型。

▲果序懸垂，成熟時紫色的漿果極具觀賞價值。

野牡丹科 雙子葉植物

275

革葉羊角扭 VU

Memecylon lanceolatum Blanco

科名｜ 野牡丹科 Melastomataceae
別名｜ 細脈榖木

形態特徵

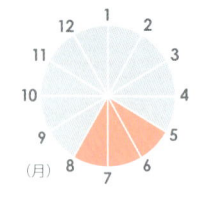

灌木，小分支圓柱狀，表面光滑。葉片橢圓形、披針形或卵狀橢圓形，先端漸尖；葉基鈍，羽狀脈，小脈不明顯，全緣。腋生聚繖花序，果球形，表面光滑。

分布於菲律賓、婆羅洲、蘇拉維西與臺灣蘭嶼溪邊林緣。

每次前往蘭嶼回來後，最常被關注調查成果的植物種類之一就是革葉羊角扭。因為在臺灣它僅見於蘭嶼當地林下，花期短且集中，加上花朵微小，簇生在厚且革質的葉腋間，如果不是機緣巧合，要在原生地看到它開花結果極為不易。

筆者造訪的許多植物園或庭園中，僅有同樣位在北回歸線以南的屏東地區方有栽培至開花結果的紀錄，雖然革葉羊角扭不具有許多熱帶植物的形態特徵，但卻仰賴足夠的氣溫與日照才能順利開花結果，或許這也是典型熱帶植物的特性之一。

▶革葉羊角扭零星分布於小天池周邊森林底層。

▲花朵微小，簇生在厚而革質的葉腋間。

▲結實率低，漿果成熟時紫藍色。

野牡丹科 雙子葉植物

大葉樹蘭

Aglaia ellipifolia Merr.

科名｜ 楝科 Meliaceae
別名｜ 橢圓葉米仔蘭、菲律賓樹蘭
植物特徵｜ 碩大的葉片與種實

形態特徵

常綠小喬木，小分支密被鏽色鱗片。奇數羽狀複葉，小葉倒卵狀橢圓形或長橢圓形，厚紙質，對生或近對生，先端具小尖頭；葉基鈍，葉面光滑，葉背具鱗片。圓錐花序腋生，常短於葉長，花萼短，5 裂，裂片覆瓦狀，凹形，近圓形，表面光滑，雄蕊筒較厚，明顯具齒。果橢圓形，密被鏽色鱗片。

分布於菲律賓北部；臺灣原生於恆春半島低海拔海濱、綠島與蘭嶼。

大葉樹蘭為綠島和蘭嶼當地最常見的楝科常綠小喬木，也曾記錄於小蘭嶼，在環島公路沿線的海濱地區可見，全株粗壯而密被鏽色鱗片，奇數羽狀複葉大型而帶鏽色，可作為當地向陽濱海地區的觀葉植物；臺灣南端的恆春半島亦零星可見。

大葉樹蘭的黃色花朵微小且不開展，分別於盛夏、秋末兩季排列於枝條先端的腋生圓錐花序，並不引人注目。大葉樹蘭的果實為較特殊的乾果，果皮薄且表面密被鏽色鱗片，將不開裂的鏽色果皮與白色假種皮剝開後，才能看到裡頭橢圓形的種子。大葉樹蘭的抗風性強、耐強剪，能夠有效適應全日照與強風環境，應能成為開闊地與風廊沿線適生的景觀植栽。

▶大葉樹蘭的果實為較特殊的乾果，果皮薄且表面密被鏽色鱗片。

▶ 大葉樹蘭的黃色花朵微小，花序腋生於枝條先端。

◀ 開花時花瓣半張開，僅於花朵先端開出一個小孔。

棟科

雙子葉植物

紅柴 LC

Aglaia elaeagnoidea（A. Juss.）Benth.

科名	楝科 Meliaceae
英名	Taiwan aglaia, Formosan aglaia
別名	臺灣米仔蘭、臺灣樹蘭
植物特徵	碩大的葉片與種實

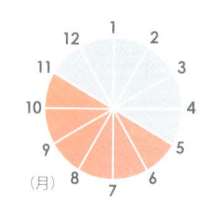

形態特徵

中型常綠喬木，小分支被銀色星狀毛。羽狀複葉，小葉薄革質，3～5枚，倒卵形，基生者較小，先端鈍；葉基漸狹，葉面被星狀毛，葉背被銀色星狀毛。圓錐花序表面背銀色毛，花萼5枚，廣卵形，先端鈍，表面光滑；花瓣5枚，倒卵狀長橢圓形，覆瓦狀排列，先端具缺刻。果球形。

菲律賓、印尼、新幾內亞、澳洲與臺灣恆春半島、綠島可見。

楝科植物多為泛熱帶分布的常綠喬木與灌木，具有互生的羽狀複葉，花朵散發香味，因此作為當地綠化植栽極具潛力。臺灣平地常見的庭園植物「樹蘭」即為自清朝以來廣泛應用栽培的楝科植物。

楝科植物花部的雄蕊花絲多癒合成筒狀，圍繞著中央的雌蕊，成為辨識楝科植物的重要特徵，也富有科學教育功能。楝科植物的果實型態多變，包含具有果核與多汁果皮的核果，果皮乾燥但不開裂的乾果，以及成熟後果皮開裂的蒴果。恆春半島與綠島可見的紅柴花朵微小，花瓣微張的特性與庭園植物「樹蘭（又名米仔蘭）」相似，因此也被稱為「臺灣米仔蘭」，時常被誤認為是未開花就結果的喬木。紅柴具有紅色多汁的核果，與其他臺灣可見的楝科植物明顯不同。

▶圓錐花序分支疏鬆，表面被銀色毛。

▲紅柴為恆春半島與綠島可見的小型喬木。

▲漿果球形,成熟時轉為紅色。

棟科

雙子葉植物

蘭嶼樹蘭

Aglaia lawii（Wight）Saldanha ex Ramamoorthy

科名：	楝科 Meliaceae
英名：	Lanyu aglaia
別名：	四瓣米仔蘭、四瓣樹蘭、望謨崖摩
植物特徵：	碩大的葉片與種實

形態特徵

中型喬木。奇數羽狀複葉或偶為偶數羽狀複葉，小葉5～6枚，互生或對生，橢圓形至倒卵形，先端銳尖；葉基鈍形，革質，葉面綠色被鱗片，葉背密被銀色鱗片。圓錐花序腋生，花萼被鱗片，4～5裂，裂片先端鈍或圓形，花瓣4枚，黃色，光滑，倒卵狀橢圓形。蒴果倒卵形，密被鱗片，3瓣裂。

分布於中南半島、泰國、菲律賓、蘇門答臘、婆羅洲，喜馬拉雅東側、中國南部；臺灣僅見於蘭嶼。

蘭嶼多處校園緊鄰海濱地區，若能根據特定地域的立地條件，在缺乏林蔭的區域栽植向陽性中型喬木，將能有效地發揮綠化效果。蘭嶼樹蘭為生長於當地風衝矮林內的中型喬木，分支與奇數羽狀複葉表面被銀色星狀鱗片，為適應強風與強日照的原生植物。

蘭嶼樹蘭的黃色花朵細小且不開展，排列於腋生的開展圓錐花序上，因此夏季開花時不易被發現。相形之下它的蒴果較為大型，果皮成熟時呈乳白色，果皮3瓣開裂後會露出包覆著紅色假種皮的種子，反而較具觀賞價值。

蘭嶼樹蘭分布於東南亞與華南一帶，在臺灣僅見於蘭嶼與小蘭嶼向陽濱海坡地，其中小蘭嶼的族群為2010年確認的新紀錄族群。

▶ 蘭嶼樹蘭的黃色花朵細小且不開展。

▲蘭嶼樹蘭的蒴果表面乳白色，在葉叢中極為明顯。

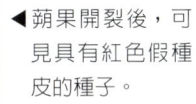

◀蒴果開裂後，可見具有紅色假種皮的種子。

棟科

雙子葉植物

283

穗花樹蘭

Aphanamixis polystachya（Wall.）R. N. Parker

科名	楝科 Meliaceae
英名	pithraj tree
別名	山楝
植物特徵	碩大的葉片與種實

形態特徵

喬木，小分支粗壯，表面光滑，紅褐色。小葉約 5～7 枚對生，革質，卵狀橢圓形至橢圓狀長橢圓形；葉基歪斜狀銳尖，先端粗壯漸尖，葉兩面光滑。圓錐花序分支穗狀，花序軸光滑，花萼 5 枚，近圓形，覆瓦狀，邊緣具纖毛，花瓣 3 枚，離生，橢圓形中央凹陷，革質，先端圓形。

分布於中國中部、印度、中南半島、緬甸、馬來半島至菲律賓、婆羅洲、蘇門答臘、爪哇、摩鹿加、新幾內亞至澳洲；臺灣僅見於恆春半島與蘭嶼。

穗花樹蘭是廣泛分布於東南亞、南亞與澳洲的熱帶喬木，在臺灣屬於邊際分布，零星分布於恆春半島與蘭嶼。穗花樹蘭的小分支粗壯，莖與葉片表面光滑，圓錐花序位於枝條末端，開出黃色而不開展的小型花朵。

穗花樹蘭的蒴果成熟時果皮轉為粉紅色，開裂後露出橘紅色假種皮所包覆的種子，加上開展的樹形與碩大的羽狀複葉，應能成為優良的景觀喬木。因此校園要是能夠透過適當的規劃與引種，將能成為原生稀有植物保種與異地保育的重要基地。目前蘭嶼當地校園內保留有一株生長情況良好的穗花樹蘭，不僅成為別致的庭園景觀植栽，也保留了當地種源及其基因庫。

▶ 蒴果大型，未成熟時果皮色淺。

▲穗花樹蘭邊際分布恆春半島和蘭嶼森林或林緣。

▲蒴果成熟後開裂，露出具有紅色假種皮的種子。

▲穗花樹蘭的圓錐花序位於枝條末端，開出黃色而不開展的小型花朵。

棟科

雙子葉植物

蘭嶼擬樫木

Chisocheton patens Blume

科名｜ 楝科 Meliaceae

植物特徵｜ 碩大的葉片與種實、幹生花

形態特徵

中型喬木，嫩芽被毛。葉 5～6 枚叢生，革質，倒披針形或卵狀長橢圓形，葉基歪斜狀銳尖或鈍，先端漸尖或具小尖頭，最終漸為鈍形，頂小葉較小，兩面光滑。花序幹生或於葉叢間近頂生，長型圓錐花序，花萼盤狀，花瓣 4 枚，倒卵狀線形。蒴果球形，紅色，3 瓣，含 3 顆種子，外圍具 3 瓣。

分布於泰國、緬甸、馬來半島、摩鹿加、菲律賓、蘇門答臘、爪哇、婆羅洲南方；臺灣僅見於蘭嶼。

「幹生花」是一種熱帶喬木特殊的開花現象，植物莖上的生長點能夠分化出開枝展葉的葉芽以及開花結果的花芽，葉芽、花芽生長與分化速度相仿時，便會於當年生的枝條上開花。熱帶植物的生長季長，有時花芽分化速度較慢，葉芽早已生長成粗壯

▲蘭嶼擬樫木僅見於蘭嶼東北側山區與天池一帶的熱帶叢林中。

▲羽狀複葉小葉明顯歪斜，可與其他蘭嶼產楝科植物相區分。

的莖幹，當花芽分化完成開花時，便出現莖幹上開花的奇特現象。

以往的文獻多描述蘭嶼擬樫木的花序位於枝條末梢葉腋間，並且於延長的果序上疏生大型蒴果，然而筆者在蘭嶼茂密的熱帶樹冠中，始終無法尋獲蘭嶼擬樫木，直到在天池旁一株高聳的樹幹上看到鮮紅開裂的幹生蒴果，方才見到它的身影。此後連續數年造訪與持續觀察，都能在春季時於樹梢看到細長的花序，然而卻再與它的幹生花無緣，由此可知幹生花雖然是許多熱帶樹木的形態特徵，但不同物種間表現此一特徵的穩定性有所不同。

蘭嶼擬樫木為東南亞分布的中型喬木，在臺灣僅見於蘭嶼東北側山區與天池一帶的熱帶叢林中，為蘭嶼當地僅見小葉歪斜的楝科成員，極易與其他相似種類區分；其花序延長，多於葉叢間開出白色花朵，有時也會從莖幹上開出幹生花，可見熱帶植物的開花特性極為多變。此外，蘭嶼擬樫木能夠結出紅色果皮的大型蒴果，開裂後露出包覆著黑色假種皮的大型種子，因此兼具觀果價值。

楝科

雙子葉植物

▲蘭嶼擬樫木的花序多位於新生枝條先端，花序軸延長。

楝科

雙子葉植物

▲花白色，花瓣反捲，假雄蕊與雄蕊合生成雄蕊筒。

▶蘭嶼擬樫木能夠結出紅色果皮的大型蒴果。

▲植株偶見幹生果實，也是作者幸運巧遇它的機緣。

樹蘭 外來種 NA

Aglaia odorata Lour.

科名	楝科 Meliaceae
英名	orchid tree, mock lime
別名	千里香、山胡椒、木珠蘭、米仔蘭、米碎蘭、珠蘭、珍珠蘭、茶蘭、秋蘭、紅柴、魚子蘭、夜蘭、碎米蘭、樹蘭花、暹羅花

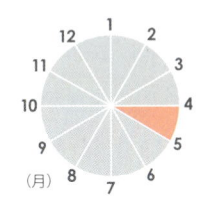

形態特徵

株高約 2～6 公尺，常綠小喬木，樹皮紅褐色，小枝多。一回奇數羽狀複葉互生，小葉對生，3～5 枚革質，倒卵形，葉柄、葉面及花序皆被灰白色痂鱗。圓錐花序生於近枝頂葉腋或頂生，花小型，初為綠色，後轉為淡黃色。

分布於中國東南沿海至中南半島、馬來半島；臺灣平地廣泛栽植。

植物除了能夠反映栽植地點的氣候條件外，也能蘊藏當地的歷史脈絡。

樹蘭的花雖小如米粒，但是組成的圓錐花序卻多且迷人，花帶清香可供燻茶、製線香及提煉香精。這樣美麗且多功能的熱帶植栽雖未原生於臺灣，卻長年栽植於漢人聚落周邊。

根據朱仕玠所撰《小琉球漫志〈卷四〉：暹蘭》，即樹蘭。花細碎如黍，色黃，以種出暹羅，故名。由此可知臺灣栽植的樹蘭種原源自與漢人來往密切的泰國（舊名暹羅），隨著先民由西往東逐漸開拓，樹蘭也隨著開蘭民眾帶往龜山島，並被日治時期的學者尋獲。

▲小葉革質，圓錐花序腋生且具多數黃色花。

▲花萼與花瓣圍成杯狀，開花時僅於先端開出小孔。

小葉樫木

Goniocheton arborescens Blume

科名｜ 楝科 Meliaceae
別名｜ 蘭嶼樫木
植物特徵｜ 碩大的葉片與種實

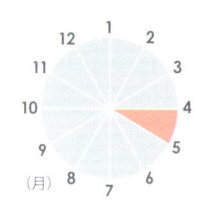

形態特徵

小喬木，小分支光滑。葉互生，羽狀裂葉，小葉 5～7 片，紙質，橢圓形，先端尾狀；葉基漸狹，頂小葉最大，光滑，邊緣全緣。圓錐花序表面被毛，腋生；花苞球形，花萼杯狀，5 裂，齒裂狀；花瓣 5 枚，長橢圓形，凹陷狀，瓣裂；雄蕊筒近球形，先端銳齒緣。蒴果球形，表面光滑，具 3 瓣裂。

廣泛分布於安達曼群島至馬來亞、新幾內亞至北呂宋；臺灣僅分布於蘭嶼。

許多植物科別的成員具有羽狀裂葉的特徵，其中蘭嶼的芸香科植物成員大多具有羽狀複葉或裂葉。筆者在一次偶然機會下，結識了民間自學的植物採集者，並且與他一起前往蘭嶼進行植物種原搜集工作。某次在其引領下見到他口中的「蘭嶼山月橘」

▲首次遇到這種羽狀複葉，且葉肉並無油腺，因此讓筆者持續追蹤觀察。

時，便根據「葉肉並無油腺、種子大型」之形態特徵，推論該物種應非芸香科。在持續觀察追蹤下，方才確認眼前的大型喬木為楝科的小葉樫木。

小葉樫木分布於東南亞諸島間，與蘭嶼樹蘭、穗花樹蘭、蘭嶼擬樫木同為《2017臺灣維管束植物紅皮書名錄》內評定為「易危（VU）」等級的物種，在臺灣地區僅見於蘭嶼西南側叢林內，為臺灣產楝科植物中族群量最少的物種。

小葉樫木為中型喬木，羽狀裂葉簇生於枝條先端，每年春末自葉腋間抽出總狀或圓錐花序，開出白色且開展的花朵，雖然花開時直徑僅約1cm寬，但卻帶有淡雅香氣，不失為具有蘭嶼在地特色的香花植物。

小葉樫木的粉紅色蒴果球形，開裂後露出其中大型且包覆紅色假種皮的種子3枚，種子發芽率極高，因此能夠有效維持蘭嶼當地的野外族群。若適量地蒐集種子進行復育，除了能夠提供校園內充足的遮蔭，也能作為香花植物使用，發揮在地保育種原的功能。

▲蒴果成熟時表面轉為粉紅色。

▲小葉樫木的花朵不大，卻飄散著清雅的香氣。

蘭嶼椌木

Epicharis cumingiana（C. DC.）Harms

科名｜ 楝科 Meliaceae

植物特徵｜ 碩大的葉片與種實、幹生花

形態特徵

中型喬木，小分支密被毛。羽狀複葉，常具 4～5 對小葉，小葉對生或近對生，倒卵狀橢圓形或倒卵狀長橢圓形，紙質，先端具短尾尖；葉基銳尖至鈍形，葉面光滑。總狀花序 1 或多枚位於大型分枝與樹幹上，表面被纖毛。蒴果球形，幼時被毛，成熟時橘黃色，表面具縱向四脊，果 4 瓣裂；內含種子 4 枚。

分布於菲律賓與婆羅洲；臺灣僅見於蘭嶼。

蘭嶼椌木為蘭嶼叢林內常見的中型喬木，小分支末端常見叢生的羽狀複葉，莖幹與分支上具多枚總狀花序，於5月間開出白色而開展的幹生花。

蘭嶼椌木的花期較短，不過果期極長，因此時常能看到球形的橘黃色蒴果。果實表面具4道縱向稜脊，並且具有結痂狀突起，極易與其他種類區分。蒴果成熟後裂成4瓣，露出表面被紅色假種皮的種子。由於蘭嶼椌木的結實率高且果期長，只要栽植環境適當，不失為良好的林下綠化植栽與科學教育材料。以往臺灣相關文獻採用 *Dysoxylum cumingianum* C. DC. 此一學名，本文根據POWO加以訂正。

▲蘭嶼椌木為蘭嶼叢林內常見的中型喬木，羽狀複葉的小葉橢圓形。

◀白色花朵較小，中央可見雄蕊合生而成的雄蕊筒。

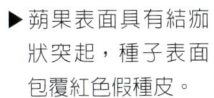

▶蒴果表面具有結痂狀突起，種子表面包覆紅色假種皮。

▲果期極長，因此成為辨識的重要依據。

楝科

雙子葉植物

大花樫木

Epicharis parasitica（Osbeck）Mabb.

科名	楝科 Meliaceae
英名	yellow mahogany
別名	大花桎木
植物特徵	碩大的葉片與種實、幹生花

形態特徵

中型喬木，小分支被毛，後漸無毛。葉 6～7 枚簇生，小葉對生或近對生，紙質，長橢圓形至橢圓形，先端短漸尖，多少歪斜。花序生長於大分枝或樹幹上，常簇生，多極短，為花少數的總狀花序；花瓣 4 枚，長橢圓形。蒴果球形，橘色，幼時被毛，後漸無毛。

分布菲律賓；臺灣僅見於蘭嶼。

大花樫木為菲律賓與蘭嶼分布的中型喬木，在蘭嶼僅見於天池周邊的叢林內。楝科植物的雄蕊花絲多癒合成筒狀的雄蕊筒，包圍著中央的雌蕊，然而臺灣與蘭嶼產楝科植物的花朵多較微小，不便於觀察與說明。大花樫木的花朵大型，開花時花朵直徑可達4cm，加上花瓣開展，能夠輕易地觀察合生成的雄蕊筒，先端具9裂片，雄蕊筒末端內側著生9枚與裂片互生的花藥。

大花樫木的蒴果大型，8月果熟後果皮呈橘色，果皮開裂後露出包覆橘色假種皮的4枚大型種子。大花樫木的花果大型，往往在大型側枝表面開出幹生花，開花時散發清香，加上蘭嶼當地族群的結實率高，只要有足夠的林蔭環境，能作為適當的科教教材。以往臺灣相關文獻採用*Dysoxylum parasiticum*（Osbeck）Kosterm.此一學名，本文根據POWO加以訂正。

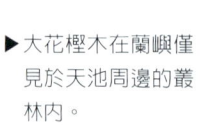

▶大花樫木在蘭嶼僅見於天池周邊的叢林內。

◀大花樫木的花為蘭嶼產楝科植物中最大型者，極易進行觀察。

▶蒴果開裂後可見大型種子與其橘色假種皮。

▲果期較短，但是果實為亮眼的橘色。

毛錫生藤 CR

Cissampelos pareira L. var. *hirsuta*（Buch.-Ham. ex DC.）Forman

科名｜ 防己科 Menispermaceae
英名｜ velvetlea

形態特徵

　　木質藤本，分支圓柱狀，幼分支表面密被毛。葉具長柄，葉片紙質，卵狀三角形，近盾狀，先端鈍、銳尖或具小尖頭；葉基心形，具 7 脈，全緣；葉面疏被長柔毛，葉背被絨毛。雄花序聚繖狀排列於長總梗先端，雌花序懸垂，具有大型心形苞片。核果卵圓形，壓扁狀，表面疏被長柔毛。

　　泛熱帶分布。

　　毛錫生藤在臺灣的發現紀錄頗具戲劇性。1996年《第二版臺灣植物誌第二卷》出版時，引用了兩份1982年與1997年分別採自蘭嶼紅頭至天池與忠愛橋的證據標本，並將其鑑定為蘭嶼土防己，作為植物誌中的繪圖標本。

　　2013年，一張拍攝自蘭嶼「具紅色果實排列成短果序，果實間有明顯葉狀苞片」的防己科植物生態照片被公布，拍攝時也未留下任何標本，隨後該拍攝地點遭颱風引發的洪水淹沒。2014年，遠在臺灣西岸外海的小琉球島上尋獲少量符合上述形態特徵的防己科植物，並於2016年由陳柏豪先生等研究人員描述發表為臺灣新紀錄的錫生藤屬植物「毛錫生藤」，評定其為《臺灣維管束植物紅皮書名錄》的極危（CR）等級，並說明前述採自蘭嶼的引證標本植株被毛，具有「連合成盤狀或杯狀的雄花花瓣，雄花序為繖房狀聚繖花序」，照片內植物體「果序具明顯葉狀苞片」等特徵，應亦為此一物種。

　　直至2019年，筆者與陳柏豪先生一同尋獲蘭嶼產開雄花的個體後，接著筆者在風衝林內也尋獲開出雌花的個體，確認毛錫生藤仍少量分布於蘭嶼的風衝樹林內。

▲毛錫生藤的葉片近盾形，雄花序聚繖狀。

◀雄花花瓣基部聯合成盤狀,花藥聚合成圓形。

◀雌花花萼與花瓣各1枚,表面被毛。

▲雌花序懸垂狀,花序分支基部具有心形苞片。

防己科

雙子葉植物

蘭嶼麵包樹

Artocarpus xanthocarpus Merr.

科名	桑科 Moraceae
英名	Philippine breadfruit
別名	菲律賓猴面果
植物特徵	支持根、碩大的葉片與種實

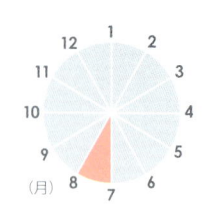

形態特徵

喬木。葉革質，長橢圓形，互生，全緣，兩面光滑，先端具短尾尖；葉基鈍，中脈隆起於下表面，側脈6～8對，於下表面明顯；葉柄表面光滑。雄花序長橢圓形；雌花序腋生，球形。聚合果球形。

分布於菲律賓與婆羅洲；臺灣僅見原生於蘭嶼。

蘭嶼麵包樹與臺灣本島常見的麵包樹不同，不僅葉緣全緣而不裂、葉片先端具尾尖、聚合果與內含的種子較小，加上臺灣罕見引種栽培，因此筆者剛開始前往蘭嶼時遲遲無法尋獲。直到有一回騎車經過蘭嶼橫貫公路時，偶然看見一個貌似桑科榕屬植物的枝條上面竟然有點點白花，才驚覺原來這就是蘭嶼麵包樹。後來走進蘭嶼的叢林後，才發現原來蘭嶼麵包樹的樹皮常具片狀剝落，樹皮顏色較為淺亮，因此在密林裡也能透過樹皮特徵加以辨識。

蘭嶼麵包樹的命名者為美籍學者美林教授（Elmer Drew Merrill），也是最早的菲律賓植物誌奠基者，早年在菲律賓期間曾與早田文藏教授、金平亮三教授等人互相交流與協助鑑定。筆者過去在林業試驗所植物標本館擔任研究助理時，有次剛從蘭嶼採集回來，聽聞同事說：「在臺灣進行植物分類研究的人真是幸福，如果是在菲律賓，只能用百餘年前美林教授所撰寫的遊記當作植物誌查閱。」時至今日，線上版的菲律賓植物誌雖已問世，美林教授的研究成果仍功不可沒，因此作者相信「任何成功都是平日無數小事的累積」，故仿效美林教授細心撰寫遊記的精神，將歷次的採集成果壓製標本並整理文字記錄，累積出一篇篇各地新記錄與歸化植物文稿，以利後續的持續研究。

▲蘭嶼麵包樹基部可見隆起的支持根。

◀ 葉互生，葉片先端具短尾尖。

▲ 花序腋生，開花時微小的花序並不顯眼。

▲ 蘭嶼麵包樹的樹幹表面色淺，主幹直立且高聳。

▲ 聚合果不規則球形，成熟時轉為橘色。

桑科

雙子葉植物

299

尖尾長葉榕 VU

Ficus heteropleura Blume

科名｜ 桑科 Moraceae
英名｜ long-leaf fig-tree, Lanyu fig
別名｜ 尾葉榕、長葉榕
植物特徵｜ 碩大的葉片、附生、纏勒

形態特徵

　　附生灌木至小喬木，分支淺褐色，表面被毛，小分支初被毛。葉革質或紙質，橢圓狀披針形或卵狀披針形，先端尾狀；葉基歪斜而鈍或圓，全緣，三出脈，於葉背隆起；葉柄微被毛，托葉薄膜質，早落。總托黃色、淺橘色至紅色，腋生，球形或扁球形，表面被毛，具多數縱向脊紋與點紋。

　　分布於南亞、中南半島至印尼西側島嶼、海南島等地；在臺灣僅見於蘭嶼。

　　日籍學者鹿野忠雄根據蘭嶼島上昆蟲種類，認為劃分南洋群島的生物地理分界線——華萊士線應該往北延伸至蘭嶼島上，成為一座跨越華萊士線的島嶼；日籍學者金平亮三教授則認為依據臺灣、蘭嶼和菲律賓間特有種數量，應將華萊士線延伸至臺灣和蘭嶼之間。

　　蘭嶼島上有些桑科榕屬植物自

▲尖尾長葉榕為附生性樹種，茁壯後具有纏勒性。

南洋群島局限分布至當地，並未見於臺灣與其他離島，因此只能不遠千里地來到蘭嶼叢林才能一睹風采。尖尾長葉榕即為一例，零星附生在蘭嶼當地溪谷或潮溼山溝內的大樹上。許多榕屬植物的生命力旺盛，極易從枝條上長出不定根，透過扦插進行營養繁殖。筆者在初次造訪蘭嶼天池的路途中，便見到了掛滿橘色榕果的尖尾長葉榕植株，攀附在一株粗壯的大葉山欖上，然而隔年再次造訪，那棵壯觀的尖尾長葉榕便隨著宿主倒伏而死亡。在後來的旅程中，嘗試採取具有不定根的枝條作為穗條進行扦插，卻無法順利存活，可見尖尾長葉榕的零星分布可能與它仰賴種實繁殖有關。

尖尾長葉榕分布於印度東部阿薩姆山區、中南半島至南洋群島西側，跨越了婆羅洲而分布到蘇拉維西島，但並未分布至新幾內亞與澳洲北部，可能與榕果仰賴鳥類啄食藉以傳播的特性有關。

◀枝條具有氣生根，葉片先端呈尾尖。

▲榕果成熟後轉為紅色或橘色，表面具有縱向脊紋與點紋。

對葉榕

Ficus cumingii Miq. var. *terminalifolia*（Elm.）Sata

科名	桑科 Moraceae
英名	Cuming's fig tree
別名	糙毛榕、屈氏榕、克明榕
植物特徵	碩大的葉片

形態特徵

小型常綠喬木或灌木，分支黃色或黃褐色，表面被剛毛。葉對生偶互生，紙質，兩面被剛毛，卵形或長橢圓狀卵形，先端漸尖、銳尖或具小尖頭；葉基歪斜狀鈍，三出脈，波狀緣或鋸齒緣；葉柄表面被剛毛，托葉厚膜質，三角狀披針形。總花托橘色或淺紅色帶黃白斑點，單生或對生，倒卵形或球形，表面粗糙。

局限分布於婆羅洲、蘇拉維西與菲律賓；臺灣蘭嶼和綠島可見。

絕大多數的桑科榕屬植物葉片皆為互生，對葉榕具有對生葉片的形態特徵顯得格外特殊。

對葉榕在蘭嶼和綠島當地森林外圍並不少見，單一枝條上可見對生與互生的葉片，葉腋間或多或少具有橘黃色的榕果。由於榕果是一個隱頭花序，為內凹並膨大後形成的特化花序軸，不免令人聯想到如果原先互生的枝條驟縮後，是否就會形成對生葉序的外觀？

▲ 葉序對生，枝條上可見橘色榕果。

◀ 對葉榕在臺灣僅見於綠島和蘭嶼。

蔓榕 VU

Ficus pedunculosa Miq.

科名｜ 桑科 Moraceae
別名｜ 蘭嶼光葉榕、蘭嶼蔓榕

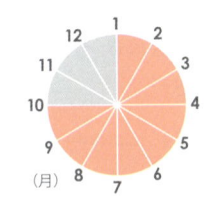

形態特徵

常綠直立灌木，樹皮紅褐色，小分支微被毛。葉片革質，表面光滑或被毛，窄橢圓形，先端銳尖；葉基鈍或楔形，全緣，邊緣反捲，具三出脈，托葉廣披針形，膜質，早落。總花托深紅色至褐色，單生或對生，腋生，近球形或倒卵形，表面被毛；基生苞片3枚，膜質，總梗纖細，微被毛。

菲律賓、緬甸、印尼與新幾內亞可見；臺灣蘭嶼和綠島可見。

蔓榕是桑科榕屬的直立狀灌木，葉片呈倒披針狀窄橢圓形，能在生長於綠島與蘭嶼山區的衝風林處發現它。地質歷史上，東南亞的巽他大陸和當時的新幾內亞、澳洲大陸相連形成的莎湖陸棚受到海洋隔閡，因此成為諸多動植物遷移的阻礙，被視為今日華萊士線成為此一生物地理分界線原因，也讓澳大利亞、新幾內亞的熱帶雨林組成與中南半島有所區隔。

蔓榕主要分布於華萊士線以東，越過中南半島後零星分布於華萊士線以西的印度洋邊的緬甸，反映了華萊士線以東的森林主要成員包括桑科榕屬喬木的森林特徵。

◀ 葉片基部可見三出脈，榕果先端具有圓突。

◀ 蔓榕為直立狀灌木，枝條先端可見多數榕果。

鵝鑾鼻蔓榕

Ficus pedunculosa Miq. var. *mearnsii*（Merr.）Corner

科名	桑科 Moraceae
英名	Garanbi fig
別名	鵝鸞鼻榕、鵝鑾鼻爬崖藤、鵝鸞鼻藤榕
植物特徵	碩大的葉片

形態特徵

　　常綠灌木匍匐於珊瑚礁岩表面，樹皮紅褐色，小分支微被毛。葉片革質，表面光滑或被毛，窄橢圓形，先端銳尖至圓；葉基鈍或楔形，全緣，邊緣反捲，具三出脈；托葉廣披針形，膜質，早落。總花托深紅色至褐色，單生或對生，腋生，近球形或倒卵形，表面被毛，基生苞片 3 枚，膜質，總梗纖細，微被毛。

　　分布於菲律賓；臺灣臺東、恆春半島、蘭嶼和綠島海濱可見。

　　鵝鑾鼻蔓榕生長在臺灣東南部和南部及其離島海濱高潮線周邊的珊瑚礁岩表面，即使是在容易遭受海風與浪花侵襲的軍艦岩也能發現它的蹤跡。

　　蘭嶼東北角的軍艦岩島體略呈啞鈴形，狹長且分東西兩處，兩處島體間具布滿珊瑚礁岩的潮間帶，逢漲潮時便會被海水淹沒，退潮後成為遍布潮池的裸露岩礁。

　　軍艦岩的植物組成與蘭嶼島的海濱植物組成相似，近半數的玄武岩壁裸露且無任何植物攀附，岩石間偶爾可見鵝鑾鼻蔓榕與厚葉榕疏生，成為軍艦岩上少見的灌木。

▲葉片革質，先端銳尖至圓。

◀托葉廣披針形，膜質，早落。

▶榕果球形至倒卵形，腋生於枝條先端。

▲鵝鑾鼻蔓榕原生於鄰近高潮線的珊瑚礁岩上。

桑科

雙子葉植物

綠島榕 NT

Ficus pubinervis Blume

科名｜ 桑科 Moraceae
英名｜ hairy nerved fig, small fig tree
別名｜ 楔脈榕

植物特徵｜ 支持根

形態特徵

常綠喬木具紅褐色、微被毛的小分支。葉革質，表面光滑，倒卵形至長橢圓形，先端短；葉基楔形銳尖，全緣，具 3 條主脈，初級側脈 5～7 對；葉柄短於 1cm，微被毛，托葉線形至卵狀披針形，表面密被毛。總花托黃色或橘紅色，單生或對生，球形或扁球形，表面具小突起；基生苞片缺如；總梗具短褐毛。

廣布於印尼至菲律賓、蘇拉維西與摩鹿加；臺灣僅見於綠島與蘭嶼。

綠島和蘭嶼位於生物地理學者所稱的東洋區內，與北方的舊北區、南方的澳洲區相鄰，透過洋流、季風、颱風或候鳥跨越海洋，增加了兩座島嶼的植物多樣性。

地質歷史上，東南亞的中南半島與大陸棚上的婆羅洲、蘇門答臘島、爪哇島經歷了冰河時期海水退卻形成的陸橋與周邊大陸相連，無法與當時的新幾內亞、澳洲大陸相連形成的莎湖陸棚相連，因此成為諸多動植物遷移的阻礙，被視為今日華萊士線——此一生物地理分界線成因。

受到海洋隔閡的生物有可能透過各種候鳥的傳播跨越海洋，西太平洋側的歐亞大陸與澳洲大陸間具有全球主要的候鳥遷移路徑，綠島榕的種實可能藉由進入候鳥消化道後達成遠距離傳播，使得綠島榕的分布跳過臺灣南部的恆春半島，少量分布於蘭嶼的熱帶叢林中，成為當地具有支持板根的大型喬木；近年已罕見於綠島。

▶葉片倒卵形至長橢圓形，榕果較為大型。

▶葉面僅見單一主脈，葉背可見三出脈。

◀綠島榕為具有大型支持根的直立喬木。

桑科 雙子葉植物

菩提樹

Ficus religiosa L.

外來種 NA

科名	桑科 Moraceae
英名	sacred fig
別名	畢缽羅樹、菩提榕
植物特徵	碩大的葉片、附生

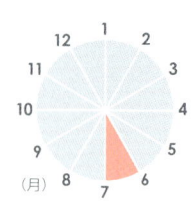

形態特徵

大喬木，幼時常附生。葉卵狀圓形至三角狀卵形，尖端長尾狀漸尖；基部截形或圓形，基脈3條，側脈5～7對。果單生或成對腋生，無柄，熟時暗紫色，扁球形，平滑，臍部略下凹，基生苞片3枚。

分布於印度、緬甸、錫蘭，歸化於南美洲、非洲、西亞、東亞與臺灣平野、琉球嶼，中國與臺灣南部常見栽種供佛教信仰、庭園與觀賞之用。

北回歸線橫跨臺灣中南部，即便是開發較早的平野地區，受到季風、颱風與洋流影響，造就臺灣各地截然不同的生育環境，連帶影響了都市內人為保留或營造的都市森林。

公園是都市森林的重要組成，公園內的群聚樹木提供了都市生態系重要的生態島嶼，各地公園所營造的都市森林並非一成不變，會隨著管理單位的態度、周邊環境的變遷以及使

▲臺南公園內保留了臺灣最大的菩提樹。

用民眾的不同需求而有所改變。1917年，臺南公園在地方政府與市紳共同集資募款下，誕生於臺南古城外的燕潭旁，是首座由官民共同集資建立的公園。園中遍植許多異國熱帶樹種，成為臺南市區重要的都市森林，也保留了臺灣現存最大的菩提樹。

許多人見到菩提樹，都會對它細長的尾狀葉尖印象深刻，甚至許多人會做成葉脈標本與書籤，珍藏在書頁之間。由於菩提樹的葉片懸垂，葉片表面光滑且被蠟質，在它原生的南亞地區每當雨季來臨時，葉面上沾附的雨水能夠很快地順著尾尖滴落至地表，藉此降低水分黏附於葉片表面，減少空氣中真菌孢子沾染與感染的風險。

仔細觀察，會發現菩提樹在長期乾燥後大量落葉，隨後再迅速地開展新葉，這應該是與它原生地具有漫長的乾季後緊接著雨季有關。菩提樹的原生地包括印度南部的德干高原與東南亞的中南半島，該地區多為熱帶季風氣候以及部分乾燥氣候，僅有印度西南部海濱地區為熱帶雨林。菩提樹的適應力極強，能夠在潮溼至乾燥的多種生育地生長茁壯，因此在臺灣從北到南的公園、校園與行道樹綠地，都能見到菩提樹的身影，其甚至能夠藉由鳥類的排遺，從牆面與岩石表面發芽茁壯，具有兼性附生的生長特性。

桑科　雙子葉植物

▲嫩葉紅色，葉片先端可見延長的尾尖。

▲榕果無柄，腋生於新生枝條。

▲由於種子能夠透過鳥類排遺傳播，因此可見歸化後自生的幼苗。

蘭嶼落葉榕 特有變種 NT

Ficus ruficaulis Merr. var. *antaoensis*（Hayata）Hatus. & Liao

科名｜ 桑科 Moraceae
別名｜ 紅莖榕、橫脈榕、蘭嶼榕
植物特徵｜ 碩大的葉片與種實

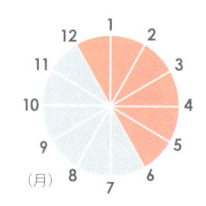

形態特徵

中型落葉喬木，分支淺褐色，具皮孔。葉片乾燥後紙質或膜質，兩面光滑，廣卵形至卵圓形，先端銳尖或具短尖頭；葉基圓，全緣或偶具波狀緣，具3～5條主脈，側脈3～5對；托葉廣披針形或卵形，膜質，表面光滑，早落。總花托橙紅色或深紅色，單生或成對，腋生，表面光滑或扁球形。

在臺灣僅見於南仁山、恆春與蘭嶼。臺灣許多植物標本館留有不少採自臺灣北部山區的蘭嶼落葉榕，應為同樣葉片大型的同屬植物「幹花榕」的錯誤鑑定。

蘭嶼落葉榕的原變種分布在菲律賓、印度尼西亞等地，隨著西太平洋夏季猛烈的颱風與候鳥遷移帶來了種實，在臺灣南部恆春半島與蘭嶼兩處緯度相近、氣候條件較為相似的環境進一步種化為特有變種。

▶榕果多數聚生於側枝先端的簇生葉片下方。

▲葉片大型，掌狀主脈間可見多數橫向側脈。

▲蘭嶼落葉榕是僅見於臺灣南部與蘭嶼的直立落葉型喬木。

桑科　雙子葉植物

311

稜果榕

Ficus septica Burm. f.

科名｜ 桑科 Moraceae
英名｜ angular fruit fig, hauil fig tree
別名｜ 大布榕、大布樹、大葉布、大葉榕、唎仔葉、常綠榕、豬母乳、豬母乳舅
植物特徵｜ 碩大的葉片、幹生花

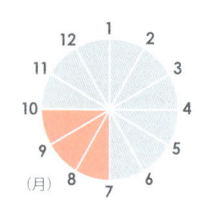

形態特徵

　　常綠喬木，小分支黃褐色，表面光滑。葉紙質，表面光滑，橢圓形、廣卵形或倒卵形，先端短漸尖；葉基鈍或銳尖，全緣，偶歪斜，具3條主脈；托葉膜質，表面光滑，卵狀披針形至線形，早落。總托綠色具白色斑點，具短柄或近無柄，單生或成對，腋生，扁球形具8～11條明顯縱向脊，表面光滑。

　　廣泛分布於東南亞、太平洋諸島、澳洲與琉球群島，臺灣全島低海拔常見。

　　許多桑科榕屬植物的傳粉仰賴榕小蜂寄居。當雄花序內的榕小蜂自蟲瘦花羽化並完成交配後，雄花序內的雄花釋出花粉，以讓飛出雄花序的雌蜂沾上花粉，鑽入另一粒雄花序或雌花序內尋找蟲瘦花產卵。若是鑽入了雌花序，沾著花粉的雌蜂便在一邊找

▲稜果榕為臺灣全島低海拔常見的樹種。

尋蟲癭花產卵的過程中，把花粉沾在雌花柱頭上，完成榕屬植物的授粉過程。

榕小蜂將卵產在蟲癭花內，不僅能讓幼蟲食物來源無虞，幼蟲也能隱匿在花序內降低被天敵捕食的風險，因此榕果與榕小蜂往往被視為「互利共生（mutualism）」的範例。早期的研究成果認為不同的榕小蜂與各自互利共生的榕屬植物具有專一性，是長年共同演化（coevolution）的成果。然而隨著2017年曾喜育教授與國際團隊的研究成果發現，東南亞、臺灣本島與綠島、蘭嶼可見的稜果榕，各地具有分化中的族群結構，各地的遺傳差異正在逐漸累積，原來在臺灣各地的稜果榕果中，能夠發現4種榕小蜂交配與產卵，在不同種榕小蜂的作用下稜果榕逐漸分化成不同類群。雖然榕小蜂的飛行能力有限，但是質量輕盈的牠一旦乘著颱風或進入平流層，便有可能進行遠距離傳播，透過學者們仔細觀察與研究，我們能夠察覺原來漫長的演化成果，其實就在日常生活中一點一點地積累。

由於稜果榕的分布極廣，在生火不易的年代，居民會把稜果榕爛掉的根系剖開，取中央疏鬆的木屑晒乾後作為打火時引火用的火種，裝在竹筒中以備生火之用。

▲在較為潮溼的生育地，可見多數下垂延伸的分支。

▲榕果多數密生於枝條先端。

▲榕果扁球形，表面光滑且具有多條縱向脊稜。

山豬枷

Ficus tinctoria G. Forst.

科名	桑科 Moraceae
英名	dye fig, humped fig
別名	染料無花果、傴僂無花果
植物特徵	支持根、附生

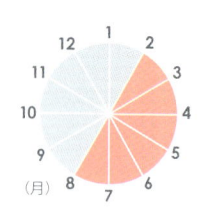

形態特徵

匍匐狀灌木，小分支白黃色至淺褐色，粗糙且被剛毛。葉片革質，橢圓形或卵狀長橢圓形，近銳尖或先端圓；葉基鈍或圓，歪斜，全緣且邊緣常反捲；葉柄粗壯且短，托葉黃白色，膜質，卵狀披針形，早落。總花托黃紅色或橘紅色，單生或成對，腋生，球形或扁球形，先端凹陷，微被毛或被糙剛毛。

分布於澳洲北部、太平洋諸島、印尼、菲律賓、海南島；臺灣南部濱海可見。

島嶼是一處被海洋環繞、令人充滿想像的陸地，對於生態與演化學者而言更是如此，演化學之父——達爾文（Darwin, C. R.）在搭乘小獵犬號的環球航程中看到了被環礁圍繞的島嶼、帶有裙礁的島嶼，以及東太平洋上的熱帶火山群島，理解了地質學家賴耳認為地球上的諸多地景都會隨著漫長的歲月而改變，島嶼與珊瑚礁岩的相對位置說明了海平面的消長，被海洋隔絕而未與大陸相連的諸多島群成為動植物隔離與演化的絕佳場域。

臺灣南部有許多高位珊瑚礁，包括恆春半島、高雄大崗山、半屏山、柴山與旗尾山等，都間接證明了臺灣島逐漸自海底隆起的過程。這些高位珊瑚礁表面時常生長著匍匐的榕屬植物——山豬枷。山豬枷和其他榕屬植物一樣，根系能夠分泌酸性物質藉以分解珊瑚礁岩與水泥，因此除了能夠纏勒在其他喬木上，也能從積水或漏水的水泥牆面成長茁壯。相較於天然的高位珊瑚礁，山豬枷較少纏勒其他喬木，或是造成其他建築物的危害，是熱帶高位珊瑚礁地區這類特殊生境下適生的兼性附生植物。

▲葉片革質，呈橢圓形且先端常鈍圓。

▲山豬枷為匍匐狀灌木，常見於高位珊瑚礁岩表面。

▲榕果球形或扁球形，表面微被毛。

桑科

雙子葉植物

鈍葉毛果榕 NT

Ficus trichocarpa Blume var. *obtusa*（Hassk.）Corner.

科名｜ 桑科 Moraceae

別名｜ 菲律賓藤榕、安氏蔓榕

植物特徵｜ 附生

形態特徵

攀緣性灌木，具有腋生根系，分支深褐色，表面光滑，小分支幼時被褐色毛。葉先端短漸尖、鈍或圓，葉基鈍、圓或心形；葉面光滑，葉背近光滑，具 3～5 條主脈，側脈 4～6 對；葉柄表面疏或密被毛，托葉表面被褐色毛；總托 1～2 枚叢生，球形或倒錐狀，總梗表面被毛。

分布於中南半島、印尼、蘇門答臘、爪哇及菲律賓；臺灣蘭嶼、綠島可見。

鈍葉毛果榕主要分布於華萊士線以西的東南亞地區，並少量分布於華萊士線以東的小型島嶼。日治時期任職於林業試驗所的佐佐木舜一曾於 1935 年在綠島採獲一筆鈍葉毛果榕後，便無人在當地尋獲此一攀緣性灌木，只有在蘭嶼島上才有穩定的鈍葉毛果榕族群。

鈍葉毛果榕的榕果小型，常被緊貼於攀附樹木或岩壁的大型葉片遮蔽，難以被其他植食性鳥類發現。根據友人嘗試，鈍葉毛果榕的穗條無法度過臺北的冬季，可能難以利用營養繁殖的方式拓展族群。

▲主脈與側脈隆起於葉背。

▲榕果成熟時橘紅色，總梗先端膨大。

▲鈍葉毛果榕為攀緣性灌木，葉片先端多圓鈍。

幹花榕 LC

Ficus variegata Blume var. *garciae*（Elm.）Corner.

科名	桑科 Moraceae
英名	cluster fig, Konishi fig
別名	小西氏榕、乳漿仔、奶汁母、宜蘭天仙果
植物特徵	支持根、碩大的葉片、幹生花

形態特徵

　　大型常綠喬木，樹皮灰白色，表面光滑，微被糙毛。葉紙質，光滑，卵形至卵狀披針形，先端銳尖至具小尖頭；葉基鈍或圓，全緣，偶具波狀緣或近齒緣，具三出脈；托葉膜質，微被毛，卵形或線狀披針形。總花托淺綠色，具點紋，幹生，單生或簇生於樹幹上的大型分支，扁球形，總梗纖細，表面光滑。

　　分布於琉球、菲律賓與蘇拉維西；臺灣全島與蘭嶼低海拔可見。

　　如果提起熱帶叢林裡的大板根，許多人都會想起恆春熱帶植物園裡高聳的銀葉板根，或是蘭嶼叢林裡可供取材製作拼板舟的臺東龍眼、欖仁舅或綠島榕。其實在全年一樣潮溼多雨的北臺灣潮溼森林內，也有高聳可達1公尺的大板根樹種，它就是幹花榕。

　　在臺北盆地東南隅山區可見到不

▲幹花榕為臺灣南北兩端分布的樹種，樹身高大且直立。

▲幹花榕具有發達的大板根。

少植株高大的幹花榕,灰白色的樹幹基部具有高聳成板狀的支持根,成為此處山區的特殊植物景觀。許多亞熱帶陸地由於受到行星風系影響,降雨多集中在夏季,然而冬季時臺灣北部受到東北季風影響,來自西伯利亞本應乾燥的季風經過了黃海與東海海面後飽含水氣,造成臺灣北部成為世界少見的冬雨區,全年生育地潮溼的棲地條件與地處熱帶的蘭嶼、綠島和恆春半島類似,加上臺北盆地東南山區夏季午後常因熱對流而成西北雨,冬季更時常細雨紛紛,因此自清代以來即為產茶地區,多數山坡地開墾為茶園,而碩果僅存的幹花榕個體就更顯得彌足珍貴,若干步道旁的植株被列為新北市珍貴樹木。

幹花榕的中名來自於它灰白色樹幹上時常可見淺綠色的總花托簇生,也是許多熱帶樹種可見的「幹生花」特性,由此可知它對於氣候條件的適應力極強。

▲幼苗與萌蘗枝條的葉片邊緣疏齒緣。

▲成葉大型且葉緣光滑。

桑科

雙子葉植物

桑科

雙子葉植物

▲榕果密生於主要側枝或主幹表面。

▲榕果基部具細梗,連接到粗短的總梗。

越橘葉蔓榕 特有種 LC

Ficus vaccinioides Hemsl. ex King

科名	桑科 Moraceae
英名	Formosan creeping fig
別名	瓜子蔓榕

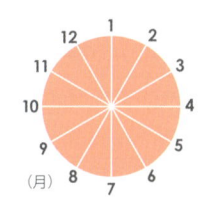

形態特徵

　　小型常綠匍匐灌木，莖上生根；小分支深褐色或紅褐色，漸無毛。葉紙質，兩面疏被剛毛，倒卵狀橢圓形，先端鈍或近銳尖，基部鈍或銳尖，全緣，三出脈；葉柄表面被毛。總花托成熟後變黑，單生或成對生長，腋生，球形或卵形表面被毛，基生苞片3～4枚，膜質，微被毛，總梗缺如或極短。

　　生長於臺灣東部海濱至中海拔地區。

　　越橘葉蔓榕為臺灣與蘭嶼的特有種，為臺灣產榕屬植物中體型最小、最適合栽種為地被植物的種類。在蘭嶼當地的傳統建築中，偶與馬尼拉芝（韓國草）合用，作為穩定邊坡、庭園草坪之用。園藝上可善用它叢生攀附的特性，加上葉片整齊翠綠，帶有深紅色隱花果，且果期長等特性，培育成為小品盆栽與地被護坡景觀植栽。此外，它的萌蘗能力強，極易利用扦插繁殖，降低了培育與養護的成本，因此近年來常見應用於臺灣各地的新建綠地或住宅，唯本種對於栽培基質的排水要求較高，若是土壤中黏土成分較多，不建議採用此一植栽。

▲越橘葉蔓榕為臺灣產榕屬植物中體型最小、最適合栽種為地被植物的種類。

◀葉片整齊翠綠，帶有深紅色隱花果。

白肉榕

Ficus virgata Reinw. ex Blume

科名｜桑科 Moraceae
英名｜fig, figwood
別名｜島榕

植物特徵｜支持根、附生、纏勒

形態特徵

中型常綠喬木，多為附生，小分支淺黃色或黃褐色，表面光滑。葉革質，兩面光滑，長卵形，先端漸尖或短尾狀，基部鈍且歪斜，全緣，具三出脈；托葉薄膜質，黃白色，披針形，早落。總托橘黃色至紅紫色泛褐色，單生或成對，腋生，卵形，表面光滑，基生苞片缺如。

分布於琉球、菲律賓、印尼、新幾內亞、索羅門、太平洋諸島；臺灣全島低海拔可見。

白肉榕又稱「島榕」，是廣泛分布於亞洲與太平洋諸島的中型常綠喬木，也是能夠藉由鳥類傳播的初級半附生植物。由於白肉榕的長卵形葉片葉基寬大而歪斜，先端漸尖或短尾

▲如果順利成長的話，也能長成開展狀的傘狀樹冠喬木。

狀，加上新生莖條表面淺黃色或黃褐色，極易與其他桑科榕屬植物相區隔。

在筆者小學參加校外教學時，曾經聽過島榕歪斜的葉片就像臺灣島的形狀一樣，因此稱為島榕，長大之後實際參與導覽解說課程後，逐漸能夠理解解說員們努力透過自身周邊可以取得的解說資源，配合流利和便於理解的內容，讓學員對於解說素材印象深刻的苦心。

白肉榕的榕果成熟時總托會由橘黃色逐漸轉為紅紫色，藉此吸引都市內的鳥類啄食，種實再通過消化道後隨著排遺掉落地面傳播發芽，傳播方式與生長位置與都市內常見的同屬半附生植物 ── 榕樹、雀榕相似。白肉榕是都市森林內頗為優勢的初級半附生植物，如果順利成長的話，也能長成開展狀的傘狀樹冠喬木。

桑科 雙子葉植物

▲榕果成熟時總托會由橘黃色逐漸轉為紅紫色。

◀白肉榕的長卵形葉片葉基寬大而歪斜，先端漸尖或短尾狀。

323

蘭嶼肉荳蔻

Myristica cagayanensis Merr.

科名	肉荳蔻科 Myristicaceae
英名	cagayan nutmeg
別名	卵果肉荳蔻、臺灣肉荳蔻、大實肉荳蔻、蛋果肉荳蔻
植物特徵	碩大的葉片與種實

形態特徵

　　大型常綠喬木，葉背多為白色或蒼白色，常被紅色絨毛，中肋於葉面凹陷，小脈網狀。花序聚繖狀，繖形或圓錐狀，花少數，腋生或著生於尾狀葉片葉腋；花具梗，苞片著生於花梗基部，宿存；花被片鐘狀或壺狀，3 裂。果常大型，長橢圓形、卵形或球形，果皮厚，肉質，假種皮基部合生，先端流蘇狀。

　　蘭嶼肉荳蔻是菲律賓北部與臺灣蘭嶼、綠島可見的常綠喬木，黝黑的樹皮和厚革質、葉背蒼白的葉片，遠看和臺灣南部、蘭嶼可見的另外一種熱帶樹種 —— 毛柿相似。

　　肉荳蔻屬植物的花極不顯眼，花被片鐘狀或壺狀，先端3裂，不易從濃密的葉叢中發現，不過它們的果實就顯眼多了。蘭嶼肉荳蔻的果實由兩枚心皮合生呈橢圓形，4～5cm長，表面

▶花少數，腋生。

◀花被片鐘狀或壺狀，先端 3 裂。

被褐色伏絨毛，成熟時會順著表面的縫紋裂開，露出當中紅色的假種皮與褐色具光澤的種子1枚。

　　蘭嶼肉荳蔻的假種皮富含油脂，淺嚐時帶有苦味，以往仰賴人力捕魚的年代，達悟族人會帶著肉荳蔻的假種皮出海，抵達適當海域後，把嚼爛的假種皮末投入海中，藉由滲出的油脂讓光線得以折射，以便得知海水中的魚況如何。

　　蘭嶼當地有兩種肉荳蔻屬植物，多生長在深山森林中，所幸在東岸的珠光鳳蝶保育區旁，植有能夠開花結果的蘭嶼肉荳蔻，因此得以在環島公路旁與這樣美麗又實用的果實相遇。此外，臺灣南部許多大型公園綠地，以及北部若干公共綠地可見栽植，亦能順利開花結果。

　　以往臺灣的相關文獻採用 *Myristica ceylanica* A.DC.var. *cagayanensis*（Merr.）J. Sinclair，將本種視為錫蘭肉荳蔻的變種，然而近年分類學者將其另列為一種，與僅產於斯里蘭卡的錫蘭肉荳蔻為不同種類。

▲蘭嶼肉荳蔻是高大的熱帶喬木，果實碩大而顯眼。

▲果實開裂後，露出當中紅色的假種皮與褐色具光澤的種子1枚。

紅頭肉荳蔻

Myristica simiarum A. DC.

科名｜ 肉荳蔻科 Myristicaceae
別名｜ 菲律賓肉荳蔻、圓實肉荳蔻、毬果肉荳蔻
植物特徵｜ 碩大的葉片與種實

形態特徵

中型常綠喬木，雌雄異株，小分支褐色；葉片橢圓形、卵狀橢圓形或卵形，葉面具光澤，葉背蒼白。雄花序分支多數，總狀花序分支排列成繖形；花被片3裂，黃色，表面被伏生絨毛或長柔毛；雌花序短。果球形，橘色，球形至短橢圓形假種皮深紅色，具有多數分裂片。種子深褐色，球形。

分布於菲律賓、婆羅洲、蘇拉維西；臺灣蘭嶼可見。

相較於蘭嶼肉荳蔻的常見引種與廣泛栽植，紅頭肉荳蔻是蘭嶼當地較少見，僅見於當地山區叢林內，在《臺灣維管束植物紅皮書名錄》中列為瀕危等級的喬木。紅頭肉荳蔻的葉片、果實與種子較小，果皮表面光滑而不像蘭嶼肉荳蔻被糙毛，加上生長位置較偏僻，因此未見引種與廣泛栽培。

紅頭肉荳蔻的生育地林相完整而鬱閉，樹冠下未見順利萌芽成長的幼株，不過它的種子發芽率極高，能夠有效地進行異地保種和育苗工作。它的樹高不若蘭嶼肉荳蔻，成株後的木材利用價值較低，因此長成後的教育意義大於實際利用價值。

以往臺灣的分類學者採用 *Myristica elliptica* Wall. ex Hook. f. & Thomson. var. *simiarum*（A. DC.）J. Sinclair此一學名，將其視為分布於泰國、馬來西亞、婆羅洲與蘇門答臘的物種 —— 橢圓肉荳蔻的一變種。然而近來分類學者恢復*Myristica simiarum* A. DC.此一分類觀點，認為其分布於菲律賓、婆羅洲與蘇拉維西。不過，國外分類學者認為蘭嶼的族群是人為栽培後逸出者，並非如臺灣學者認為的原生瀕危物種，然根據現地觀察心得，筆者也認同臺灣學者的觀點，認為本種應為原生類群。

▲總狀花序分支排列成繖形，花被片3裂，黃色。

▲葉背蒼白，雄花序分支多數，總狀花序分支排列成穗形。

▲紅頭肉荳蔻在蘭嶼當地僅見於山區叢林內。

▲果球形且表面橘色，球形至短橢圓形假種皮深紅色。

肉荳蔻科

雙子葉植物

雨傘仔 特有種 LC

Ardisia cornudentata Mez

科名｜ 報春花科 Primulaceae

形態特徵

灌木，分支光滑。葉片革質，先端銳尖或偶為漸尖，鋸齒緣或銳齒緣，兩面光滑；葉柄光滑。開花分支光滑，花序繖形或密生的繖房花序，頂生分支具有少量葉片；花萼裂片圓，表面光滑；花冠裂片卵形，粉紅色或淺紫色，雄蕊花藥部分聚生。果紅色。

筆者求學時期從未出國，甚至連臺灣本島都沒離開過。這樣「本土俗」的人生資歷保持到退伍後，直至因緣際會進入林業試驗所植物標本館（TAIF）有了改變。

2008年具有豐富野外採集經驗的呂勝由博士指示我前往蘭嶼蒐集當地產的雨傘仔葉片樣本，以便分析臺灣本島與各離島間的遺傳多樣性。因此，雨傘仔成為了讓我前往蘭嶼的契機。

對於當時並不知道什麼是雨傘仔的我，獨自一人進行一連5天的未知物種探集，彷彿是一場探險行程，但也開啓了我對於這座熱帶島嶼的熱愛。即便2年後離開了植物標本館的助理工作，但仍保持著每年前往蘭嶼當地至少2趟，歷時12年的蘭嶼植物探險之旅。

雖然蘭嶼的雨傘仔葉片較厚，葉緣因質地增厚以及不同生育地土壤含水量不同，與臺灣南部及恆春半島的雨傘仔有若干形態差異，海洋的隔閡可能造成傳粉與種實傳播的限制導致不同族群間的基因交流受阻。這些素材都能讓不同的植物學家陳述出不同的故事，寫出無數篇論文加以發表，擴展視野與舒適圈的旅程更能刺激一個人心靈的成長與茁壯。

▲雨傘仔為臺灣特有種，分布於恆春半島、蘭嶼和綠島林緣。

報春花科 雙子葉植物

▲花序繖形或密生的繖房花序，頂生分支具有少量葉片。

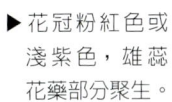

▶花冠粉紅色或淺紫色，雄蕊花藥部分聚生。

◀果球形，成熟時為紅色。

329

蘭嶼紫金牛

Ardisia confertiflora Merr.

科名｜ 報春花科 Primulaceae

別名｜ 蘭嶼樹杞、濱樹杞

植物特徵｜ 碩大的葉片

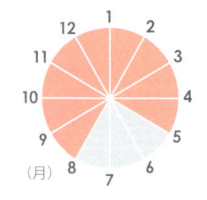

形態特徵

灌木達 2 公尺高，莖光滑。葉片革質，新鮮時帶肉質，倒卵形，邊緣全緣，表面光滑，微帶或不具小刻點，側脈不明顯，近無柄。花序繖狀或蠍尾狀，腋生，具總梗；花粉紅色，花萼裂片圓形，具黑色刻點，表面光滑，邊緣具纖毛；花冠裂片廣卵形，具黑色刻點。果球形，成熟時轉為黑色。

分布於印度、印尼、馬來西亞、越南與菲律賓；臺灣蘭嶼與綠島海濱開闊處可見。

蘭嶼紫金牛是蘭嶼海岸可見的大型灌木，特別是在靠近海邊的旱芋田內，時常可見它兀立在田埂上，或是成排地保留，作為濱海一側的擋風綠籬。蘭嶼紫金牛的葉片革質，葉面具有光澤，花季時開出成團的粉紅色花朵，加上果季時結出紅色至紫黑色的核果，極具觀賞價值，因此早已引進臺灣栽培，作為景觀綠籬之用。結果期間，耕種的蘭嶼居民會在農忙後順手採下帶回家，多汁且略帶酸甜的滋味，成為小孩的零嘴。

蘭嶼紫金牛曾於1911年由早田文藏教授發表為*Ardisia kotoensis*此一新種，後來在《臺灣植物誌》中改採*Ardisia elliptica*此一學名，然而此學名所指的應該是臺灣各地栽培為高綠籬的物種 —— 春不老，因此應當改採1910年發表，其模式標本產地為菲律賓巴丹島的*Ardisia confertiflora*此一學名比較適合。

▶花季時開出成團的粉紅色花朵。

▶結果時紅色至紫黑色的核果。

◀蘭嶼紫金牛是蘭嶼海岸可見的大型灌木。

報春花科

雙子葉植物

高士佛紫金牛

Ardisia kusukuensis Hayata

科名｜ 報春花科 Primulaceae

植物特徵｜ 碩大的葉片

形態特徵

　　肉質亞灌木達 30 公分高，莖直立，幼枝微被毛。葉片倒披針形、橢圓形或長橢圓狀倒卵形，先端銳尖或漸尖；葉基楔形至漸狹，邊緣鋸齒緣；葉面綠色光滑，葉背灰綠色漸無毛，葉柄幼時微被糙毛。繖形花序，腋生或頂生；花紅色或白色，花萼裂片線狀三角形，花冠裂片卵形。果球形，紅色。

　　臺灣恆春半島低海拔可見。

　　高士佛紫金牛是植株低矮的灌木，在許多紫金牛屬植物混生的恆春半島，多數熱帶植物的幼葉與成葉形態不同，因此若不是開花結果，很容易誤以為是其他紫金牛屬植物的幼苗。

　　臺灣南北兩端的潮溼森林孕育了不少混生的紫金牛屬植物，在臺灣北部森林內除了喬木類型外，即為匍匐狀生長的紫金牛屬植物。在恆春半島森林內多了像高士佛紫金牛這類低矮灌木型的同屬植物，可能是受到恆春半島冬季強勁的落山風影響，限制了大型喬木生長，才孕育這類灌木型的紫金牛屬植物。

▲高士佛紫金牛是植株低矮的灌木。

▲繖形花序腋生或頂生。

◀未熟果綠色，表面光滑。

◀果實成熟後轉為紅色。

報春花科　雙子葉植物

小葉樹杞

Ardisia quinquegona Blume

科名｜ 報春花科 Primulaceae
別名｜ 羅傘樹、稜果紫金牛、火炭樹

形態特徵

灌木或小型喬木，分支纖細，幼時暗褐色。葉紙質，長橢圓形、長橢圓狀披針形至倒卵形，先端長漸尖或漸尖；葉基銳尖、楔形或漸狹，邊緣全緣；葉背淺綠色帶褐色腺點。聚繖花序或近繖形花序，花粉紅色至白色、花萼裂片三角形，帶纖毛；花冠裂片廣橢圓狀卵形。漿果扁球形，多少具 5 稜，黑色。

分布於印度、中南半島、中國、琉球與日本；在臺灣中北部與恆春半島低至中海拔可見。

紫金牛屬植物廣布於全球熱帶與亞熱帶，物種繁多且許多類群往中緯度擴張，小葉樹杞的主要分布區域在南亞與東南亞熱帶地區，並沿著琉球島弧延伸至日本本島。

在臺灣，小葉樹杞主要分布於臺灣北部潮溼的森林，以及恆春半島至東南部潮溼森林內，零星分布至臺灣西北部苗栗山區。國中時期筆者的地理老師曾提到臺灣西北部的大安溪是一處地理分界線，往北冬季較為潮

▲小葉樹杞主要分布在臺灣北部潮溼的森林內，零星分布於恆春半島至東南部潮溼森林內。

溼，往南冬季較為乾燥，因此成為許多水果產地的分界線。臺灣東部受到山脈的引導，讓恆春半島的冬季同樣受到東北季風影響。類似的降雨條件，小葉樹杞卻僅早年紀錄於綠島、蘭嶼等離島，可見小葉樹杞的生長除了降雨條件外仍有其他限制因子。小葉樹杞的萌蘗性強，花季時經常能發現萌蘗枝條先端開出了細緻的花朵，容易被誤認為是同屬的其他灌木型種類。

報春花科

雙子葉植物

▶ 花粉紅色至白色，花冠裂片廣橢圓狀卵形。

▲ 漿果扁球形，多少具 5 稜，黑色。

日本山桂花

Maesa japonica（Thunb.） Moritzi ex Zoll.

科名｜ 報春花科 Primulaceae

別名｜ 伊豆千兩

形態特徵

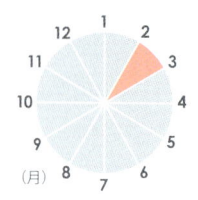

攀緣狀或直立灌木，莖表面被少量毛，漸無毛。葉革質，橢圓形或披針形，先端漸尖或銳尖；葉基漸狹或圓鈍，邊緣全緣、疏齒緣或密齒緣；葉面光滑具光澤，葉背色淺略帶褐色。總狀花序或圓錐花序腋生，表面微被毛；花白色，花萼裂片卵形至圓形，花冠筒鐘狀。果球形或卵形，具宿存花萼與花柱。

中國南部至西南部、日本與臺灣低至高海拔可見。

山桂花屬植物廣布於亞洲與非洲的熱帶與亞熱帶地區，尤以東南亞為種原中心，本屬曾根據親緣關係分析的成果獨立為山桂花科，近年來被廣泛接受納入報春花科中。

臺灣本島具有三種山桂花屬植物，都分布在森林邊緣向陽處，其中主要分布於臺灣北部、東北部，並沿著海岸山脈往南延伸至臺東一帶山區的攀緣狀至直立灌木物種為日本山桂花，其具有懸垂且花冠裂片短於花冠筒的白色花冠；與植株直立、花冠裂片和花冠筒近等長的臺灣山桂花不同。在花蓮與臺東海岸山脈林緣也能看到這兩種山桂花屬共存，但日本山桂花的個體數量明顯漸少。日本山桂花為本屬成員中分布最北的物種，應為熱帶起源類群進駐溫帶後形成的類群，臺灣的族群是本種邊際分布至熱帶森林底層的樹種。

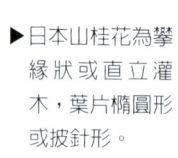

▶日本山桂花為攀緣狀或直立灌木，葉片橢圓形或披針形。

報春花科 雙子葉植物

▶ 總狀花序或圓錐花序腋生，花白色。

◀ 果球形或卵形，具宿存花萼與花柱。

蘭嶼山桂花

Maesa lanyuensis Yuen P. Yang

科名｜ 報春花科 Primulaceae

形態特徵

直立灌木，莖表面光滑。葉紙質或近革質，倒卵形至橢圓形，先端圓、鈍、銳尖至漸尖；葉基銳尖、鈍或近圓形，邊緣鋸齒緣，兩面光滑；葉柄表面光滑。圓錐花序具有少量分支，表面光滑；花白色，花萼裂片卵圓形，表面光滑，全緣；花冠鐘狀，裂片卵形，表面光滑，全緣，先端鈍，花梗表面光滑。果球形。

蘭嶼、綠島與基隆林緣或路旁可見。

山桂花屬為小型直立或斜倚灌木，在蘭嶼和綠島僅見蘭嶼山桂花一種，偶見於當地海濱向陽林緣。以往在基隆市的淺山森林紀錄有兩種：臺灣山桂花（*Maesa perlaria* var. *formosana*）與日本山桂花（*M. japonica*），近年則於八斗子海濱山崖灌叢尋獲本種。由於族群量低，因此應屬近年遷入臺灣本島的新紀錄。類似的分布情形也發生在豆科的海濱灌木：濱槐（*Ormocarpum cochinchinensis*），以及莎草科的布氏宿柱薹（*Carex wahuensis*），除了蘭嶼和綠島海濱外，濱槐也在基隆和平島生長少量個體，布氏宿柱薹則零星分布於金山岬至八斗子之間沿岸岩縫間；由於濱槐與布氏宿柱薹的果實皆能藉由海漂傳播，因此極有可能藉此在基隆落地生根。

▲蘭嶼山桂花為直立灌木，葉片倒卵形至橢圓形。

◀圓錐花序具有少量分支,花白色。

▲果球形,在蘭嶼和綠島的原生地內結實率甚高。

報春花科

雙子葉植物

賽赤楠 NT

Syzygium acuminatissimum（Blume）DC.

科名｜ 桃金孃科 Myrtaceae
英名｜ willow-leaf eugenia
別名｜ 肖蒲桃、黑珍珠、荔枝母、火炭木、銳葉赤楠、銳葉赤蘭
植物特徵｜ 碩大的種實

形態特徵

常綠中型喬木，小分支微4稜。葉對生或偶近互生，近革質至革質，橢圓形、卵形或倒卵形，先端漸尖具小尖頭；葉基銳尖或漸尖，光滑，邊緣全緣，中脈隆起於葉背。圓錐花序聚繖狀，頂生或腋生，總梗明顯具4稜，花瓣小型，雄蕊多數。果球形，表面光滑，成熟時紫紅色，頂端凹陷；種皮與果肉合生。

分布於中國南部、中南半島至菲律賓；在臺灣僅見於蘭嶼和綠島，並引種栽植於恆春半島和南部。

賽赤楠的植株外形、葉形和臺灣本島、蘭嶼可見的赤楠屬植物相似，因此被冠上賽赤楠的中名，並且曾被早田文藏教授於1913年發表為新種，直到1964年方由時任屏東農專、獨鍾蘭嶼的張慶恩教授正名為*Acmena acuminatissima*（Blume）Merr. & Perry。

不過，賽赤楠屬近年被併入赤楠屬內，因此賽赤楠的學名也隨之更動，並認定其廣布於東南亞與中國東南部，可見兩者真的極為相像。若是從景觀價值而言，賽赤楠可是「勝」過於赤楠。除了賽赤楠常綠且葉片帶紅色的特徵外，它的果實大而明顯，果皮顏色為獨特的紫紅色，加上其果皮質硬且乾燥，不易吸引鳥類啄食，反而讓它能夠長時間地留在枝梢，增加了景觀價值。

▶花朵微小，花瓣微小且極早脫落。

▲賽赤楠的圓錐花序聚繖狀，頂生或腋生。

▲果球形，成熟時紫紅色。

桃金孃科

雙子葉植物

341

密脈赤楠 特有變種 NT

Syzygium densinervium Merr. var. *insulare* C. E. Chang

科名｜　桃金孃科 Myrtaceae

植物特徵｜　大型的葉片

形態特徵

小喬木，分支光滑，淺褐色或灰色，具 4 稜。葉倒卵狀長橢圓形，厚革質，先端鈍或偶具小尖突；葉基漸狹或鑷合狀，表面光滑，側脈多數。花聚生成頂生聚繖花序，花序分支粗壯，花瓣與花萼合生成萼筒，花萼漏斗狀，表面光滑，雄蕊多數。果卵狀長橢圓形，表面光滑，成熟時紫紅色，表面具花萼裂痕。

分布於菲律賓，本變種特產蘭嶼與屏東。赤楠的中名反映了華人對於此類植物的印象，「楠」意指生長於華人世界南方的樹木，「赤」描述了其新葉紅色的特徵，由於赤楠屬植物的木材多細緻而堅硬，因此能被用來雕刻或製成手工具的握柄。

許多熱帶樹種的新生嫩葉葉綠素含量較低，因此展現出紅色的原色，赤楠屬植物廣布於舊世界熱帶、亞熱帶地區與太平洋諸島，為許多當地森林的主要成員，因此紅色的嫩葉曾被視為熱帶樹種的特徵之一。密脈赤楠是臺灣特有變種的赤楠屬植物，在蘭嶼當地有穩定族群，除了嫩葉帶鮮紅色外，花苞、花萼與結出的果實也呈現紫紅色，加上開出的白色花朵會密生成繖形，若能多加引種栽培，應能成為良好的高綠籬樹種。

▲密脈赤楠常見於小天池周邊森林，但在當地其他山區森林內極為少見。

桃金孃科

雙子葉植物

▶花聚生成頂生聚繖花序，花瓣與花萼合生成萼筒。

◀花萼與結出的果實呈現紫紅色。

343

十子木 LC

Decaspermum gracilentum（Hance）Merr. & Perry

科名｜桃金孃科 Myrtaceae
別名｜子楝樹

形態特徵

常綠灌木，具多數分支，小分支與芽被毛。葉對生，革質，卵狀長橢圓形至長橢圓狀披針形，先端尾狀漸尖；葉基銳尖，葉面具光澤，葉背具腺點。花具多數雄蕊，短腋生或頂生聚繖花序，花梗被纖毛，花萼鐘狀，表面被纖毛。漿果球形，4～5稜，花萼筒宿存；種子3～4枚。

分布於中國東南部；臺灣恆春半島可見。

十子木的中名源自於其屬名，描述果實內最多含有10枚種子。該屬廣布於熱帶亞洲與太平洋諸島，在臺灣僅有一種。其實十子木的果實並不大，果徑小於1cm，加上它的果實內含多數種子，可想而知它的種子微小。

昔日筆者開始蒐集身邊可見的樹木種子時，就用身邊既有的器具著手淘洗十子木成熟的種實，後來發現種子極為細小，很容易卡在過濾用的金屬網目間。

雖然種子微小，但萌芽快速不易儲藏，應為異儲型種子。可見種實大小與其適合的儲藏方式並無絕對關聯，必須仰賴長時間的經驗累積才能掌握。

▲十子木具有短腋生或頂生聚繖花序。

▲十子木的果實並不大，內含多數種子。

細脈赤楠 特有種 DD

Syzygium euphlebium (Hayata) Mori

科名 | 桃金孃科 Myrtaceae

形態特徵

中型喬木，表面光滑，淺灰色或褐色。葉對生，革質，橢圓形或倒卵形，先端尾狀漸尖，偶鈍；葉基漸狹或楔形，葉面側脈不明顯，葉背側脈較為明顯，葉柄纖細。聚繖花序頂生或腋生，圓錐狀，花梗短，表面光滑；苞片微小，花萼筒裂片 4 齒裂，花瓣早落，雄蕊多數。果橢圓形，先端具宿存萼片。

臺灣產赤楠屬植物種類並不算多，但由於形態多變，加上植株高大的種類不易採得花果等重要特徵，因此光靠雙手可及的旺盛枝葉，多半僅能確定到屬的位階，所幸赤楠屬植物的木材性質相似，能夠辨別樹種為赤楠屬已能滿足許多居民的生活所需。

細脈赤楠為恆春半島的特有樹種，往往具有倒卵形且基部漸狹的葉片，成熟的核果橢圓形，可與植株高度類似的同屬植物 —— 臺灣赤楠相區隔。細脈赤楠的嫩葉帶有紅色，葉片先端明顯具有尾突，被視為有利於快速導流葉面積水的形態特徵，因此應為適生潮溼環境下的熱帶樹種。在高雄與屏東地區已可見引種作為路樹或行道樹之用。

▲花萼筒裂片 4 齒裂，花瓣早落，雄蕊多數。

▲細脈赤楠為恆春半島的特有樹種，具有倒卵形且基部漸狹的葉片。

▲果橢圓形，先端具宿存萼片。

臺灣赤楠 特有種 LC

Syzygium formosanum（Hayata）Mori

科名	桃金孃科 Myrtaceae
英名	Taiwan eugenia
別名	大號犁頭樹、赤蘭、赤楠、尖萼赤楠、尖萼蒲桃、番仔掃箒

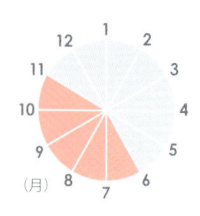

形態特徵

　　常綠喬木，分支光滑，小分支剖面略呈四角形。葉對生，革質，長橢圓形至倒卵形，先端鈍至漸尖，短尾尖，基部銳尖至漸狹，革質，光滑具光澤；葉背具腺點。圓錐狀聚繖花序頂生或腋生，苞片小，花萼筒裂片鐘形，先端近截形，花瓣圓形，先端具尾尖，雄蕊多數。核果圓形，由綠轉暗紅。

　　臺灣赤楠廣布於臺灣全島低至中海拔森林內，尤以南部與東南部森林內居多，同樣具有紅色的嫩葉，卻不免令人懷疑它是否為熱帶樹種。

　　其實熱帶樹種往高緯度地區擴散並且種化的案例不勝枚舉，尤其是桃金孃科這類在原生熱帶地區極具多樣性的類群，很有可能在它豐富的基因庫內孕育出適合涼爽環境的後代。

　　雖然臺灣赤楠廣布於臺灣本島，但它的模式標本是由川上瀧彌於1906年採自屏東龜子角山區，有寬圓且先端具突起的葉片以及密生的花序，也是在日人前往南部熱帶叢林探險時尋獲的臺灣熱帶新種。

▲臺灣赤楠廣布於臺灣本島，具有寬圓且先端突起的葉片。

▶臺灣赤楠具有紅色的嫩葉。

◀核果圓形,由綠轉暗紅。

▲圓錐狀聚繖花序頂生或腋生。

桃金孃科

雙子葉植物

347

高士佛赤楠

Syzygium kusukusense（Hayata）Mori

科名	桃金孃科 Myrtaceae
英名	Hengchun eugenia
植物特徵	碩大的葉片

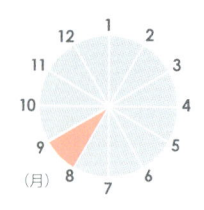

形態特徵

中型喬木，小分支具 4 稜，淺褐色。葉對生，革質，長橢圓形、卵狀長橢圓形或卵狀披針形，先端鈍；葉基銳尖或漸狹，明顯具腺點，邊緣微反捲，中脈於葉面凹陷，隆起於葉背，側脈纖細但於兩面明顯，於邊緣聯合。頂生短聚繖花序，花萼筒鐘狀，花瓣基部合生，雄蕊多數。果球形。

恆春半島特有種。今日的恆春半島被臺灣民眾視為充滿熱帶風情的度假勝地，殊不知在一個世紀前，恆春半島被日本採集家視為亟待探索的熱帶叢林。

西元1912年6月先後採自高士佛駐在所的不具名標本被送往日本帝國大學供植物學者研究，並於隔年所編繪而成的《臺灣植物圖譜》中先後發表為「細脈赤楠」以及花序與葉片密生的「高士佛赤楠」。

排除人為引進栽培的其他桃金孃科植物，高士佛赤楠具有臺灣本島產桃金孃科植物中最大型的葉片，卻也是該科分布最為局限的植物，所幸其原生地位在墾丁國家公園範圍內，因此並無立即絕滅的威脅。

▲高士佛赤楠具有臺灣本島產桃金孃科植物中最大型的葉片。

桃金孃科 雙子葉植物

▲聚繖花序軸短且花朵聚生,花萼筒鐘狀,花瓣基部合生。

◀核果球形,成熟時由綠轉為紫紅色。

疏脈赤楠

Syzygium paucivenium (Robins.) Merr.

科名｜　桃金孃科 Myrtaceae

植物特徵｜　碩大的種實

形態特徵

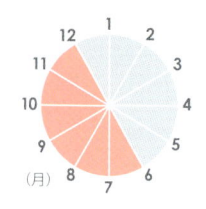

　　小型喬木，小分支濃密，圓柱狀。葉革質，倒卵形或橢圓形，先端與基部圓形，偶具極短漸尖基部，邊緣微反捲，中脈隆起於兩面，側脈 5～7 對；葉柄短且粗壯。花聚生成頂生聚繖花序，花無柄；花萼筒紫色，裂片近截形；花瓣紫色，與花萼杯合生，早落，雄蕊多數。果橢圓形或倒卵形。

　　分布於菲律賓北部；臺灣蘭嶼與綠島可見。

　　蘭嶼共紀錄有五種赤楠屬植物，其中包含春末夏初結果的密脈赤楠；可供食用的臺灣棒花蒲桃、蘭嶼赤楠與大花赤楠；以及花果期甚長的疏脈赤楠。

　　疏脈赤楠是原生於綠島與蘭嶼淺山一帶的小型喬木，開花時多數花聚生成頂生聚繖花序，結果時果實大如乒乓球，成熟後轉為暗紫色，在翠綠的葉叢當中看起來十分顯眼。

　　赤楠屬植物的果實組成複雜，是由花萼、花瓣與雄蕊三者基部癒合而成的「花杯」，與膨大的子房癒合成難以區分的構造，包含臺灣南部著名的蓮霧、早年引進南臺灣的民族植物——蒲桃，都是結出這樣的果實。不僅是秋季，從炎熱的仲夏到迷霧壟罩的冬末，都有機會在樹梢目睹疏脈赤楠花果並呈的景象。此外，疏脈赤楠也被引進栽培於恆春半島，作為原生綠籬植栽使用。

▶ 疏脈赤楠是小型喬木，開花時多數花聚生成頂生聚繖花序。

▲花萼筒紫色，雄蕊多數。

▲疏脈赤楠的花果期長，果實成熟時碩大而顯眼。

桃金孃科

雙子葉植物

蘭嶼赤楠

Syzygium simile（Merr.）Merr.

科名｜ 桃金孃科 Myrtaceae

植物特徵｜ 幹生花

形態特徵

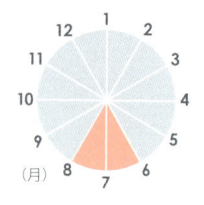

　　常綠喬木，小分支淺褐色，小分支具 4 稜，表面光滑。葉對生，近革質，倒披針形、倒卵狀橢圓形或長橢圓形，先端具小尖頭；葉基漸狹或銳尖，葉面具腺點，中脈隆起於葉背。聚繖花序腋生或偶頂生於側枝，花萼筒鐘狀，裂片短廣三角形；花瓣基部合生，雄蕊多數。果球形，成熟時亮紅色，具宿存花萼。

　　分布於菲律賓；蘭嶼和綠島可見。

　　蘭嶼赤楠是蘭嶼和綠島原生的赤楠屬植物中最為高大者，在蘭嶼濃密的熱帶叢林中往往無法直接見到枝葉或花果。筆者起初前往蘭嶼的各趟旅程中，並未把蘭嶼赤楠視為重要的觀察目標，僅把它當作是當地高不可攀的神祕類群，直到某次被派駐到恆春當地的苗圃半年後，有天發現苗圃門口那棵開花結果中的高大未知樹種竟是早年引種培育的蘭嶼赤楠。

　　看過人為培養的個體後，一趟前往蘭嶼天池的路途中偶然看到粗壯樹幹開出的幹生花，認出了這棵步道旁的蘭嶼赤楠，憑藉著森林地表飄落的聚生雄蕊和落果，才知道諸多高大的蘭嶼赤楠曾俯視著樹下的我走過。

▲蘭嶼赤楠是蘭嶼、綠島原生的赤楠屬植物中最為高大者。

▶聚繖花序腋生，花萼筒鐘狀，花瓣基部合生。

▲核果球形，成熟時亮紅色。

桃金孃科

雙子葉植物

臺灣棒花蒲桃 特有種 VU

Syzygium taiwanicum H. T. Chang & R. H. Miao

科名｜ 桃金孃科 Myrtaceae

植物特徵｜ 碩大的種實

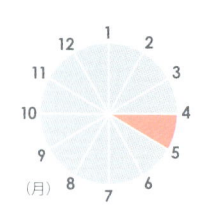

形態特徵

中型喬木，分支圓柱狀，末梢小分支具明顯4稜。葉對生，革質，長橢圓形、橢圓形或倒卵狀披針形，先端銳尖至漸尖；葉基鈍或銳尖。花腋生，單生或2～4朵排列成短聚繖花序分支，花序軸短或延伸；花杯基部漸狹，花萼裂片半圓形，雄蕊多數，花絲細長，多數束生，柱頭單一。果圓柱狀，基部漸狹。

臺灣蘭嶼、龜山島與基隆嶼特產。

臺灣棒花蒲桃是一種蘭嶼當地的中型果樹，來過臺灣的當地人戲稱其果實為「蘭嶼蓮霧」。臺灣棒花蒲桃和蓮霧（*S. samarangense*）同屬桃金孃科，同樣具有多數雄蕊的白色花朵，花萼、花瓣與雄蕊癒合成杯狀，並且在結果後逐漸膨大成角錐狀，變成像似眾人熟悉的蓮霧般。不同的是臺灣棒花蒲桃的果肉酸甜，有異於臺灣產蓮霧偏甜的口感，非常特別。當地人也會栽種它，產量夠多時也會有當地的大姊在路邊販賣，每年夏天造訪蘭嶼時，若有機會看到的話可買來品嘗看看喔！

以往臺灣的文獻紀載本種除了臺灣離島原生外，也分布於中國南部、泰國、中南半島、馬來半島。然而近年釐清本屬的親緣關係後，認為本種應為臺灣特有種。

▶臺灣棒花蒲桃的葉片先端銳尖至漸尖，花序腋生。

▲具有多數雄蕊的白色花朵，花萼、花瓣與雄蕊同樣癒合成杯狀。

▲果實膨大成角錐狀。

桃金孃科

雙子葉植物

大花赤楠

Syzygium tripinnatum（Blanco）Merr.

科名｜ 桃金孃科 Myrtaceae

植物特徵｜ 碩大的種實

形態特徵

常綠中型喬木，小分支近圓柱狀，表面光滑，末端多扁平。葉片對生，紙質，卵狀披針形或長橢圓形，先端尾狀或尾狀具小尖頭；葉基銳尖或鈍，邊緣全緣。花序常為頂生蠍尾狀聚繖花序，花萼凹陷，裂片近圓形，不等大，花瓣橢圓形，先端圓，雄蕊多數。果橢圓形，成熟時紅色，被增厚宿存萼片包圍。

分布於菲律賓與臺灣蘭嶼。

大花赤楠和臺灣棒花蒲桃同屬桃金孃科，花朵同樣具有多數雄蕊，果實可食用，然而兩者的果實形態大不相同。大花赤楠的果實為圓球形，明顯與臺灣棒花蒲桃有所差異。

大花赤楠除了生長在蘭嶼淺山帶之外，也被刻意栽種在當地北側部落的果園內，加上它的花朵大而顯眼，因此成為當地果園的可食地景之一，也具有作為觀花觀果植栽的潛力。不過大花赤楠的風味不似臺灣棒花蒲桃般受歡迎，果肉的水分也比不上另外一種赤楠屬成員：蘭嶼赤楠（*S. simile*）。然而蘭嶼赤楠的果實雖然滋味比較甜美，不過它都生長在深山內，也要長到很高才會開花結果，因此主要作為木材之用，未見於人為栽種。

▲大花赤楠生長在蘭嶼淺山帶，也被刻意栽種在當地北側部落的果園內。

▶ 花朵與果實大而顯眼，但是果實風味略差。

◀ 花萼與花瓣基部合生成杯狀。

桃金孃科

雙子葉植物

皮孫木

Ceodes umbellifera J. R. Forst. & G. Forst.

科名	紫茉莉科 Nyctaginaceae
英名	birdlime tree, bird catcher tree
別名	黏鳥樹、水冬瓜
植物特徵	碩大的葉片

形態特徵

樹高可達 14 公尺。葉對生、輪生或互生,紙質或近革質,橢圓形至披針形,先端銳尖至漸尖;葉基多近銳尖,表面光滑。聚繖花序 1～6 枚聚生於小分支先端,具總梗,總梗被褐色毛,花單性,微小,綠白色;花冠筒鐘狀,幼時被褐色毛,4～5 裂,裂片卵形。果梭狀,具 5 肋,具腺體,肋間具黏液。

分布於澳洲、爪哇、馬來西亞、馬達加斯加、密克羅尼西亞與夏威夷;臺灣南部、東部低海拔灌叢與森林內可見。

皮孫木為臺灣全島低海拔可見的大型喬木,主要分布在恆春半島與蘭嶼,尤其常見於濱海叢林內。

皮孫木的花朵微小,圓筒狀的果實表面具有線形的腺體,能夠黏附於鳥類體表,藉以進行遠距離傳播。由於皮孫木的果實表面具有黏液,世界各地許多皮孫木原生地內的原住民都有蒐集其果皮表面黏液藉以捕捉鳥類的習俗。

▲蘭嶼的四道溝步道沿線有多株主幹粗壯、枝葉茂密的皮孫木。

雖然沒有大而顯眼的花果，但葉片翠綠而肥厚，葉面具光澤，加上側枝與葉叢茂密，因此能成為臺灣平地庭園造景與觀葉喬木。然而在蘭嶼居民眼中，皮孫木的木材鬆軟、含水量高，加上容易腐爛，沒有辦法作太多利用，因此在蘭嶼的四道溝步道沿線有多株主幹粗壯、枝葉茂密的大型植株，卻沒有被做上砍伐記號。

步道沿線有許多大型喬木，樹冠內多少都有附生植物生長在大型側枝上，然而皮孫木的樹皮質薄，會如細屑般漸次剝落，加上生長快速，增加了附生植物生長的難度，因此步道上的皮孫木無法找到其他附生植物伴生。

紫茉莉科

雙子葉植物

▲雄花多數聚生成聚繖狀。

▲皮孫木的花朵微小，與碩大的植株相比差距甚大。

▲許多原住民會蒐集它果皮表面的黏液，藉以捕捉鳥類。

◀在臺灣各地低海拔森林內可見多數幼苗。

359

菲律賓鐵青樹

Olax imbricata Roxb.

科名｜　鐵青樹科 Olacaceae

植物特徵｜　碩大的種實、藤本

形態特徵

攀緣性藤本，近光滑；落葉。葉片長橢圓形至卵形，先端鈍至漸尖；葉基圓或銳尖，葉柄於小枝處具關節。總狀花序被毛，具花多數，早落；花萼先端截形，表面被毛；花瓣白色，離生或近離生，全緣，先端偶具缺刻；雄蕊 3，假雄蕊 6，先端二叉，與花瓣近等長。果球形，成熟後轉為橘色。

分布於南亞、東南亞、新幾內亞、菲律賓與蘭嶼。

1975年，當時擔任屏東農專張慶恩教授的助教，後來繼續服務於國立屏東科技大學森林學系的葉慶龍教授於蘭嶼海濱尋獲菲律賓鐵青樹，為當時臺灣新紀錄科：鐵青樹科（Olaxaceae）的成員。

菲律賓鐵青樹為攀緣性藤本，生長於蘭嶼南側海岸林內與鄰近海岸的山壁，葉片長橢圓形至卵形，先端鈍至漸尖；腋生的總狀花序開出互生的白色花朵，加上花瓣與雄蕊3數，花部外觀頗為特殊。菲律賓鐵青樹生長在蘭嶼西南側海濱至山區叢林內，然而由於攀緣位置較高，因此僅有海濱地區的個體較容易被發現。

▲菲律賓鐵青樹為攀緣性藤本，生長於蘭嶼南側海岸林內與鄰近海岸的山壁。

▲腋生的總狀花序開出互生的白色花朵，花瓣和雄蕊為 3 的倍數。

▶果球形，成熟後轉為橘色。

鐵青樹科

雙子葉植物

厚葉李欖 CR

Chionanthus coriaceus（S.Vidal）Yuen P. Yang & S. Y. Lu

科名｜ 木犀科 Oleaceae

植物特徵｜ 碩大的種實

形態特徵

小型喬木，小分支光滑。葉片厚革質，橢圓狀長橢圓形，先端漸尖或具小尖頭；葉基楔形，表面光滑；葉柄表面光滑。花序短蠍尾狀，腋生或頂生，表面光滑，總梗 2～4cm 長；花萼裂片三角形，先端近銳尖，邊緣微具纖毛；花冠 4 枚離生，裂片長橢圓形，質厚。果球形至橢圓形。

分布於菲律賓；臺灣蘭嶼可見。

追尋蘭嶼植物的過程中，總會有些種類一直無法順利尋獲，難免讓人感到沮喪，厚葉李欖就是其中之一。

有一年冬季前往蘭嶼天池途中，看到一株就生長在步道旁邊，樹皮被登山者握得光滑、根系周邊被當成階梯踩踏的乾瘦樹木竟開出白色四瓣小花，花型與許多住家廣泛栽培的桂花相似，心想這不就是厚葉李欖嗎？

原來如此少見的樹種其實就在一蹴可及之處，默默協助著前往天池朝聖的遊客。可惜隨著周邊的土壤愈加緊實，它的生長情況也越來越差，僅剩下木犀科本就堅韌的樹幹兀立在步道旁，不見往日帶給筆者驚喜的花葉。

其實蘭嶼的厚葉李欖主要族群聚集在天池周邊，然而植株高度較高而不利觀察，因此能夠辨別出步道旁的那株開花個體實為難能可貴的機遇。

▶厚葉李欖為小型喬木，葉片厚革質，橢圓狀長橢圓形。

▲花朵外觀與同科的景觀喬木桂花相似。

▲果實球形至橢圓形,成熟時橘色。

木犀科

雙子葉植物

363

紅頭李欖

Chionanthus ramiflorus Roxb.

科名｜ 木犀科 Oleaceae

植物特徵｜ 碩大的葉片與種實

形態特徵

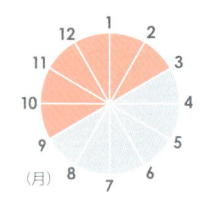

小喬木約 3～12 公尺高，小分支近圓柱狀，表面光滑。葉近革質，長橢圓形，先端鈍、銳尖或具小尖頭；基部楔形，全緣，葉面綠色，葉背淺綠色且具微小斑點。聚繖或蠍尾狀花序，花白色，花萼 4 裂，裂片廣卵形或卵形，先端銳尖，表面光滑，花冠 4 裂，裂片線狀橢圓形，先端近圓形。果橢圓形。

分布於印度、馬來西亞、菲律賓、澳洲與中國；臺灣原生於綠島、蘭嶼和龜山島。

木犀科（Oleaceae）的許多成員開花時具有壯觀的花況或芬芳氣味，像是東亞一帶盛行栽種香花植物：桂花（*Osmanthus fragrans*）、茉莉花（*Jasminum sambac*）、秀英花（*J. officinale*），觀賞植栽如：光臘樹（*Fraxinus griffithii*）、流蘇樹（*C. retusus*），甚至果實可供食用的橄欖（*Olea europaea*），都是木犀科著名的成員。

根據《第二版臺灣植物誌》記載，蘭嶼島上分布有兩種原生木犀科小喬木，其中以花朵白色而嬌小、開花時具有香氣的紅頭李欖最為常見。紅頭李欖分布於南亞、東南亞與澳洲，根據正宗嚴敬與鈴木重良的紀錄，至今仍持續於宜蘭外海的龜山島採獲；目前紅頭李欖零星分布在蘭嶼小天池、氣象站、橫貫公路至天池一帶原生林與次生林間，其中又以橫貫公路置高點至氣象站間分布最為密集，與日治時期研究學者的採集紀錄吻合，是初春時節造訪本路段時值得留意的種類。

蘭嶼現地的紅頭李欖自我更新現況良好，初夏時節常可見到植株下有多數小苗萌芽，加上具有香花與觀賞價值，或許能保留作為當地公路沿線的原生景觀植栽。

▲紅頭李欖為龜山島、綠島和蘭嶼山區原生的香花喬木。

▲花朵微小，排列成聚繖或蠍尾狀花序。

▲核果橢圓形，在蘭嶼當地結實率頗高。

山柚

Champereia manillana（Blume）Merr.

科名丨	山柚科 Opiliaceae
英名丨	chemperai, cheperi, cimpri, cipreh, false olive, pokok kucing-kucing
別名丨	山柚子、山柚仔、山柑仔、臺灣山柚、常山、擬常山
植物特徵丨	碩大的葉片

形態特徵

小型喬木小分支纖細。葉片近革質，卵形至披針形；幼葉橢圓形，先端銳尖或漸尖；葉基銳尖或鈍，全緣，邊緣常波狀，具光澤，4～8對脈，隆起於葉背。圓錐狀聚繖花序腋生，雄花具梗，雄蕊多數，具退化雌蕊。核果橢圓形，先端圓，表面光滑，成熟時橘紅色。

分布於馬來西亞與菲律賓；臺灣南部、恆春半島、琉球嶼與綠島海濱灌叢或森林可見。

昔日筆者在臺南就讀大學與研究所時經常走訪南部的淺山地區，但對於樹木興趣缺缺，直到前往林業試驗所植物標本館當研究助理後，才開始留意身邊的不同樹種。此後再到南部，發現原來山柚遍布南部、恆春半島、琉球嶼和綠島淺山森林內，可是卻未見於蘭嶼森林內。山柚的樹幹堅硬適合用來作為農具或工具握柄，為先民開墾時的重要木材來源之一。

▲山柚遍布於南部、恆春半島、琉球嶼和綠島淺山森林內。

◀雄花具梗，雄蕊多數，具退化雌蕊。

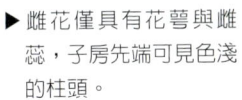

▶雌花僅具有花萼與雌蕊，子房先端可見色淺的柱頭。

▲圓錐狀聚繖花序腋生，雌花序的花朵排列較為密集。

山柚科

雙子葉植物

紅頭五月茶 VU

Antidesma pleuricum Tul.

科名｜　葉下珠科 Phyllanthaceae

植物特徵｜　碩大的葉片

形態特徵

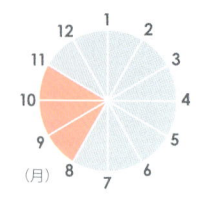

　　灌木，小分支、頂芽及葉柄密被毛。葉片橢圓形或倒卵狀披針形；葉基圓至鈍，先端漸尖成一銳尖突，葉兩面光滑或疏被毛，邊緣全緣且具明顯緣毛。腋生總狀花序或組成圓錐花序，總狀花序軸密被毛，花單性，雄花單生或3～5朵簇生；花梗表面密被毛；花萼廣卵形。核果近球形，成熟時紅色，漸無毛。

　　分布於菲律賓與蘭嶼海拔100～300公尺森林中。

　　五月茶屬（*Antidesma*）為舊世界產屬別，主要分布於亞洲，少數種類分布於非洲、馬達加斯加、澳洲與太平洋諸島。以往紅頭五月茶的分類地位備受爭議，1964年時曾由屏東農專的張慶恩教授以 *A. hontaushanense* 此一學名報導為蘭嶼特有種，被描述為「葉片較大（11～13cm長，6～7cm寬），雄花序由許多腋生穗狀花序分支組成圓錐花序，花萼表面被毛」。

　　2009年間筆者於蘭嶼的天池步道尋獲正值花期的五月茶屬大型灌木，樹冠上滿滿都是黃綠色的雄花序，加上就在綠島榕的樹間縫隙內，一道光照在開滿雄花序的它顯得格外顯眼。仔細觀察後發現其葉緣明顯具纖毛，但是雄花序由總狀花序分支組成，花序分支、花梗、花萼背側被毛。檢閱了相關模式標本並比較其與現地族群的形態特徵後，確認紅頭五月茶的學名為 *A. pleuricum*。隨後，雖在蘭嶼多處林間尋獲結滿紅色核果的雌株，卻不復見當時那樣花朵盛開的紅頭五月茶。

▲紅頭五月茶的雄花序由許多總狀花序分支組成。

▲ 正值花期的紅頭五月茶，樹冠上滿滿都是黃綠色的雄花序。

▲ 雄花單生或 3～5 朵簇生，花梗表面密被毛。

◀ 核果近球形，成熟時紅色，漸無毛。

葉下珠科　雙子葉植物

刺杜密

Bridelia balansae Tutch.

科名｜ 葉下珠科 Phyllanthaceae
別名｜ 大葉逼迫子、禾串土蜜樹、禾串樹、刺楠、刺土蜜
植物特徵｜ 支持根、碩大的葉片

形態特徵

小型直立喬木，5～7公尺高，主幹基部具支持根，主幹表面光滑具刺。葉互生，革質，長橢圓形至披針形，先端漸尖；葉基鈍，邊緣淺反捲。花兩性，腋生，單生或少數簇生。果卵形，肉質，果梗粗壯，3～5mm長，成熟時黑色。

分布於中南半島、中國南部、琉球；臺灣全島低海拔森林與灌叢可見。

刺杜密的中文名稱真是讓人搞不清，到底是哪裡刺？什麼又是杜密？其實杜密應該是它的同屬植物「土蜜樹」的別稱或誤傳吧！

兩者的外型下同樣具有簇生於葉腋的花序或果序，果實成熟後呈黑色，但是刺杜密具有較大型的披針形或長橢圓形葉片，可與土蜜樹相區隔。那麼「刺」的部分呢？原來在接近地表潮溼的部分，樹幹表面會長出尖突狀的根系，只要碰到地面也能形成彎曲的支持根，一旦環境轉為乾燥，半空中的根系就成為突刺，因此被稱為「刺杜密」。

▲小型直立喬木，主幹基部具支持根。

▲花兩性，單生或少數簇生於革質葉片葉腋處。 ▲果卵形，肉質，成熟時黑色。

▲花瓣 5 枚，基部接近子房處具有蜜腺。

葉下珠科

雙子葉植物

土密樹

Bridelia tomentosa Blume

科名 | 葉下珠科 Phyllanthaceae
英名 | pop-gun seed
別名 | 土蜜樹、土知母、杜蜜樹、逼迫仔、補鍋樹、補腦根

形態特徵

直立灌木，分支纖細且常懸垂狀，表面被長絨毛。葉互生，長橢圓形，先端鈍，基部鈍，葉柄 3～5mm 長。花少數簇生，近無柄；花萼卵形，先端銳尖，花瓣微小，先端圓且邊緣撕裂狀，花盤黃色具蜜腺。核果卵狀球形，先端圓。

分布於印度、中國南部、菲律賓、新幾內亞、澳洲；臺灣西南部與恆春半島可見。

由於土密樹廣泛分布於臺灣西南部平野，加上木材緻密，因此可供薪炭材與農具木材使用；土密樹的根部也具有安神清熱的功效，加上果實的大小適中，也能充當童玩竹槍的「BB彈」。

▲土密樹為直立灌木，分支纖細且常呈懸垂狀。

▲葉互生，長橢圓形，先端鈍，基部鈍。

▶花萼先端銳尖，花瓣先端圓且邊緣撕裂狀，花盤黃色具蜜腺。

▲核果卵狀球形，先端圓。

葉下珠科　雙子葉植物

373

白飯樹

Flueggea suffruticosa（Pallas）Baillon

科名｜葉下珠科 Phyllanthaceae

別名｜市蔥、葉底珠、一葉萩、假金柑藤、刺蔥、市蔥頭、柿蔥、瓜打子

形態特徵

光滑無刺的灌木，1～3公尺高，分支圓柱狀，葉早落，葉片螺旋狀成兩列排列於主枝；葉片背面色淺，長橢圓形至倒卵形，薄紙質，側脈隆起於葉兩面，先端鈍或銳尖；葉基楔形。花簇生於葉腋；雄花花萼橢圓形或近圓形，全緣或明顯具齒緣。蒴果成熟時褐色至紫黑色。

東西伯利亞、滿州、日本、琉球、韓國與中國中部。臺灣本島北部、東部與蘭嶼海濱偶見。

筆者在蘭嶼濱海公路旁觀察多年，直到當時也在林業試驗所植物標本館的同事問了一句：「那你有看到白飯樹嗎？」才點醒了我，原來以往都誤把臺灣本島常見的密花白飯樹當成白飯樹了！

在蘭嶼北側海濱的珊瑚礁岩上，能夠看到植株矮小灌叢結著青澀的球形果實，它才是真正的白飯樹。後來在北海岸的岩礁上發現了較為高大的個體，有著與密花白飯樹一樣渾圓的葉尖，卻沒有密花白飯樹耀眼的白色果實。每一次認知的毀滅都是自我成長，若無他人提點，當時的我可能就會這樣一直誤認下去了。

▲白飯樹為臺灣本島北部、東部與蘭嶼海濱偶見的矮小灌木。

▶ 花簇生於枝條近先端葉腋處，雄花可見多數展開雄蕊。

◀ 蒴果先端可見宿存柱頭，成熟時褐色至紫黑色。

葉下珠科

雙子葉植物

密花白飯樹

Flueggea virosa（Roxb. ex. Willd.）Voigt

科名	葉下珠科 Phyllanthaceae
英名	common bushweed, snowberry tree, whiteberry-bush
別名	密花市蔥、密花葉底珠、白頭額仔樹、白子仔、白飯樹

形態特徵

　　全株光滑的灌木或小喬木。葉表面橄欖色，乾燥後略淺，長橢圓形、橢圓形或倒卵形，先端圓、鈍至銳尖，或偶具小尖頭；葉基銳尖至楔形，全緣或略為反捲。花簇生，雄花每簇 15～40 朵，雌花每簇 3～10 朵。果近球形，具白色乳汁。種子褐色，表面近光滑至具網紋，具腹側內凹。

　　分布於舊世界熱帶地區，自西非至亞洲、印尼；臺灣全島低海拔乾灌叢與次生林可見。

　　結果時的密花白飯樹是筆者對它的第一印象，每回行經中南部的道路旁，往往伴隨著成串的白色果實，著實讓人難以忽略它的存在。

　　密花白飯樹是雌雄異株的植物，這麼說來它的雌株數量比雄株多囉？那倒也未必。因為每每被它耀眼的果實吸引目光，卻也時常忽略開花的雌株。原來密花白飯樹的雄花與雌花微小，沒有鮮豔的花被片吸引蟲媒，當然也容易逃過人們的視線。結實累累的密花白飯樹果實帶有甜味，不僅鳥類喜歡啄食，想要嘗鮮的朋友也可以嘗嘗看。

▲密花白飯樹的主幹延長，側枝平展使得植株有如錐狀。

▲ 雌株枝條具有多數雌花簇生。

◀ 雄株的枝條先端具有少數簇生的雄花。

▲ 成串的白色果實排列於枝條間，為極具特色的觀果植物。

▲ 果實成熟後白色，先端可見宿存柱頭。

葉下珠科

雙子葉植物

擬紫蘇草 NT

Limnophila aromaticoides Yuen P. Yang & S. H. Yen

科名｜車前科 Plantaginaceae

形態特徵

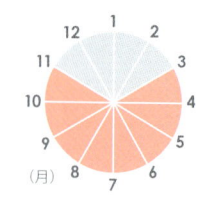

一年生或多年生草本，莖單生或分支。葉無柄，先端銳尖；葉基漸狹或半抱莖，邊緣齒緣，表面光滑或疏被腺毛，沉水葉近對生，極少 3～4 枚輪生，橢圓形至長橢圓狀披針形，近沉水葉 3～10 片輪生。花單生或呈總狀花序，花萼基部盔狀，具腺體，小裂片線形；花冠管狀，白色或先端帶粉紅。蒴果橢圓形。

分布於日本與華東地區；臺灣主要分布於東北部溼地與綠島。

水生植物是一群生活史適應且極度仰賴湖泊、河川甚至海洋等水域的維管束植物，它們的生長環境應該包含「土壤上略有淺層或至深層的水體，舉凡長在沼澤溼地、池沼、溪流、水田或甚至是潮溼的滴水岩壁」，因此這些極度適應溼地與水生環境，仰賴這種特殊環境才能完成生活史的維管束類群皆為水生物種。

廣義的水生植物包括溼生植物，其生活史與水域環境的關聯較低，許多溼生植物雖然常與水生植物共域生長，但也能在距離水源較遠，甚至水域完全乾涸的環境下順利開花結果。

擬紫蘇草是臺灣東北部與綠島溼地可見的水生草本植物，在臺灣本島主要生長在未施用除草劑的水田田埂邊，然而在綠島主要生長於放牧草坪內牛隻踐踏後產生的溼地內，仰賴當地的農牧行為而存活，成為自然保育與農業行為共生的案例。

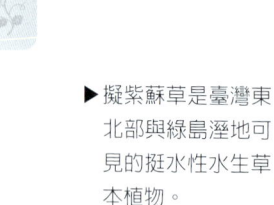

▶擬紫蘇草是臺灣東北部與綠島溼地可見的挺水性水生草本植物。

◀葉無柄，先端銳尖，葉基漸狹或半抱莖，常3片輪生。

▲花萼基部盔狀，具腺體，小裂片線形。

▲花冠白色，二唇化，單生或總狀排列於莖頂。

▶蒴果橢圓形，基部可見宿存花萼。

車前科

雙子葉植物

379

大葉石龍尾

Limnophila rugosa（Roth）Merr.

科名｜車前科 Plantaginaceae

別名｜大葉田香草、田香草、水茴香、水香菜、水八角、水胡椒、水針棉、水胡椒

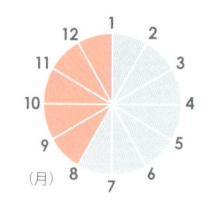

形態特徵

多年生草本，主莖匍匐後分支直立。葉具柄，卵形至橢圓形，先端鈍；葉基漸狹，邊緣鋸齒緣，被粗毛，下表面微被腺毛，脈上被毛；葉柄表面被毛。花無柄，單生或簇生成具短梗的頭狀花穗；花萼中裂，表面被腺毛；花冠筒狀，中央黃色，邊緣紫色。蒴果卵形。

廣布於琉球、馬來亞、中南半島、玻里尼西亞；臺灣與蘭嶼水田與潮溼地可見。

石龍尾屬（*Limnophila*）植物為一群一至多年生的水生草本，當水位乾涸後偶能生長於較乾燥的環境。本屬許多種類具有沉水葉與挺水葉的分化，可能與減少水流產生的阻力、避免植株遭沖離棲地有關。

以往石龍尾屬成員被置於玄參科（Scrophulariaceae）之中，然而近年來根據分子證據所建構的親緣關係，支持它們應該與車前科（Plantaginaceae）的物種較為近緣，因此被納入車前科之下。大葉石龍尾廣布於琉球、東南亞與玻里尼西亞等地水田與潮溼地，多挺水生長於經年耕種的開闊水田之中。其葉片為完整而不裂的卵形至橢圓形，沉水與挺水葉片的形態無異；其次，它的紫色花朵時常單生於葉腋，花梗極短而不明顯，開花時花冠可達1cm寬，為臺灣地區可見本屬植物中花冠最大者，因此本種為臺灣地區產本屬植物中最容易區分的種類，也是蘭嶼已知唯一的石龍尾屬植物。

▲大葉石龍尾的葉片為完整而不裂的卵形至橢圓形，沉水與挺水葉片形態無異。

▲花冠筒狀，中央黃色，邊緣紫色。

▲花萼中裂，表面被腺毛；花冠筒狀中央帶黃色。

車前科

雙子葉植物

381

毛蓼

Persicaria barbata（L.）H. Hara

科名｜ 蓼科 Polygonaceae

形態特徵

多年生斜倚草本，莖具多數分支，表面被長柔毛；節處膨大。葉披針形至窄卵形，先端漸尖，葉基楔形，葉兩面被糙毛；托葉鞘管狀，表面被糙毛，邊緣被纖毛，與托葉鞘等長或稍長。花序由 5～6 朵花簇生成穗狀圓錐花序，頂生或於先端枝葉間腋生。瘦果黑色，3 稜，表面光滑具光澤。

廣布於非洲、中亞、印度－喜馬拉雅地區、馬來西亞至中國與日本南部。

毛蓼是廣泛分布於亞洲與非洲的多年生蓼屬植物，在臺灣常見於水溝、向陽草地與溼草地，也是離島平野與濱海淡水水域中最常見的蓼屬植物。根據以往的採集紀錄，許多蘭嶼當地採獲「具有延長穗狀的圓錐花序」個體應都屬於本種。

蓼屬植物的葉柄基部環繞於莖節，外圍由管狀的托葉鞘包圍，為許多本屬植物鑑別時的重要依據。毛蓼的管狀托葉鞘表面被糙毛，先端邊緣具有許多與托葉鞘近等長的直立纖毛，加上全株被糙毛，可與其他類群相區隔。由於蘭嶼僅有此一蓼屬植物具有多數穗狀的圓錐花序，因此極易區分。

▲毛蓼是廣泛分布於亞洲與非洲的多年生植物，常見於水溝、向陽草地與溼草地。

▶托葉鞘管狀，表面被糙毛，邊緣被纖毛，與托葉鞘等長或稍長。

◀花序由 5～6 朵花簇生成穗狀圓錐花序，頂生或於先端枝葉間腋生。

蓼科

雙子葉植物

水紅骨蛇

Persicaria dichotoma（Blume）Masam.

科名｜ 蓼科 Polygonaceae
英名｜ dichotomous knotweed
別名｜ 二歧蓼

形態特徵

　　一年生斜倚或匍匐草本，莖具分支，4稜，表面被有逆向棘刺；節膨大。葉披針形，先端銳尖至漸尖；葉基楔形至微箭形，兩面光滑；葉背中肋上被逆向棘刺；托葉鞘管狀，先端歪斜，脈上疏被糙毛，先端邊緣平整。少數花簇生成穗狀圓錐花序，頂生或腋生於先端，常呈二叉分支。瘦果深褐色，稜鏡狀，表面具光澤。

　　廣布於印度北部至中國南部、琉球，南至東南亞；臺灣本島及蘭嶼可見於溼草地與溪床。

　　根據歷年調查結果，蘭嶼當地具有兩種匍匐型蓼屬植物，分別為陸生性的火炭母草（*P. chinensis*）與水生或溼生性的水紅骨蛇。火炭母草分布於蘭嶼與小蘭嶼平野與淺山一帶草生地；水紅骨蛇則分布於蘭嶼內陸的積水岸邊，在臺灣本島，也多分布在中低海拔溼地或潮溼森林林緣。

　　水紅骨蛇的頂生花序上具有少數短於2cm的花穗，聚生成聚繖狀，花穗由近20朵粉紅色的花朵組成。此外，其匍匐莖節、莖稈表面與葉背主脈上具有倒鉤棘刺，葉片狹長且基部常寬大呈箭形；而窄長的托葉鞘先端平截，不像當地常見的毛蓼般具有延長的纖毛，因此極易與其他蘭嶼產蓼屬植物相區分。

▲水紅骨蛇分布於臺灣中低海拔溼地或潮溼森林林緣，花序常呈二叉分支。

▲少數花簇生成頂生或腋生穗狀圓錐花序。

▲托葉鞘管狀,先端歪斜,脈上疏被糙毛,先端邊緣平整具逆生刺。

蘭嶼海桐 特有種 LC

Pittosporum viburnifolium Hayata

科名	海桐科 Pittosporaceae
英名	Lanyu pittosporum, moth plant
植物特徵	碩大的種實

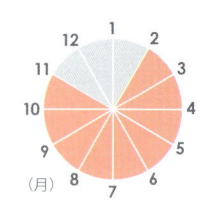

海桐科

雙子葉植物

形態特徵

小型常綠灌木。葉多簇生於分支先端，長橢圓形至倒披針形，先端鈍或圓；葉基楔形，表面光滑，葉面色深，葉背淺色，側脈 6 對。頂生圓錐花序。蒴果近球形，2 瓣裂；種子紅色，多少長橢圓形，先端多少反捲。

臺灣僅見於鵝鑾鼻與蘭嶼海濱。

蘭嶼海桐是具有觀賞價值的灌木，除了白色花朵聚生而成的圓錐花序外，結果時大而顯眼的橘色果實，以及開裂後紅色鮮豔的種子，都能成為庭園內的季節焦點。不過，蘭嶼海桐有雄花與雌花的分別，雄花內具有5枚雄蕊和退化的雌蕊，雌花則僅有雌蕊，因此如果要觀賞果實，得留意栽植個體的性別。

在臺灣，許多分類文獻將蘭嶼海桐的學名採用*Pittosporum moluccanum* Miq.，是指分布於馬來亞地區中菲律賓、蘇拉維西至爪哇島諸島，其種小名意為「摩鹿加群島的」，說明其應也分布於當地。不過，此一學名的模式標本葉片橢圓形、葉基驟狹、葉片先端明顯銳尖且具小尖頭，與蘭嶼和鵝鑾鼻當地葉片長橢圓形至倒披針形、葉基楔形、葉片先端圓的個體特徵明顯不同，因此1913年早田文藏教授根據佐佐木舜一先生採自蘭嶼的標本發表*Pittosporum viburnifolium* Hayata此一新種，並且為臺灣特有種。

▶ 蒴果近球形，2 瓣裂。

▶ 野外的結實率高，果實成熟後逐漸轉為橘色。

海桐科

雙子葉植物

▲蘭嶼海桐為具有觀賞價值的灌木，白色花朵聚生而成圓錐花序。

▶園藝界育有斑葉品系的蘭嶼海桐，植株較為矮化。

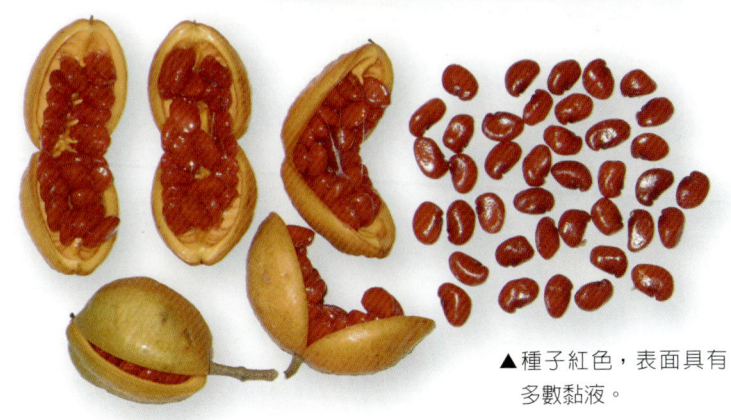

▲種子紅色，表面具有多數黏液。

387

沙生馬齒莧

Portulaca psammotropha Hance

科名｜ 馬齒莧科 Portulaceae

形態特徵

多年生草本，根肉質，於基部分支多數，莖基部木質。葉腋處多少被毛，葉互生，近無柄，葉片長橢圓形至倒卵狀長橢圓形；葉基鈍，葉尖鈍至圓頭，肉質。花單生，基部具 4～6 枚苞片包被；花萼卵狀三角形，具脈；花瓣 5 枚，橢圓形，黃色，雄蕊 10～30 枚。蓋果草色，廣卵形，壓扁狀；種子黑色。

分布於菲律賓北部、中國東南部與海南島、東沙島；臺灣與其離島沙灘、珊瑚礁岸可見，偶著生於海邊的人工設施。

馬齒莧屬（*Portulaca*）共約150種，分布於全球熱帶及亞熱帶海濱，特別是非洲及南美洲，少數種類分布至溫帶地區，其中部分種類被栽培為藥用或觀賞植物，在臺灣紀錄有3～5種。

沙生馬齒莧乃根據東沙島採獲之標本所發表的物種，由於本屬植物成員的植株外觀極為相似，鑑定時往往利用葉片及花部特徵，然而這些特徵卻無法於標本上妥善保存。此外，馬齒莧屬植物的花於展開後數小時即枯萎，因此在取得不同產地的新鮮材料上格外困難。

2003年有學者再次確認了沙生馬齒莧的分類地位，為分布於臺灣本島南部及澎湖、琉球嶼、東沙島、綠島、蘭嶼與小蘭嶼等地的小型草本植物，並於2017年《臺灣維管束植物紅皮書名錄》中名列為接近威脅等級。

▶沙生馬齒莧為多年生草本，基部具分支多數。

▲葉互生近無柄,葉腋處多少被毛。

▶澎湖群島的沙生馬齒莧葉片較為短小,花朵內雄蕊較多。

▲琉球嶼的沙生馬齒莧葉片較長,雄蕊數量較少。

▲小蘭嶼的沙生馬齒莧葉片較短,雄蕊數量較少。

馬齒莧科

雙子葉植物

389

紅茄苳

Bruguiera gymnorhiza（L.）Savigny

科名｜ 紅樹科 Rhizophoraceae
英名｜ large-leaved orange mangrove, orange mangrove
別名｜ 海蓮、木欖
植物特徵｜ 支持根、碩大的葉片

形態特徵

喬木，主幹基部具有膝狀根或板根。葉對生，橢圓至長橢圓形，全緣；花單生於葉腋，花萼 12～14 裂，裂片線形，厚肉質，表面紅色；花瓣 12～14 裂，裂片長線形，先端 2 裂，裂片先端具黃棕色剛毛，雄蕊 24～28 枚，花柱線形。胎生苗長直柱狀，先端鈍。

分布於非洲東岸至南岸、南亞、東南亞、中國至大洋洲；在臺灣原僅見於高雄港，但已趨於絕滅；現於臺灣南部多處引種栽培。

1858 年清政府與大英帝國簽訂中英天津條約，位於臺灣南部的打狗港開放通商，使得打狗潟湖日漸發展成為今日的高雄港。然而臺灣西南海岸地形多為大陸棚，受板塊作用抬升後，加上海流與河川經年的離水和堆積作用造成「進夷海岸」，1875 年時已淤積致無法順利供船舶靠岸。進入日治時期，1904 年起日本政府開始進行打狗港灣改良工事，濬深航道的同時進行現今哈瑪星一帶的填海造陸作業，並開闢鐵路直到港邊，使得打狗港日漸發展至今。築港後依據「史蹟名勝天然紀念物保存法」劃定港濱 2 處「紅樹林」為天然紀念物，指定目標就包括紅茄苳與細蕊紅樹（*Ceriops tagal*）。

國民政府時期，紅茄苳仍局限分布於旗津區二十五淑女墓旁岸邊，然而隨著高雄港的現代化擴建，它在臺灣唯一的自生地因此消失。雖然如今臺灣南部海濱偶能拾獲紅茄苳的胎生苗，但是擱淺時多已黑化枯死，直到近期方由民間引進栽培於西南沿海地區，彌足珍貴。

▲花單生於葉腋，花萼 12～14 裂，表面紅色；花瓣裂片長線形。

▲日治時期高雄築港後曾指定港濱的紅茄苳為天然紀念物。

▲胎生苗長直柱狀，先端鈍。

▲紅茄苳的支持根較短小，不易察覺。

▲有時宿存花萼顏色較為鮮紅。

紅樹科

雙子葉植物

水筆仔 NT

Kandelia obovata Sheue, H. Y. Liu & J. W. H. Yong

科名｜ 紅樹科 Rhizophoraceae

植物特徵｜ 支持根、碩大的葉片、異儲型種子

形態特徵

樹皮灰至褐色，表面光滑。托葉線形，葉片橢圓形、長橢圓形或到卵狀長橢圓形，質厚；葉基楔形至漸狹，先端鈍形、圓形或偶具小缺刻。小苞片合生，花萼乳白色，裂片線形，開花時反捲，先端漸尖，花瓣自花盤基部伸出，白色，先端2裂，先端凹刻內具小尖突。果卵形，不開裂；種子母體發芽，下胚軸圓柱狀。

原生於中國；臺灣與日本南部紅樹林緣泥灘或高潮地可見，2003年前本種被囊括於秋茄樹（*K. candel*），現被確認為異域種化，即因地理隔離而種化的姊妹種。

17世紀隨著外國船員與探險家的記載，確認臺灣北部淡水河口具有原生的水筆仔紅樹林。日治時期展開系統性植物調查後，1904～1930年間，日籍學者間斷地自淡水與基隆港邊採集水筆仔標本，存放於國立臺灣大學植物標本館內，見證了兩地曾存在著臺灣原生的水筆仔及其適生環境。然而自1899年以來有計畫地整建基隆港區，1919年興建海南製粉工廠，以及1929年西定河下游改道，水筆仔的適生環境日益縮減。

▲現今淡水與關渡間具有全球最大的水筆仔純林。

1922年日治時期的「史蹟名勝天然紀念物保存法」頒布後，臺灣總督府與各州廳自1933～1945年間陸續發布了史蹟名勝指定保存名單，基隆獅球嶺海南製粉株式會社前的水筆仔紅樹林（相當於今西定河畔）也名列其中。然而1936年金平亮三教授所撰修訂版《Formosana Trees》中描述基隆的水筆仔可能已經滅絕，如今西定河與旭川運河隨著都市發展而加蓋，海南製粉工廠隨著戰事遠離而拆除，基隆水筆仔族群的消失見證了當代的經濟發展與決策。此一時期淡水的水筆仔也因經濟開發而所剩無幾。據傳現今淡水與關渡間「全球最大的水筆仔紅樹林純林」應為日治時期淡水貿商重新自中國廈門引種後推廣栽培者，藉以作為防汛與防風浪用。

　　1980年代以後隨著經濟發展與國民素質提升，政府開始劃設保護區進行保護，淡水河畔的水筆仔紅樹林日漸茁壯且擴散。此外，在生態保育的浪潮推波助瀾下，臺灣西部沿海開始大量推廣紅樹林造林，具有胎生苗且能夠強勢生長的水筆仔也於此一時期開始於西部多個沿海縣市推廣栽植，不過透過長期觀察，成林迅速的水筆仔不僅加速了溼地陸化、改變了原本西海岸諸多全日照的草澤、沙灘與泥灘海濱動物生態，排擠了其他原生的紅樹林樹種，也增加了洪泛淹水的風險，因此近年來放鬆管制，僅由國家重要溼地及其相關法規進行管理維護。

▲生長於河口潮間帶，退潮時可見指狀的支持根系。

紅樹科

雙子葉植物

▲夏季時開花性佳,能夠提供大量的花蜜與花粉供蜜蜂蒐集。

▲花萼與花瓣白色,花瓣先端 2 裂,先端凹刻內具流蘇狀小尖突。

▲花萼宿存,種子於果實未脫落時即發芽。

394

紅樹科

雙子葉植物

▲胎生苗的下胚軸圓柱狀，表面光滑具光澤。

五梨跤 VU

Rhizophora stylosa Griff.

科名	紅樹科 Rhizophoraceae
英名	four-petaled mangrove
別名	長柱紅樹、大葉蛭木、紅樹、紅茄苳、茄藤
植物特徵	支持根、碩大的葉片

形態特徵

喬木，樹幹基部具有拱狀支持根，偶具懸垂氣生根。葉對生，廣卵形，葉緣全緣，先端具小尖頭，葉背具黑點狀木栓質疣突。花單生或排列成聚繖花序，花萼淺黃色，4裂，裂片三角形，宿存並轉為綠色；花瓣白色，窄三角形，背側被長纖毛，雄蕊8～12枚。胎生苗下胚軸表面具皮孔突起。

廣布於中國、東南亞與澳洲、太平洋諸島；臺灣西南濱海地區可見。

筆者就讀於成大生物系時，寒假期間會參加系上對外舉辦的生物營隊，帶著對生物有興趣的高中生到四草、七股觀察紅樹林植物與冬季來到臺南度冬的黑面琵鷺，其中一站便是到四草大眾廟旁的步道觀察當地原生的三種紅樹林喬木「五梨跤、欖李、海茄冬」以及刻意栽培以供比較的「水筆仔（秋茄樹）」。

當時的解說內容會刻意提到五梨跤彎曲成弧狀的支持根，以往人們行走於紅樹林內時不小心就會被它絆倒，所以名字裡才會有個「跤」字。這些有助於學員記憶物種名稱的內容在當時聽來有些道理，現在聽來就像是句玩笑話，成為一段有趣的回憶。以往五梨跤並不常見，野生數量僅多於欖李，隨著政府意識到水筆仔的引種栽培過度，逐漸有限度地栽植五梨跤作為護坡植栽後，如今在嘉義、臺南海濱都能看到它的身影。

▶ 花單生或排列成聚繖花序，花萼淺黃色，花瓣白色，窄三角形，背側被長纖毛，雄蕊具短花絲。

▲五梨跤為濱海喬木，樹幹基部具有拱狀支持根，偶具懸垂氣生根。

▲果實錐狀，表面褐色，基部可見宿存萼片。 　▲胎生苗下胚軸表面具皮孔突起。

紅樹科

雙子葉植物

小石積

Osteomeles anthyllidifolia（Sm.）Lindl. var. *subrotunda*（C. Koch）Masamune

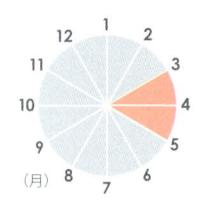

科名｜薔薇科 Rosaceae
英名｜Hawaiian rose, Hawaiian hawthorn

形態特徵

小灌木，莖幼時被毛，延長後光滑。葉片具 7～15 枚小葉，小葉歪斜狀，卵形或橢圓形，先端圓但具小尖頭；葉基鈍，無柄，葉兩面被毛，邊緣全緣且反捲；葉柄上側具溝，表面被毛。頂生聚繖花序，花萼表面被纖毛，花柱 5 枚，基部光滑。梨果小型，被宿存花柱與花萼裂片包圍。

分布於日本、琉球、中國南部；臺灣恆春半島、蘭嶼可見。

蘭嶼許多海濱地區易達性極高，成為當地居民與外地遊客踏浪空間，加上當地傳統的家畜豢養方式，使得羊群成為蘭嶼海濱常見的景致，也讓過多的羊群成為瀕危植物的威脅之一。過度的人為踐踏與羊群啃食，造成許多蘭嶼局限分布的海濱植物日漸稀少，當地的小石積便是一例。

小石積是臺灣南部與蘭嶼海濱局限分布的匍匐性小灌木，羽狀複葉的葉片具光澤，春季會從灌叢間開出微小的白花。小石積分布於琉球群島、臺灣南端的恆春半島以及蘭嶼海濱，其中恆春半島的族群較為穩定，蘭嶼當地族群則因不當的整地行為，以及傳統放牧方式影響，導致族群生長情況極不穩定，加上生育地缺乏天然屏障，未來可能讓蘭嶼海濱唯一的薔薇科種類族群前景堪慮。

▲小石積是臺灣南部與蘭嶼海濱局限分布的匍匐性小灌木，攀附於海濱礁岩表面。

▲聚繖花序頂生於短分支先端。

蘭嶼野櫻花 EN

Prunus grisea（C. Muell.）Kalkm.

科名	薔薇科 Rosaceae
別名	蘭嶼臀果木
植物特徵	碩大的葉片與種實

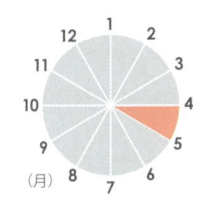

形態特徵

喬木，小分支微被毛，後立刻轉為光滑。葉革質，卵形至卵狀長橢圓形，先端漸尖，葉基銳尖至漸狹，葉背脈上微被毛或光滑；葉柄被毛。總狀花序腋生、單生或叢生，花白色，具長梗；花萼 5 裂，表面被纖毛；花瓣 5 枚，與花萼裂片相似，雄蕊約 25 枚。果扁球形，紅色，表面光滑。

分布於越南、菲律賓、爪哇至新幾內亞；臺灣蘭嶼可見。

李屬（*Prunus*）廣泛分布於全球熱帶至溫帶地區，常見的成員包括每年春季遊客爭相觀賞的櫻花各品系，以及許多人愛吃的多種水果。其中分布於熱帶的部分成員曾被列為臀果木屬（*Pygeum*），包括蘭嶼可見的蘭嶼野櫻花，然而近年的分子親緣分析成果仍認為廣義的李屬為一單系群，並不支持臀果木屬的成立。

雖然有櫻花之名，蘭嶼野櫻花卻不具有大而明顯的花瓣，僅有眾多雄蕊花絲吸引植物愛好者的目光。它寬大的葉片也與臺灣中北部遍植的各種觀賞櫻種類明顯不同，因此光憑外觀，實在難與櫻花二字加以聯想。一旦進入果期，蘭嶼野櫻花那鮮紅且多汁的核果揭露了它與櫻桃間的親戚關係，可惜果肉酸澀，只能成為鳥類取食的對象。

▲蘭嶼野櫻花為常綠性喬木，每年 4 月開花。

▲總狀花序排列於葉腋，花絲多而明顯。

▶果扁球形，紅色，表面光滑。

水冠草

Argostemma solaniflorum Elmer

科名｜ 茜草科 Rubiaceae

形態特徵

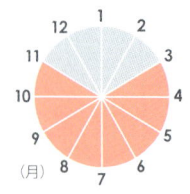

斜倚草本，莖不分支，上半部被毛。葉對生，對生葉片不等大，葉片卵形或長橢圓形，兩端銳尖至漸尖，葉上表面全被毛，下表面脈上被毛，邊緣具纖毛；葉柄表面被毛；托葉廣卵形。花莖分支頂生或腋生，聚繖花序，花萼 5 裂，基部表面被長毛，裂片三角卵形；花冠裂至花冠基部，合生。蒴果具宿存萼片；種子微小。

分布於菲律賓、琉球群島與臺灣花蓮、蘭嶼等地。水冠草屬（*Argostemma*）約有220種，其中約有100種僅分布於亞洲及非洲地區，本屬種類最豐富的地區為馬來亞。

水冠草分布於菲律賓（民答那峨島至巴丹島）及琉球等地，正宗嚴敬教授於1938年首次於蘭嶼紀錄此一物種，生長於林床、森林內溪谷岩石表面。另外，也曾於1967年在臺灣本島花蓮縣海拔1900公尺處的嵐山尋獲水冠草，由於嵐山地區極難攀爬，故此一紀錄應非人為傳播所致。水冠草的果實為半乾燥的微小蒴果，應無法吸引鳥類攝食，故為鳥類傳播的機會不大。最有可能的傳播方式應為風力，藉由颱風進行遠距離傳播。

由於水冠草的花冠筒裂至花冠基部，且花藥先端癒合，癒合處長於花藥本身，外觀與茄科（Solanaceae）茄屬（*Solanum*）植物的花十分相似，因此水冠草的種小名即為「茄屬植物的花」之意。

▲ 1938 年首次於蘭嶼紀錄水冠草此一物種。

▲水冠草的花冠筒裂至花冠基部，且花藥先端癒合。

▶蒴果具宿存萼片。

苞花蔓 LC

Geophila herbacea（Jacq.）O. Ktze.

科名	茜草科 Rubiaceae
別名	愛地蔓

形態特徵

小型多年生匍匐草本。葉心狀圓形，表面光滑至疏被毛；葉背脈上光滑；葉柄被毛。花白色，單生，頂生於花梗先端；花梗表面被毛，苞片 2 枚；花萼 5 裂，裂片線狀披針形；花冠延長成管狀，多 5 裂，偶為 4 裂，花喉光滑。肉質核果球形，成熟時紅色；內含種子 2 枚。

別名「愛地蔓」與其屬名 *Geophila* 的意義相近，*Geophila* 源自於希臘文 geo（地）及 phila（喜愛）兩字，藉以描述本屬植物為匍匐於地表的小型多年生草本。

苞花蔓廣泛分布於熱帶地區，在臺灣中低海拔山區與蘭嶼林下、步道旁可見。它白色的花冠筒及紅色的成熟果實，在鬱閉的森林底層格外引人注目。

▲葉片呈心狀圓形，表面光滑至疏被毛。

▲白色的花冠筒及紅色的成熟果實，在鬱閉的森林底層格外引人注目。

葛塔德木

Guettarda speciosa L.

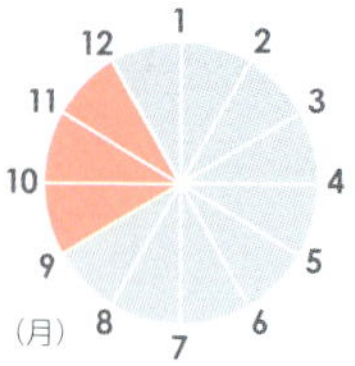

科名｜ 茜草科 Rubiaceae
英名｜ seacoast teak, zebra wood
別名｜ 海岸桐

植物特徵｜ 碩大的葉片與種實

形態特徵

中型喬木，樹幹直立。葉廣倒卵形，先端銳尖，葉基心形，葉背被毛，托葉卵形。聚繖花序被毛，二回分叉，花近無柄，兩性；花冠白色，纖細，裂片6～8枚，花喉處被纖毛；雄蕊著生於花冠筒內，花萼先端截形；花兩型，功能上為雄性者其花柱較短，功能上為雌性者花柱外露。果熟時為白色。

廣布於熱帶亞洲、澳洲至玻里尼西亞；臺灣恆春半島、綠島、蘭嶼、小琉球海濱可見。

海濱植物是一群能在海濱地區生長的維管束植物，由於海濱的地形、氣候、土壤組成多變，因此孕育出種類繁多，且由不同科別組成的類群，然而海濱地區嚴苛的生存條件，使得生活在這裡的物種面臨極大的挑戰。

葛塔德木生長在熱帶海濱，因葉片大型而被稱為「海岸桐」。除了透過根系吸收海濱地區珍貴的淡水外，葉片表面的蠟質也減低葉面水分散失。葛塔德木的種實藉由海流的漂送傳播，時常可在臺灣南部海濱高潮線周邊尋獲，並在海陸交會的珊瑚礁岩頂面生長茁壯。

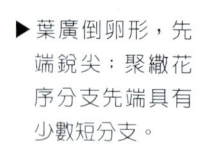

▶ 葉廣倒卵形，先端銳尖；聚繖花序分支先端具有少數短分支。

茜草科 雙子葉植物

▲葛塔德木為海濱可見的中型喬木，樹幹直立且樹冠平展。

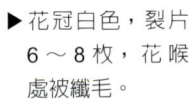

▶花冠白色，裂片6～8枚，花喉處被纖毛。

◀果扁球形，先端可見圓形花柱痕。

403

小仙丹花 EN

Ixora philippinensis Merr.

科名｜ 茜草科 Rubiaceae
別名｜ 綠島仙丹花
植物特徵｜ 碩大的葉片

形態特徵

　　光滑灌木。葉革質，橢圓形或卵狀橢圓形，先端銳尖；葉基銳尖至鈍，托葉廣三角形，先端具小尖頭。花白色，頂生聚繖花序；花冠纖細，裂片 4 枚，雄蕊 4 枚，位於花冠先端，花柱絲狀，外露，柱頭 2 裂，子房 2 室，每室具一枚種子。果球形，種子 2 枚，透鏡狀。

　　分布於菲律賓；在臺灣僅見於琉球嶼。仙丹花屬植物廣布於全球熱帶與亞熱帶地區，在東南亞一帶常被栽植為綠籬。

　　來到琉球嶼，植株較高的小仙丹花分布於西側次生林底層、西側臨海次生林底層，以及西南側當地居民的墳墓周邊，各地植株全年都能開花結果，但以夏季開花性較佳，且能開出許多紫色果實。

　　雖然生育地條件無異於其他臺灣南部地區和離島，但小仙丹花僅見於琉球嶼部分森林內，因此在《臺灣維管束植物紅皮書名錄》中列為

▲小仙丹花為植株較高的灌木，全年都能開花結果。

「瀕危」等級。相較於原生的小仙丹花，琉球嶼當地許多民宅與農田邊都栽植有花色豔紅的大王仙丹（*Ixora casei*），相似的生長條件讓兩者有時也會混生，不過小仙丹花能夠持續結果，不像大王仙丹僅能在人為栽植條件中立地茁壯，因此不致有逸出的疑慮。可惜小仙丹花的花序較小，花色白中帶紫，觀賞價值不如大花仙丹，不然將大花仙丹改植為小仙丹花，也能作為在地保種與復育的方法之一。

▶頂生聚繖花序，花冠白色且花冠筒纖細，裂片4枚。

▲果球形，成熟時為淺紫色。

諾氏草 NT

Knoxia sumatrensis（Retz.）DC.

科名｜ 茜草科 Rubiaceae
別名｜ 紅芽大戟

形態特徵

直立草本，莖4稜。葉長橢圓形或長橢圓狀披針形，葉先端與基部銳尖，葉兩面被毛。花白或粉紅色，近無柄，著生於頂生聚繖花序的延長分支頂端；花冠花喉被毛，花柱絲狀，伸出花冠外。果橢圓形，宿存；內含種子2枚。

廣布於熱帶亞洲至澳洲；臺灣中南部及蘭嶼開闊草生地可見。

諾氏草屬（*Knoxia*）植物分布於印度至澳洲一帶，該屬名是林奈氏以英屬東印度公司的航海人員Robert Knox（1641～1720）其姓氏所立；R. Knox在其第二次航行中，於斯里蘭卡一帶遭俘虜並留滯當地長達19年，期間詳細記述斯里蘭卡當地的所見所聞，包括當地人食用檳榔的文化等。1680年回到英國後出版《An Historical Relation of the Island Ceylon》一書，為當時最早也最詳細記載斯里蘭卡當地風土的歐洲著作。

以往臺灣的分類文獻採用*Knoxia corymbosa* Willd.此一學名，然而近年改採*Knoxia sumatrensis*（Retz.）DC.此一學名作為諾氏草的正確學名。

▲花白色或粉紅色，生長於頂生聚繖花序的延長分枝頂端。

▲諾氏草為直立草本，葉片呈長橢圓形或長橢圓狀披針形，先端與基部銳尖。

毛雞屎樹

Lasianthus cyanocarpus Jack

科名	茜草科 Rubiaceae
英名	blue-fruited lasianthus
植物特徵	碩大的葉片

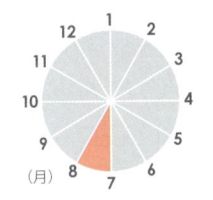

形態特徵

灌木高達 1 公尺，幼莖表面被毛，葉片厚紙質，長橢圓形至倒披針形，葉基銳尖，先端漸尖，兩面密被毛，托葉三角形，早落；葉柄表面密被毛。花無柄，2～4 朵腋生成頭狀，圍繞長且宿存苞片，苞片葉狀，三角狀披針形，表面密被毛；花萼鐘狀，花冠漏斗狀，表面白色。核果卵狀球形，藍紫色，表面被毛。

廣布於印度至中國南部、琉球；臺灣南北兩端低海拔闊葉林內可見。

雞屎樹屬植物廣泛分布於臺灣低海拔山區，其植株外型猶如臺灣各地廣泛栽培的咖啡樹，具有單一直立主幹和多數平展的枝條，加上白色的腋生花朵與藍色的果實，極為容易辨別。其中，毛雞屎樹是當中葉片大型，且全株密被毛的種類，為臺灣產本屬植物中最容易辨別的，然而它的花期甚短，加上結實率低，因此其果實基部呈錐狀的特徵少有機會見到。

▲果實基部圓錐狀，內含小型種子。

▲全株密被毛，是臺灣產葉片大型的類群。

▲花期甚短，花朵周邊苞片密被長毛。

407

檄樹

Morinda citrifolia L.

科名｜ 茜草科 Rubiaceae
英名｜ noni
別名｜ 紅珠樹、水冬瓜、椿根、海濱木巴戟、海巴戟、鬼頭果、諾尼
植物特徵｜ 碩大的葉片與種實

形態特徵

小喬木，小分枝光滑。葉廣橢圓形、橢圓形或長橢圓形，先端銳尖或漸尖；葉基楔形，兩面光滑。花序腋生，球形頭狀；花白色，兩性，單生，無柄；花萼截形，花冠筒表面光滑，花喉被毛，4～5裂；雄蕊著生於花冠筒開口處。聚花果與雞蛋近等大，成熟時漸由白色轉為灰色透明質漿果狀。

檄樹為分布於熱帶亞洲、澳洲與玻里尼西亞的光滑小喬木；在臺灣南部與綠島、蘭嶼、琉球嶼的海岸林下偶見，並且被廣泛栽培於臺灣中南部平野。

檄樹的白色花朵叢生成球狀，開花後花序軸會隨著種子的成熟逐漸膨大，外觀有如綠白色的漿果，形成「聚花果（multiple fruit）」，因此許多人會誤以為葉腋間懸掛著外形奇特的「果實」，其實表面可見圓形如眼睛般，深陷於肉質組織的顆粒才是它真正的果實。這些果實內具有空氣，能漂浮於水面，以藉由海流進行傳播。

檄樹的聚花果長相怪異，有如皮膚所生的爛瘡，傳統上蘭嶼達悟族人不撿取其枝條供薪柴用。近年來由於「諾麗果（Noni）」的風行，當地居民開始採集搾汁飲用；在臺灣地區除了分布於恆春半島、綠島及蘭嶼外，可見許多民眾栽培以供食用。

▶ 球形頭狀花序腋生，花白色，單生且無柄。

▲橄樹為光滑小喬木;在臺灣南部與綠島、蘭嶼、琉球嶼的海岸林下偶見。

▲開花後花序軸會隨著種子的成熟逐漸膨大,形成綠白色的聚花果。

▲聚花果成熟時逐漸由白色轉為灰色透明質漿果狀。

▲種子具有海漂性,能透過洋流遠距離傳播。

茜草科

雙子葉植物

玉葉金花

Mussaenda parviflora Miq.

科名｜ 茜草科 Rubiaceae

形態特徵

攀緣藤本，表面近光滑或近被毛。葉紙質，長橢圓形、長橢圓狀披針形或橢圓形，先端漸尖至銳尖；葉基楔形，葉面光滑至近光滑，葉背脈上被毛，托葉先端二叉，裂片線形，表面被毛。花聚生成頂生聚繖花序，金黃色，單性；花萼裂片線形，部分花萼裂片特化為類花冠，花冠筒密被毛，花喉密被黃色絨毛。

分布於全島中低海拔森林內，綠島、蘭嶼可見。

玉葉金花為玉葉金花屬的纏繞木質化藤本，雌雄異株，線形花萼裂片5枚，表面被毛，金黃色花冠筒纖細，表面密被毛，先端5裂，花喉密被黃色絨毛，雄花花藥著生於花冠開口處，具退化花柱；雌花花柱絲狀，不稔退化雄蕊著生於花冠筒中部；漿果橢圓形，成熟時黑色。玉葉金花與大葉玉葉金花皆具有醒目的白色「類花瓣」以及金黃色花冠筒，但是大葉玉葉金花的植株直立，葉片寬於8公分；玉葉金花為纏繞性藤本，且葉片窄於7公分，可輕易區分兩者。

▲玉葉金花為纏繞木質化藤本，葉片長橢圓形、長橢圓狀披針形或橢圓形，先端漸尖至銳尖。

茜草科　雙子葉植物

▲托葉先端二叉，裂片線形。

▲花聚生成頂生聚繖花序，花冠金黃色，花萼裂片線形，部分花萼裂片特化為類花冠。

411

大葉玉葉金花

Mussaenda kotoensis Hayata

科名｜茜草科 Rubiaceae

植物特徵｜碩大的葉片與種實

形態特徵

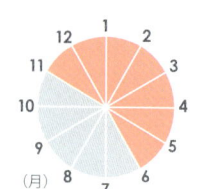

灌木，分支近被毛。葉長橢圓形、橢圓形、廣橢圓形至卵形，先端漸尖至尾狀；葉基截形、鈍形至楔形，葉面光滑或葉兩面於主脈與側脈上疏被毛，托葉三角形，先端二叉。花聚生成頂生聚繖花序，金黃色；花萼裂片 5 枚，披針形，若干花萼特化為菱形或廣橢圓形的類花瓣。漿果橢圓形至倒卵形，表面近被毛；內含種子多數，微小。

零星分布於蘭嶼海濱至山區森林邊緣，與鄰近地區相近類群的分布情況有待釐清。

玉葉金花屬（*Mussaenda*）全球約有190種，本屬成員的花朵中若干花萼特化為白色或淺黃色，菱形、卵形或廣橢圓形的「類花瓣（petaloid）」，加上其花冠筒常為金黃色，故稱為「玉葉金花」。

紅頭玉葉金花為直立灌木，花冠筒金黃色，表面密被毛，先端具5裂花瓣；花喉處被絨毛，雄花雄蕊位於花冠開口處，具退化的雌蕊花柱；雌花花柱纖細，花冠筒中部具退化的不稔雄蕊著生。當花季來臨時，顯眼的白色類花瓣與金黃的花冠筒相當引人注目。

以往許多分類文獻將大葉玉葉金花的學名採用*Mussaenda macrophylla* Wall.，近年來分類學者將此一灌木狀、葉片寬大、類花瓣白色且大型的類群做出不同的分類處理，在臺灣僅見於蘭嶼，例如1911年早田文藏教授發表為*Mussaenda kotoensis* Hayata，即為小種觀點的分類處理。

▶ 葉片寬大，多為廣橢圓形至卵形。

茜草科

雙子葉植物

▲大葉玉葉金花為蘭嶼特有的直立灌木，是優美的園藝種源。

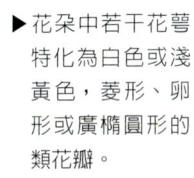

▶花朵中若干花萼特化為白色或淺黃色，菱形、卵形或廣橢圓形的類花瓣。

◀結實率甚高，漿果橢圓形至倒卵形。

413

小花蛇根草

Ophiorrhiza kuroiwae Makino

科名｜ 茜草科 Rubiaceae

植物特徵｜ 碩大的葉片

形態特徵

多年生直立或斜倚草本，分支直立，表面密被毛。葉對生，卵形至卵狀長橢圓形，先端銳尖至漸尖；葉基楔形至漸狹，稍歪基，表面被毛。花聚生成不具苞片的聚繖花序，頂生或腋生於枝條先端葉腋；花萼壺狀，表面被長柔毛，裂片5枚，卵形；花冠盤狀，白色。蒴果橫向壓扁狀，倒心形，表面被毛。

分布於琉球與菲律賓巴丹島；臺灣綠島、蘭嶼森林邊緣陰暗處可見，2006年紀錄本種亦分布於臺灣東南部、恆春半島林下及林緣較陰溼處。

《臺灣植物誌第二版》中記載臺灣產4種蛇根草屬植物，根據前人的調查結果顯示蘭嶼產其中2種。

小花蛇根草為臺灣可見蛇根草屬植物中植株與葉片最大的物種，葉片為卵形而非其他三種橢圓形者，可輕易加以區分。

▲花聚生成不具苞片的聚繖花序，花冠白色。

▶小花蛇根草為多年生直立或斜倚草本，葉片卵形至卵狀長橢圓形。

茜木

Pavetta indica L.

科名	茜草科 Rubiaceae
英名	white pavetta

形態特徵

光滑或被毛小型喬木、灌木。葉膜質，橢圓狀披針形至倒卵形、倒披針形，偶為圓形，先端銳尖至漸尖或長尾狀，托葉短而寬。聚繖花序頂生，無柄，繖房狀，圓球狀；苞片寬廣，膜質。花白色，具香氣，花梗纖細；花萼截形或先端具短三角形萼齒；花冠筒為花冠裂片的 2～3 倍長，柱頭極為纖細，梭狀。

茜木是一種廣泛分布在熱帶亞洲、外形多變的茜草科小型喬木或大灌木，臺灣僅見於蘭嶼。在濃密的熱帶森林中看似普通，春季時會抽出花序軸較短的聚繖花序，開出一球球白色帶有香氣的花朵，吸引無數訪花昆蟲前來探蜜。

許多茜草科植物具有兩性花，茜木也不例外。清晨茜木開花時，位在花冠筒先端的雄蕊花藥會先開裂，露出花藥內的花粉。隨後雌蕊的花柱延長，從4枚雄蕊的花藥間伸出花冠筒外，張開花柱先端的裂片，露出具有接收花粉能力的柱頭。穿越雄蕊花藥的同時，花柱先端也沾滿花粉，這樣特殊的開花現象稱為「花粉二次呈現」，除了利用開花時雄蕊與雌蕊的相對位置降低自花授粉情況發生，也增加傳粉者訪花時沾上花粉的機會。

茜木是自體可稔的植物，能夠透過同株異花授粉的方式結實；雖然目前茜木在蘭嶼叢林內仍屬稀有類群，或許有一天能隨著現地族群繁衍，讓蘭嶼的公路旁再開出璀璨如煙火般的茜木花海。

▲ 開花時延長的雌蕊能夠降低自花授粉的發生。

▶ 蘭嶼的茜木生育地受到道路整建影響，當地族群量驟降。

蘭嶼九節木 NT

Psychotria cephalophora Merr.

科名 ｜ 茜草科 Rubiaceae
英名 ｜ Philippine wind coffee

形態特徵

直立灌木，表面光滑。葉長橢圓形、橢圓形或長橢圓狀披針形，先端漸尖；葉基楔形，側脈 8～12 對，托葉廣卵形。花序為頂生頭狀或圓錐狀簇生，花白色。果橢圓形，表面具稜或光滑，成熟後轉為紅色或黑色。

分布於越南、菲律賓；臺灣蘭嶼可見。

蘭嶼當地有三種九節木屬植物，包括藤本的拎壁龍、匍匐後稍直立的琉球九節木，以及植株高達2公尺的蘭嶼九節木，植株外觀與臺灣海濱至低海拔山區常見的九節木類似，不過蘭嶼九節木的花朵簇生成頭狀，與花朵疏生成聚繖狀的九節木不同。

蘭嶼九節木為生長於森林底層的灌木，不似九節木能在全日照的海濱地區分布於低海拔的森林底層，因此想在蘭嶼見到蘭嶼九節木，只能走進蘭嶼北側山區的森林內，才有機會觀察到它。

▲花白色，簇生於枝條先端。

◀果實橢圓形，成熟後轉為紅色或黑色。

▲蘭嶼九節木為生長於森林底層的灌木，花朵簇生成頭狀。

茜草科

雙子葉植物

琉球九節木

Psychotria manillensis Bartl. ex DC.

科名｜ 茜草科 Rubiaceae
英名｜ Manilla psychotria
別名｜ 馬尼拉九節木

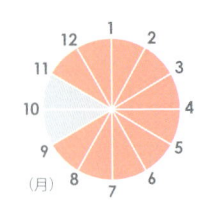

形態特徵

直立灌木，表面光滑。葉長橢圓形、長橢圓狀披針形至橢圓形，先端銳尖至漸尖；葉基楔形。聚繖花序頂生或腋生，總花梗表面光滑，花白色，兩性或單性花；花冠筒短，杯狀，花喉處被外露長柔毛。果橢圓形，堅硬，成熟時轉為紅色至深紫色。

分布於琉球、菲律賓；臺灣綠島、蘭嶼與小蘭嶼林下可見。

琉球九節木為匍匐至直立的小型灌木，和其他蘭嶼產同屬植物相比，拎壁龍為葉片對生的附生或匍匐藤本，可輕易與其他灌木種類區分；琉球九節木的花果排列成疏鬆的聚繖花序，而蘭嶼九節木的花果叢生於枝條頂端。

雖然琉球九節木在綠島和蘭嶼的林下分布較為零星，但在小蘭嶼，琉球九節木是林下頗為優勢的類群。

▲琉球九節木為匍匐至直立的小型灌木，分布於綠島、蘭嶼與小蘭嶼林下。

▲聚繖花序小分支由少數花組成。

◀花白色，花冠杯狀，花喉處被外露長柔毛。

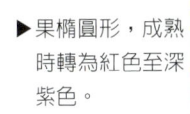

▶果橢圓形，成熟時轉為紅色至深紫色。

大果玉心花 VU

Tarennoidea wallichii（Hook.f.）Tirveng. & Sastre

科名｜ 茜草科 Rubiaceae

植物特徵｜ 碩大的葉片

形態特徵

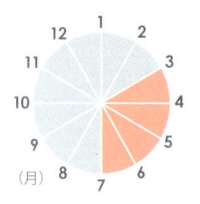

喬木，分枝光滑。葉片長橢圓形、倒披針狀長橢圓形或橢圓狀披針形，革質，先端寬銳尖或漸尖；基部楔形，邊緣常反捲，葉面具光澤。聚繖花序圓錐狀，頂生或腋生於近頂端處；花萼管狀鐘形，基部被毛，先端 5 裂；裂片三角形，花冠黃色，喉部被毛。果實球形，光滑，種子 1～4 枚。

廣布於南亞、東南亞、中國；在臺灣原生於蘭嶼，各地零星引種栽培。

大果玉心花最早為1932年由佐藤達夫（T. Sata）於蘭嶼當地尋獲，隨後由時任屏東農專森林科的張慶恩老師在蘭嶼當地確認其分布，並採用 *Randia wallichii* Hook. f.此一學名；但該物種遲至1982年才被列入臺灣地區的植物名錄中，並於2003年名列第二版《臺灣植物誌》名錄中，然並未加以詳細描述。

不過近年來的分類學者改採 *Tarennoidea wallichii*（Hook.f.）

▲葉革質，先端寬銳尖或漸尖。

Tirveng. & Sastre此一學名，足見茜草科植物的歸群仍有許多值得深究的課題。這可能與新鮮葉片壓製成風乾的臘葉標本後，難以保存花部形態特徵與花色，加上大果玉心花的花朵較小且簇生於枝條先端，葉形、果形與其他蘭嶼當地許多其他科別的喬灌木相似，因此才會這麼晚被植物學者們確認。

大果玉心花的植株高度適中，枝條平展，偶爾會被當地人留在田埂上作為休息納涼處，也被引進臺灣作為庭園用樹。偶爾在臺灣的部分校園、庭園內可見栽植個體，但蘭嶼當地僅於紅頭山腳下的田邊看過少數個體。

▲大果玉心花的聚繖花序圓錐狀，頂生或腋生於近頂端處。

▲花冠黃色，喉部被毛。

▲果實球形，表面光滑，內含1～4枚種子。

薄葉玉心花 LC

Tarenna gracilipes（Hayata）Ohwi

科名｜ 茜草科 Rubiaceae
英名｜ thin-leaf tarenna

形態特徵

被毛或近被毛灌木，小分支、葉背、葉柄與花梗表面被毛。葉長橢圓形至長橢圓披針形，先端漸尖或銳尖；葉基楔形，葉面光滑或近光滑，葉背被毛，葉柄表面被毛，托葉卵形，先端銳尖。聚繖花序頂生或腋生，花白色；花萼被毛，萼齒 5 裂；花冠漏斗狀，先端銳尖；花喉被纖毛。果橢圓形，成熟時黑色。

分布於日本與臺灣；臺灣中南部低海拔地區可見。

薄葉玉心花的模式標本採自屏東縣的來社，最初發表為 *Chomelia gracilipes* Hayata，不過 *Chomelia* 此一由林奈所命名的屬別被視為冬青屬（*Ilex*）的異名，因此大井次三郎將其轉移至玉心花屬內。

薄葉玉心花的葉片較窄小，果實逐漸自翠綠的青澀時期轉為黑色漿果，期間並未呈現黃色，因此與蘭嶼、綠島可見的錫蘭玉心花不同。茜草科植物主要分布於全球熱帶與亞熱帶地區，許多物種在博物學家活躍時期之初便陸續發表，受限於臘葉標本與圖片描繪不易，在科技發達的現代難以想像兩個世紀前的探險家如何艱辛地取得並鑑別這些珍貴植物。

▲薄葉玉心花的模式標本採自屏東縣的來社，葉片較為窄小。

◀花白色，花冠漏斗狀，先端銳尖，花喉被纖毛。

▲果橢圓形，先端具柱頭痕。

茜草科 雙子葉植物

錫蘭玉心花

Tarenna zeylanica Gaertn.

科名｜　茜草科 Rubiaceae

植物特徵｜　碩大的葉片

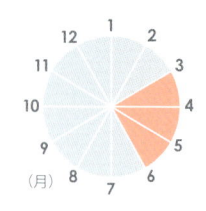

形態特徵

常綠光滑灌木。葉橢圓形、廣橢圓形或長橢圓形，先端漸尖；葉基楔形，兩面光滑；葉柄表面光滑，托葉三角形，表面光滑。花序頂生聚繖花序，花白色；花萼 5 裂，花冠漏斗狀，5 裂，先端圓，花喉被纖毛。果球形，綠色至黃色，成熟時轉為黑色；種子 2～4 枚。

分布於琉球與日本；臺灣僅見於綠島與蘭嶼。

錫蘭玉心花是蘭嶼叢林內極為常見的疏生枝條灌木，在綠島較為少見，具有大而圓的對生葉片，並會於枝條頂端開出大型的聚繖花序及白色花朵。此外，結實率極高，黃色果實在森林中顯得格外亮眼，若果實並未被當地的鳥類啄食，黃色果皮會逐漸轉為黑色。可惜乾燥後的果實不易保留原色，會隨著烘乾而轉黑。

錫蘭玉心花在蘭嶼初尋獲時，曾發表為蘭嶼玉心花（*Chomelia kotoensis* Hayata），不過*Chomelia*被

▲錫蘭玉心花具有大而圓的對生葉片。

視為冬青屬（*Ilex*）的異名，因此山本由松教授在「工藤祐舜教授及森助手採集火燒島植物目錄」文稿中改置於玉心花屬之下成為*Tarenna kotoensis* (Hayata) Masam.，雖然該分類妥善引用原始學名，但目前國內的分類文獻多採用*Tarenna zeylanica* Gaertn.此一名稱，而此學名的模式標本為一張只有果實的手繪圖，因此對於這類原產於熱帶地區茜草科樹種的分類地位，仍有待進一步確認與釐清。

◀枝條頂端具大型聚繖花序，以及大型的白色花朵。

▲果球形，綠色至黃色，成熟時轉為黑色。

貝木

Timonius arboreus Elmer

科名	茜草科 Rubiaceae
別名	櫓木
植物特徵	碩大的葉片

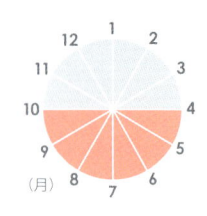

形態特徵

常綠小型喬木或灌木，光滑。葉片3枚輪生或對生，橢圓形、長橢圓形或廣橢圓形，先端銳尖；葉基楔形。雌雄異株，花腋生，白色、淺黃至白色，具苞片2枚；花萼截形，花冠外側被毛，內側光滑繖房花序具多數單側著生雄花，雌花單生。果球形，種子圓柱狀。

分布於菲律賓；臺灣僅見於綠島與蘭嶼。

貝木是蘭嶼與綠島當地原生叢林的常見樹種，在兩座島內向陽至叢林內都能見到。為雌雄異株樹種，雄株較常見，枝條先端會抽出聚繖花序分枝，開出少數花瓣反捲、雄蕊突出於花冠筒外的雄花；雌株數量較少，自枝條先端葉腋處長出單生或少數分支的雌花，結出近球形的果實。

貝木的種子多數，呈窄長柱形，易隨著鳥類啄食而四處傳播。其木材被認為具有貝殼般的光澤而得名，在當地能用來製成若干小型器具。

▲貝木是蘭嶼與綠島當地原生叢林的常見樹種。

▲雄株於枝條先端開出僅具雄花的聚繖花序。

▲雌株數量較少，果序於枝條先端葉腋處長出單生或少數分支的近球形果實。

茜草科

雙子葉植物

恆春鉤藤

Uncaria lanosa Wall. f. *philippinensis*（Elmer）Ridsdale

科名｜ 茜草科 Rubiaceae

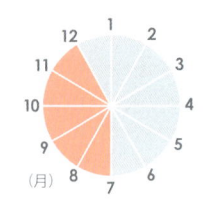

形態特徵

木質藤本，分支4稜，表面被毛，近被毛至近光滑。葉對生，近革質或紙質，橢圓形、卵形或長橢圓形，先端漸尖；葉基圓至截形，葉面光滑或脈上被纖細毛，葉背疏被毛，托葉大型，先端二叉，外表被纖毛。花聚生成球形頭狀，總花梗表面被毛，無花序的總花梗彎曲成硬鉤狀。蒴果延長成紡錘形，淺褐色；種子微小，兩端具翼。

分布於菲律賓、蘇拉維西；臺灣南部及綠島、蘭嶼可見。

藤本植物大多具有長而柔軟的枝條，雖然缺乏強而有力的支持組織，卻能利用特化的器官攀附或纏繞在裸露的岩石、植物體或其他支持物上，因而得到陽光的照射。

不同的藤本植物其攀附方式各異，鉤藤屬（*Uncaria*）植物為木質藤本，本屬成員於葉腋處多具倒鉤，植物學者認為此倒鉤是由花序的總花梗特化而成，藉由本身蔓生的莖與葉腋間的倒鉤攀附在其他樹木上，以爭取熱帶叢林內珍貴的日照。

▲恆春鉤藤分布於臺灣南部及綠島、蘭嶼，生長海拔較低。

在臺灣，分布有三種鉤藤屬植物，其中僅有恆春鉤藤分布於臺灣南部及綠島、蘭嶼，尤以蘭嶼天池步道以及西岸諸多向陽溪谷內常見。相較於其他兩種臺灣可見的鉤藤屬植物，恆春鉤藤生長的海拔較低，是較為容易發現的類群。

　　本種廣泛分布於東南亞各島間，以往臺灣分類文獻採用變種var. *appendiculata* Ridsd.，近年認為該變種僅分布於蘇拉維西島、新幾內亞、澳洲等澳大拉西亞雨林地帶內，與菲律賓和蘭嶼產者應有分化。

茜草科

雙子葉植物

▲花聚生成球形頭狀，總花梗表面被毛。

▲枝條基部的總花梗彎曲成硬鉤狀。

▲花冠筒細長，花柱明顯延伸並外露。

▲蒴果延長成紡錘形，淺褐色。

429

呂宋水錦樹 LC

Wendlandia luzoniensis DC.

科名｜　茜草科 Rubiaceae
英名｜　Luzon wendlandia
植物特徵｜　碩大的葉片

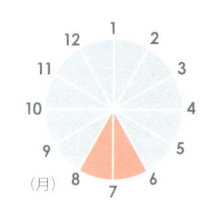

形態特徵

常綠小喬木，小分支表面光滑。葉長橢圓形或橢圓形，兩端銳尖，兩面光滑或近光滑，托葉窄卵形，偶反捲，表面光滑，宿存。圓錐花序頂生，花白色；花萼鐘形，被毛或近被毛，4～5裂；花冠筒狀，表面光滑，4～5裂，反捲，花喉被毛。蒴果球形，近被毛或光滑，深褐色；種子多數，微小且具翼。

分布於越南與菲律賓。

臺灣有三種水錦樹屬植物，花期來臨時枝條先端會開出大型而疏生的圓錐花序，綻放白色小型花朵。由於花果特徵相似，因此除了分布區域外，也能透過植株毛被物與托葉形態加以區隔。

呂宋水錦樹在臺灣僅見於綠島與蘭嶼，兩座島嶼上並無其他同屬植物，因此不至於混淆。此外，呂宋水錦樹的全株光滑，托葉具短柄，呈卵形，且與葉片十字對生，可供進一步確認。

▲呂宋水錦樹為常綠小喬木，開花時花序眾多。

▲托葉窄卵形，表面光滑，與葉片十字對生。 　▲枝條先端具大型而疏生的圓錐花序，開出白色小型花朵。

▲花冠筒狀，表面光滑，先端 4～5 裂。

茜草科　雙子葉植物

431

水錦樹 LC

Wendlandia uvariifolia Hance

科名｜ 茜草科 Rubiaceae

植物特徵｜ 碩大的葉片

形態特徵

常綠小喬木，小分支、葉柄、葉背與花梗被毛。葉長橢圓形、橢圓形或偶為長橢圓狀披針形，先端銳尖；葉基楔形，葉面被長柔毛，托葉廣圓形，反捲，光滑且宿存。頂生圓錐花序，花白色；花萼鐘狀，被毛或近光滑；花冠筒表面光滑，反捲；花喉被毛。蒴果球形，表面被毛，深褐色；種子多數且微小具翼。

分布於中南半島至中國南部；臺灣見於中南部低海拔森林內。

水錦樹為臺灣南部低海拔山區可見的小型喬木，但未見於其他離島。它的莖與葉兩面密被長毛，與其他臺灣產的水錦樹屬植物明顯不同。

水錦樹的托葉呈圓形，無柄，托葉基部心形且先端具小尖頭，透過托葉的微細特徵可進一步確認它的存在。

▲嫩葉泛紅，成葉長橢圓形至橢圓形。

▲水錦樹為臺灣南部可見的常綠小喬木。

◀圓錐狀花序頂生於枝條先端，於冬末至夏初開花。

▲托葉廣圓形，表面光滑；嫩葉基部可見葉片與葉柄表面被毛。 　▲花序分支表面被毛，花朵微小。

▲果序頂生於枝條先端，果實微小。

茜草科　雙子葉植物

433

短柱黃皮 VU

Clausena anisum-olens（Blanco）Merr.

科名｜ 芸香科 Rutaceae
別名｜ 細葉黃皮

形態特徵

灌木，分支圓柱狀，灰褐色。偶數羽狀複葉小葉約 11 枚，互生或近對生，卵狀披針形，明顯歪基，先端漸尖；葉基鈍，先端者明顯長於近基部者，紙質，近全緣，側脈約 6 對。圓錐花序頂生，窄錐狀；花萼淺色，5 裂，裂片短，先端銳尖，表面具腺體，花瓣先端鈍；子房球形，明顯具疣突。果球形，肉質。

分布於婆羅洲、菲律賓與臺灣蘭嶼。

蘭嶼產的芸香科植物葉形多變，包括單葉或單身複葉、三出複葉與羽狀複葉，其中羽狀複葉的類群最多，然而不同芸香科植物間往往依賴花果特徵方能辨認，因此造成許多誤認。

其實蘭嶼當地的芸香科植物具有不同的花序類型，以短柱黃皮為例，由許多聚繖花序分支排列成頂生的圓錐花序，在春季的蘭嶼西北角叢林內避風處開出綠色花朵，夏末結出白色柑果。

短柱黃皮的羽狀複葉小葉形態極為特別，葉軸先端小葉對生，且近軸側的葉肉較為寬大，有助於在當地的矮林內加以辨別。

▶短柱黃皮的花序頂生，由許多聚繖花序分支組成。

▲花朵綠色,花瓣先端鈍,花柱較短而與雄蕊等高。

▲果球形,果皮表面色淺。

芸香科 雙子葉植物

過山香

Clausena excavata Burm. f.

科名 | 芸香科 Rutaceae
別名 | 假黃皮

形態特徵

灌木，小分支被毛，圓柱狀。奇數羽狀複葉，小葉中央者較大，鐮形，先端鈍或具小尖頭；葉基明顯歪斜，邊緣全緣或明顯齒緣。圓錐花序頂生，花淺黃色或淺綠色；花萼4～5裂，先端鈍；花瓣橢圓形，先端鈍，表面光滑。果肉質，橢圓形，先端具小尖突，橘紅色；內含種子1枚。

分布於印度至馬來西亞；臺灣原生並常見於恆春半島，廣泛栽培於中南部，庭院中偶見栽培。

芸香科植物的葉片搓揉後常可聞到柑橘氣味，原因在於芸香科植物的葉片富含油室。摘取葉片後透光來看，便可觀察到翠綠的葉片上綴著一點一點發亮的光點，那就是芸香科植物葉肉間的「油室」。

筆者曾在參與恆春熱帶植物園整建工程期間，見當地技工極度讚賞過山香的氣味，只要指尖輕撫過它的葉叢，手上沾染的香氣就能伴隨你走過一座座山峰。過山香在西拉雅族大滿族人心目中是神聖的植物，據傳大滿族的「阿立」祖非常喜愛過山香氣味，因此過山香的枝葉常作為當地祀壺中的花材，也是族人庭院中常見的園藝植物之一。

▲圓錐花序頂生，花序分支自基部朝末梢開花。

▲過山香為奇數羽狀複葉的灌木，葉片具有發達的油室。

▲花朵淺黃色或淺綠色，花瓣橢圓形且先端鈍。

蘭嶼月橘

Murraya crenulata（Turcz.）Oliver

科名｜芸香科 Rutaceae
別名｜蘭嶼九里香

形態特徵

小型喬木，分支光滑。葉羽狀複葉，互生，小葉互生，紙質，卵狀橢圓形，明顯歪基，先端漸尖；基部鈍形。頂生圓錐狀聚繖花序表面微被毛；花萼近圓形，花瓣長橢圓形，表面光滑，先端鈍形，雄蕊 10 枚，表面光滑。果卵形。

分布於澳洲、新幾內亞、太平洋諸島與菲律賓；臺灣僅見於蘭嶼和小蘭嶼。

芸香科月橘屬植物的花朵常具芬芳香氣，臺灣常見的園藝植物：月橘（*M. exotica*）以及長果月橘（*M. omphalocarpa*）就是極具觀賞價值而廣泛栽培的園藝物種。

除了長果月橘之外，蘭嶼島上還有另外一種稀有的同屬植物：蘭嶼月橘。蘭嶼月橘的根系為暗黑色，植株常從主幹基部分出多枚分支，並從莖頂開出花朵繁多的聚繖花序；與根系灰白色、具有明顯主幹與多數細小分

▲蘭嶼月橘為蘭嶼邊坡少量分布的小型喬木，具有多數基部分支的側枝。

支，花序常位於分支先端葉腋間，花朵數量較少的長果月橘不同。

在蘭嶼，長果月橘與蘭嶼月橘的結實率都很高，長果月橘的果實呈卵狀，成熟時為鮮紅色，先端銳尖；蘭嶼月橘的果球形，果實成熟時綠色，先端圓，因此結果時也能輕易區分。雖然蘭嶼月橘的結實率極高，蘭嶼島的現生族群卻都生長在邊坡的人工鋪面旁，導致果實落地後無法順利發芽，成株周邊缺乏小苗更新，加上當地族群量較低，極有可能受到過度的人為干擾導致族群絕滅。值得慶幸的是在一海之隔的小蘭嶼，也分布有少量個體，能在缺乏人為干擾的環境下繁衍生長。

芸香科

雙子葉植物

◀果實像極了縮小的柑橘，但是外果皮極厚。

▲花朵具香氣，花瓣長橢圓形且反捲。

▲現地結實率高，果實卵形。

439

長果月橘

Murraya omphalocarpa Hayata

科名｜ 芸香科 Rutaceae

別名｜ 蘭嶼月橘、卵果月橘

形態特徵

灌木或小喬木；光滑，小分支纖細。葉片先端鈍或短漸尖；葉基楔形；邊緣全緣，葉面具光澤。花白色，具芬芳，密集頂生或腋生，無柄且光滑聚繖花序；花萼5裂，花瓣5，長橢圓形，基部直立，先端展開且膨大；雄蕊不等長，表面光滑。果球狀或卵形漿果，先端銳尖，成熟後紅色；種子表面被毛。

分布於菲律賓、綠島及蘭嶼。

以往長果月橘認為是蘭嶼和綠島特有種，近年來亦於菲律賓尋獲，足見兩地物種具有極高的相似性。

來到蘭嶼精心種植綠籬的民居或旱田旁，偶爾能夠看見成片的長果月橘，開出碩大的白色芳香花朵，以及鮮豔的紅色果實，搭配油亮的葉片，迎著東風展現特有風情。其外型與廣布於臺灣低海拔，栽培為綠籬的植栽：月橘（又稱七里香）相似。然而在綠島及蘭嶼島上才有的長果月橘具有較大的花與葉片，鮮紅色的果實先端明顯較尖，不似月橘的花果嬌小而秀氣，可輕易與臺灣分布的月橘相區隔。

透過園藝家的引種，長果月橘已零星栽植在臺灣平地若干公園綠地內，下回在蘭嶼、綠島或是臺灣看到花明顯較大、果明顯較尖的月橘，可別忘了想起「長果月橘」喔！

▶長果月橘為灌木或小喬木，小葉與花朵較為大型。

◀花瓣長橢圓形，雄蕊不等長且表面光滑。

▲果實成熟後呈紅色，先端銳尖。

▲幼苗可見翠綠的子葉，為子葉出土的類群。

芸香科

雙子葉植物

烏柑仔

Atalantia buxifolia（Poir.）Oliv. ex Benth.

科名｜芸香科 Rutaceae

別名｜山柑仔、酒餅勒、烏柑、黃根、常山

形態特徵

小灌木，幼枝被毛，常具粗壯腋生皮刺。葉厚革質，長橢圓形或倒卵狀長橢圓形，先端鈍至具凹刻；葉基鈍至漸狹，側脈多數，細緻，微隆起於兩面；葉柄極短。花腋生，無柄或近無柄，單生或 2～3 朵聚生；花萼微小，覆瓦狀，花瓣 5 枚，長橢圓形，先端圓，雄蕊 10 枚，離生。果近扁球形，漿果，黑色。

分布於中國南部、中南半島與菲律賓；臺灣南部與恆春半島海濱可見。

以往臺灣低海拔地區遍布野生的臺灣梅花鹿（*Cervus nippon taiouanus*），在1624年荷蘭入主臺灣後，荷屬東印度公司（Vereenigde Oost-Indische Compagnie, VOC）大量獵捕鹿皮外銷至江戶時期的日本；直至明鄭時期，鹿製品仍是臺灣最重要的出口貿易商品之一。

那麼生長於大型草食性動物存在的野外，植物要怎麼適存呢？僅見於臺灣南部海濱至低海拔的灌叢植物──烏柑仔，其枝條葉腋間具有長而硬的刺，這或許是在乾溼季更迭氣候下孕育出的特徵。於梅花鹿存在的時空下，硬刺保護了它基部尚存的芽點，即使嫩葉遭到啃食，也能在鹿群遷移後的時光中重新吐露枝枒。在現今的餵養實驗中，研究者也發現野放後的梅花鹿對於烏柑仔興趣缺缺，或許這就是烏柑仔的生存之道。

臺灣以往的許多分類文獻多採用 *Severinia buxifolia*（Poir.）Tenore，隨著近年分子親緣的研究成果，已將本種轉移至 *Atalantia* 屬內。

▲葉片厚革質，具有明顯的平行側脈。

▲烏柑仔的枝條與葉腋間具有長而硬的刺。

▲花單生或 2～3 朵聚生，花朵白色。

▲柑果扁球形，成熟時表面轉為黑色。

芸香科　雙子葉植物

443

蘭嶼花椒 VU

Zanthoxylum integrifoliolum（Merr.）Merr.

科名	芸香科 Rutaceae
英名	leaves entire prickly ash
別名	蘭嶼崖椒
植物特徵	碩大的葉片

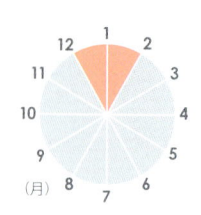

形態特徵

喬木，幼枝表面具有短而粗糙的皮刺，小分支不彎曲。偶數羽狀複葉，表面光滑，小葉對生，紙質至革質，倒卵形至橢圓形；基部鈍至楔形，常略為歪斜，邊緣全緣。花瓣4枚，白色，橢圓形至卵形，雄蕊4枚，微外露於花瓣；雌花花柱偏生，柱頭扁平。蓇葖果單一，近球形，具多數油腺。

廣布於菲律賓；臺灣僅見於蘭嶼。

造訪冬季的蘭嶼，會感受到完全不同的島嶼風情，也因此收到意外的驚喜！有一年筆者趁著兩道東北季風的空檔造訪蘭嶼，抵達後強烈的東北季風夾帶著冷冷的風雨，讓印象中豔陽高照的島嶼成了雲霧繚繞的雨島，當地友人說這個季節是蘭嶼的神出鬼沒節，描述地非常傳神！

然而就在部落四周旁的林間閒逛時，偶然瞄到羽狀複葉的中央有著

▲蘭嶼花椒具有大型的羽狀複葉，冬季會於枝條先端抽出花序。

點點白花，原來是我從沒想過會目睹的蘭嶼花椒開花了！我拿著它的葉片默默地走回民宿過程中，路旁整理地瓜的陌生人突然面帶微笑地對我說：「你採到varok了，那是帶著幸運的意思！」原來蘭嶼花椒的木材敲打成碎屑後，可以用來修補拼板舟的縫隙以避免進水，對於出外捕魚的當地居民而言，的確帶有正面的意涵，這也讓我一直帶著這樣的幸運，繼續穿梭在各處熱帶叢林中。

芸香科

雙子葉植物

▲花朵白色，中央的雌蕊子房橘色，先端具有側生的花柱。

▲果實球形，果皮具有多數油室，成熟時逐漸轉黃。

▲蘭嶼叢林底層可見許多蘭嶼花椒的小苗，天然更新良好。

445

羅庚果

Flacourtia rukam Zoll & Merr.

科名｜楊柳科 Salicaceae
英名｜rukam
別名｜大葉刺籬木、羅庚梅

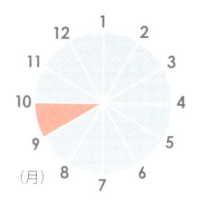

形態特徵

喬木，主幹幼枝光滑或具刺，樹皮灰色或褐色，小分支被細毛。葉卵狀橢圓形，先端具長尖突；葉基圓或微心形，葉面具光澤，大型者兩面主脈表面被毛，幼葉褐色。腋生總狀花序，單性花，綠白色；花萼 3～6 枚，兩面被毛，雄蕊多數，花柱 5～8 枚，離生，宿存。核果球形或扁球形。

原生於東南亞地區；蘭嶼灌叢內可見。

日治時期臺灣被視為帝國的熱帶島嶼，因此引進了許多東南亞的經濟果樹，其中就包括羅比梅、羅旦梅與羅庚果。現今於臺灣本島的許多公園綠地可以看到羅比梅（*Flacourtia inermis*）與羅旦梅（*Flacourtia jangomas*）的庭園植栽，用來欣賞它鮮紅的嫩葉，反倒是原生於蘭嶼叢林內的羅庚果在臺灣本島極為少見。

筆者對於羅庚果的第一印象源自研究所時期，認為它是一種只能在蘭嶼找到的稀有植物。某次實地前往蘭嶼，在天池步道沿線看到羅庚果的植株，但卻鮮少見到花果。原來羅庚果在遊客逐漸稀少的秋季開出微小的花，並在冬季結出1cm寬的果實，想要看到它不顯眼的花果得算準花果期、多走幾趟山路才能在原生地尋獲喔！

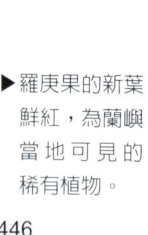

▶羅庚果的新葉鮮紅，為蘭嶼當地可見的稀有植物。

▲花朵微小，具有多數雄蕊。

▶果實球形，成熟後轉為紅色。

▶天然結實率低，果實先端可見宿存花柱。

楊柳科

雙子葉植物

447

魯花樹

Scolopia oldhamii Hance

科名	楊柳科 Salicaceae
英名	Oldham scolopia
別名	牛柚笊、臺灣刺柊、有刺赤蘭、有刺赤楠、魯化樹、魯花、俄氏莿柊
植物特徵	幹生花

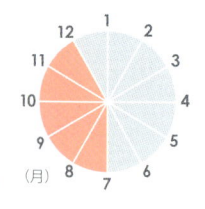

形態特徵

小型喬木，小分支光滑，偶具棘刺。葉革質，表面光滑，卵形至長橢圓形，先端圓或鈍；葉基銳尖，淺齒裂或全緣，脈隆起於葉兩面；葉柄短。聚繖花序頂生或腋生，花萼 5～6 枚，卵形，先端銳尖；花瓣 5～6 枚，淺黃色或白色，橢圓形，先端圓；雄蕊多數。漿果球形，花柱宿存，種子 4～5 枚。

分布於中國南部與菲律賓；臺灣及綠島海濱至低海拔地區可見。

魯花樹屬植物廣布於舊世界的熱帶與亞熱帶地區，許多類群分布於非洲、東南亞與澳洲熱帶潮溼處，在臺灣僅見一種。

相信見過魯花樹植株的人，一定對它幼枝上長而銳利的棘刺印象深刻，許多導覽解說人員有時會開玩笑地說：「這是由於它感受到了危險，才會長出這些棘刺。」從這些棘刺的生長位置，我們可以推論這是由特化的枝條形成，在大型草食動物廣布地區，能夠有效減少被過度啃食造成個體死亡，符合生育地在較為乾燥且類似稀樹草原的喬灌木特徵。不過在潮溼環境下，魯花樹又能展現出幹生花的雨林喬木特點，由此可知魯花樹屬植物是一群身懷絕技的樹種，才能在降雨量各異的熱帶與亞熱帶環境中占有一席之地。

▲魯花樹在臺灣本島低海拔山區可見，也被栽培為景觀樹種。

▲有時枝條葉腋處可見平展棘刺。 　　　▲聚繖花序軸較短，花朵具有多數雄蕊。

◀聚繖花序位於側枝先端葉腋處，與棘刺的位置相似。

▶漿果球形，先端可見宿存花柱。

楊柳科　雙子葉植物

止宮樹

Allophylus timoriensis（DC.）Blume

科名｜　無患子科 Sapindaceae
英名｜　timor allophylus
別名｜　假茄冬、止槓樹、帝汶異木患、海濱異木患

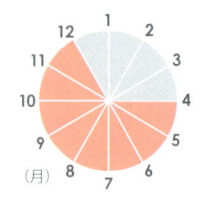

形態特徵

常綠灌木，2～4公尺高，小分枝明顯具溝。葉互生，先端銳尖；葉基圓且歪斜，疏齒緣，兩面光滑；葉背淺色，側脈7～8對，展開狀。花序腋生，圓錐狀總狀花序，單性；花微小，白色或黃色；花萼4枚，外圍者較小，花瓣4枚，雄花具5～7枚雄蕊，雌花具心皮2枚。核果球形，橘色。

分布於太平洋諸島、馬來半島、海南島、菲律賓；臺灣恆春半島、東沙島、琉球嶼、綠島可見。

止宮樹是臺灣南部海濱可見的常綠灌木，由於葉片為三出複葉，葉片偶具不明顯的疏齒緣，與臺灣全島海濱至低海拔常見的喬木「茄冬」相似，因此又被稱為「假茄冬」。

止宮樹在恆春半島與東沙島極為常見，在東海岸、琉球嶼和綠島海濱零星可見，但未見於蘭嶼和小蘭嶼。臺灣早期的植物調查結果顯示止宮樹局限分布於恆春半島，僅有細川隆英教授於1929年在琉球嶼也有尋獲。2021年筆者自行前往綠島進行植物觀察後，在綠島西北側公路旁尋獲少量個體，由於植株間距相近，因此推測應為人為栽植的綠化植栽。

止宮樹的種小名為 *timoriensis*，意指「帝汶的」，應指本種原產於印尼帝汶島；不過這樣的拉丁文種小名在分類學者中比較少用，大多數的分類學者較常使用 *timorensis*，因此止宮樹的學名頗為特殊。

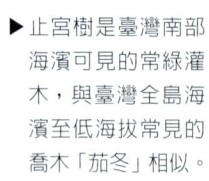

▶ 止宮樹是臺灣南部海濱可見的常綠灌木，與臺灣全島海濱至低海拔常見的喬木「茄冬」相似。

▲花微小，白色或黃色，雄花具 5～7 枚雄蕊。　▲圓錐花序的花序分支極短，因此外觀呈總狀。

▲核果球形，成熟時橘色。

無患子科

雙子葉植物

451

蘭嶼山欖

Planchonella duclitan（Blanco）Bakh. f.

科名｜ 山欖科 Sapotaceae
英名｜ Lanyu pouteria, Phillipines pouteria
別名｜ 大葉樹青、蘭嶼樹青
植物特徵｜ 碩大的葉片與種實

形態特徵

　　大型常綠喬木，小分支被淺黃色或白毛，漸無毛。葉紙質，長橢圓形、橢圓形或倒卵狀長橢圓形，先端圓鈍、銳尖或具小尖頭；葉基楔形，邊緣全緣。總狀花序花小型，淺黃色至黃綠色；花萼覆瓦狀排列，表面被毛，內層光滑；花冠鐘狀，兩面光滑。漿果橢圓形，深紫色至紅色；種子深褐色。

　　分布於馬來亞、印尼、菲律賓與新幾內亞；臺灣僅原生於蘭嶼。

　　蘭嶼山欖是大型的直立喬木，在蘭嶼茂密的森林中往往僅見到它粗壯的主幹，樹型與蘭嶼當地可見的同屬植物「大葉山欖」相仿。

　　相對於它微小的淺色花朵，蘭嶼山欖大而具光澤的漿果往往才是在野外一眼辨別出它的重要特徵！蘭嶼山欖的橢圓形漿果先端較圓，基部較尖，與蘭嶼當地較為常見的大葉山欖明顯不同；加上蘭嶼山欖的葉片較為

▲蘭嶼山欖是大型的直立喬木，在蘭嶼茂密的森林中難以見到枝葉。

大型且呈紙質，大葉山欖的葉片為厚革質，也能藉此加以區隔。

　　以往造訪蘭嶼的遊客，都會選擇天池步道登山口旁的蘭嶼山欖觀察、拍照，由於地處開闊的向陽處，受到海風吹拂造成植株較矮，因此極為適合就近觀察。不過，蘭嶼位在颱風行進的主要路徑上，據某些學者講述該區域的蘭嶼山欖遭到風災而倒伏後，觀察紀錄日漸稀少，僅剩下部分溪谷內的偏遠族群。所幸早年有部分園藝業者自蘭嶼引種栽培，並栽植於臺灣南部的部分觀光景點，讓我們有幸在都市園區內欣賞蘭嶼山欖的風貌。

山欖科

雙子葉植物

▲總狀花序極短，花朵微小且呈淺黃色至黃綠色。

▲花冠鐘狀且兩面光滑，與其他臺灣產山欖科植物明顯不同。

▲漿果橢圓形，深紫色至紅色。

453

山欖 LC

Planchonella obovata（R. Br.）Pierre

科名｜山欖科 Sapotaceae
英名｜Pouteria
別名｜石榕、石松、赤鐵、樹青

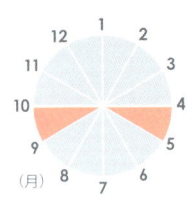

形態特徵

中型常綠喬木，小分支被鏽色毛。葉厚革質，倒卵形、倒卵狀長橢圓形或長橢圓形，先端圓或微具缺刻；葉基楔形，全緣。花腋生，單生或 2～4 枚叢生；花萼 5 裂，花冠鐘狀，5 裂，雄蕊 5 枚，退化雄蕊 5 枚。漿果橢圓形；種子 1～2 枚。

分布於南亞、東南亞、太平洋諸島至澳洲；臺灣南部低海拔森林與綠島、蘭嶼海濱至森林內可見。

山欖零星分布在海濱向陽林緣與山區森林內，由於適生於全日照的海濱地帶，因此也被選用為原生行道樹植栽。

山欖的葉形多變，生長在海濱向陽處個體的葉片較短，葉片先端較圓；而生長在山區森林內個體的葉片較長，葉片上半部較為狹長至鈍，無論生長在何種日照環境，山欖的葉背都具有鏽色短毛，能藉此加以區別。

▲山欖為臺灣、蘭嶼和綠島可見的中型喬木。

除此之外，生長在森林內的個體由於日照較少，樹型往往較為瘦高，生長在海濱開闊地的個體植株較為低矮，才有機會看到它那並不顯眼的花果。

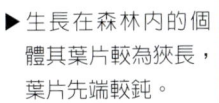

▶生長在森林內的個體其葉片較為狹長，葉片先端較鈍。

山欖科 雙子葉植物

▲花腋生，單生或2～4枚叢生於嫩枝基部。

▲漿果橢圓形，成熟時轉為黑色。

◀花冠鐘狀，雄蕊與退化雄蕊各5枚。

455

苦藍盤

Myoporum bontioides（Sieb. & Zucc.）A. Gray

科名｜ 玄蔘科 Scrophulariaceae

別名｜ 甜林盤、義藍盤、苦檻藍

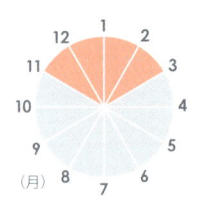

形態特徵

小型常綠灌木。葉肉質，倒披針形至長橢圓形，全緣至微鋸齒緣，側脈 3 ～ 4 對，明顯。花腋生，紫色，具細梗，5 數性。核果球形，先端具尖頭，外被宿存萼片包圍。

分布於中國南部、越南至日本；原生於臺灣西部海濱可見，且零星引種栽植。

苦藍盤屬植物分布於澳洲、紐西蘭、太平洋諸島至印度洋內的模里西斯群島，為主要分布於亞洲與大洋洲熱帶與亞熱帶地區的屬別。

苦藍盤為本屬中成員在東亞往北延伸之物種，生育地、外觀和唇形科的苦林盤類似，但族群量遠遠低於苦林盤。

苦藍盤的花色偏紫，花絲稍微外露於花冠筒；苦林盤的花色白，且紅紫色的纖細花絲明顯外露，兩者差異顯著。由於苦藍盤的原生族群量低，局限且零星分布於西南海岸，因此被《臺灣維管束植物紅皮書名錄》列為瀕危等級。

▲苦藍盤的外觀和唇形科的苦林盤類似，花冠紫色。

▲花冠內具有深色斑點，花絲稍微外露於花冠筒。

▲核果球形，先端具尖頭，外被宿存萼片包圍。

羊不食

Solanum lasiocarpum Dunal

科名｜ 茄科 Solanaceae
英名｜ Indian nightshade, hairy-fruited eggplant
別名｜ 毛茄、毛刺茄
植物特徵｜ 碩大的葉片

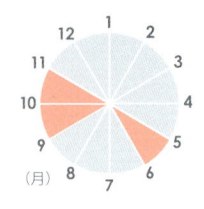

形態特徵

橫向伸展的雄性或兩性灌木，全株密被淺黃色多細胞星狀毛；莖與分支被扁平、直立或微彎棘刺。葉卵形，先端銳尖；葉基截形或近楔形，表面被毛，葉背者較濃密，脈上被棘刺；葉柄常鉤狀。花序腋生具少數花，蠍尾狀總狀花序；花冠白色，反捲。漿果橘色，球形，被密而宿存的星狀絨毛。種子褐色。

廣布於南亞、東南亞、中國與澳洲；臺灣路旁與干擾地可見。

羊不食偶見於臺灣南部和綠島，但在蘭嶼聚落附近海濱卻是常見植物，由於全株密被淺黃色的星狀毛，又被稱為「毛茄」；然而這個別名卻不及「羊不食」來得傳神。

原來羊不食的莖與葉脈上具有扁平的直立棘刺，看起來令人毛骨悚然，也令蘭嶼島上橫行的羊群退避三舍，難怪成為蘭嶼聚落旁葉片完整的植物之一。少數沒有硬刺的部位，就是躲在葉叢間的白花及漿果；白色的花朵具花瓣5枚，展開時朝下綻放；球形的漿果成熟時為橘色，表面被有濃密的星狀絨毛。

▲羊不食偶見於臺灣南部和綠島，但在蘭嶼聚落附近海濱為常見植物。

▲葉面主脈與側脈具有大而明顯的直立棘刺。 　▲蠍尾狀總狀花序，花冠白色且反捲。

▲漿果球形，被密而宿存的星狀絨毛。

茄科

雙子葉植物

宮古茄 NT

Solanum miyakojimense Yamazaki & Takushi

科名｜茄科 Solanaceae

別名｜刺柑仔

形態特徵

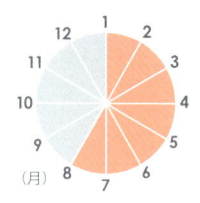

灌木，莖圓筒狀多分支，綠色，倒伏狀，表面密被星狀毛，疏被棘刺。葉互生，厚革質；葉片卵形至橢圓形，葉兩面密被星狀毛，葉兩端鈍形，邊緣具1至3對鈍三角形裂片。蠍尾狀總狀花序腋生，花萼5裂；花冠白色偶帶淺藍紫色，裂片5枚，披針形。漿果卵形，未成熟時表面淺綠色帶有深綠色條紋，果實成熟時紅色。

分布於琉球、菲律賓、臺灣恆春半島與蘭嶼。

茄屬（*Solanum* L.）約有1400種，為茄科（Solanaceae）植物中種類最多、最具多樣性的一屬。《臺灣植物誌第二版》中紀錄18種茄屬植物，其中超過半數為引進的物種。以往日籍學者認為宮古茄為沖繩群島宮古島的特有植物；隨後在《日本植物誌》中提到宮古茄也分布於蘭嶼，卻一直未被證實。

1958年由莊燦陽先生採自蘭嶼的標本可知宮古茄當時已分布在蘭嶼海濱，1978年由洪丁興先生、孟傳樓先生、李遠慶先生與陳明義教授所編纂的《臺灣海邊植物》二冊中，可見記載了「刺柑仔」此一植物，其圖文皆與宮古茄的外型相仿，但採用了*Solanum indicum* L.此一學名。直到2007年的植物調查中，才由許再文博士確認「宮古茄」為蘭嶼的新紀錄物種。

筆者2008年及2009年也分別在蘭嶼南、北端海岸尋獲此植物，2009年間亦於臺灣的墾丁海岸尋獲此植物。在臺灣的茄屬植物中，宮古茄與印度茄（*Solanum violaceum*）的外觀最為相似；兩者的差別為宮古茄的葉片較印度茄小而厚，且宮古茄的花序不分支，花序軸上少於5朵花，花冠深裂且裂片披針形，而印度茄的花序常分支，花冠裂片卵形至卵狀披針形。

▲花冠白色偶帶淺藍紫色，花冠裂片披針形。

◀宮古茄為琉球群島、恆春半島至菲律賓間分布的匍匐性灌木。

茄科

雙子葉植物

▲漿果卵形，未成熟時表面淺綠色帶有深綠色條紋。　▲漿果成熟時轉為紅色。

呂宋毛蕊木

Gomphandra luzoniensis（Merr.）Merr.

科名｜ 金檀木科 Stemonuraceae

植物特徵｜ 碩大的葉片

形態特徵

小型喬木，小分支光滑，圓柱狀。葉倒卵狀橢圓形，先端鈍；葉基鈍圓形，表面光滑；葉柄粗壯，上表面明顯具溝紋。花序腋生，具 3～5 枚繖房花序，表面密被毛；花萼盂狀，微具 5 齒突，漸無毛；花瓣 5 枚，白色。核果長橢圓形，表面光滑，具多數縱稜。

分布於菲律賓；臺灣綠島、蘭嶼可見。

呂宋毛蕊木的名稱顧名思義，為分布於菲律賓呂宋島、花蕊被毛的樹木，在蘭嶼和綠島海濱至向陽林緣零星可見。

呂宋毛蕊木的葉片質厚，雖然花朵微小，但果實成熟後呈現粉橘色，為觀葉與觀果植栽。以往呂宋毛蕊木被列在茶茱萸科中，如今藉由分子親緣技術的協助，將本屬及其他近緣屬別改列至金檀木科下。

在查詢 *Gomphandra* 屬的相關資訊時，查到本屬皆為雌雄異株（dioecious）物種，這與筆者現地觀察的成果相左，查閱第二版《臺灣植物誌》後也並未尋獲本屬皆為雌雄異株的內容，因此廣泛閱讀相關資料並心存懷疑地加以詳查，才能把資料轉化為知識。

▲呂宋毛蕊木的葉片質厚，果實成熟後呈現粉橘色。

▲呂宋毛蕊木為花蕊被毛的樹木,在蘭嶼和綠島海濱至向陽林緣零星分布。

▲花朵微小,雄蕊花絲明顯具毛。

金檀木科

雙子葉植物

蘭嶼野茉莉

Styrax japonica Sieb. & Zucc.

科名｜　安息香科 Styracaceae

形態特徵

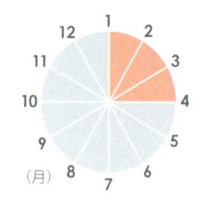

小喬木或灌木。葉片長橢圓形或菱形，先端銳尖；葉基廣楔形，全緣，葉兩面光滑，幼時微被星狀毛。花序為單純總狀花序，頂生，4～6朵花，表面光滑；花萼不明顯，5齒裂，花冠筒裂片卵形至卵狀披針形，兩面密被微小星狀毛。果卵形，基部具杯狀宿存萼片。

廣布於中國、東南亞、日本、韓國、菲律賓；臺灣僅蘭嶼和龜山島可見。

由於蘭嶼野茉莉分布範圍廣，花朵大小變化較大，因此部分日籍學者將其處理為獨立變種。

野茉莉屬植物分布於全球北溫帶地區與南美洲北部，該屬成員的樹脂能提煉作為香水原料；由於開花時常自側枝葉腋開出簇生的白色花朵，因此在國外稱本屬植物為雪球（snowball），栽植作為庭園景觀小喬木。

蘭嶼野茉莉（*S. japonica*）在東北亞原生地的初夏時節開花，由於開花時具有香氣，除了觀花與香花功能外，也常吸引鳥類與蜂蝶前來採蜜；蘭嶼野茉莉也零星分布於菲律賓、蘭嶼與龜山島，每年初春時節開花，它的花朵直徑較原變種為大，花況不亞於其他地區的園藝品種。

由於蘭嶼位於北回歸線以南，即使冬季受到強烈的東北季風吹拂，尚無降雪的歷史紀錄。初春時節蘭嶼山稜上開花的蘭嶼野茉莉，像似替山頭妝點了白雪，為極具景觀價值的原生樹種。雖然蘭嶼野茉莉零星分布於紅頭山、山田山、天池等地稜線處，卻密集生長在蘭嶼氣象站周邊向陽坡地，與日治時期主要的採集紀錄吻合。當地蘭嶼野茉莉花況與自行更新狀況良好，讓蘭嶼氣象站成為欣賞「蘭嶼雪球」的最佳觀賞地點。

▲花萼不明顯5齒裂，花冠筒裂片卵形至卵狀披針形。

▲蘭嶼野茉莉在初春開花，宛如堆積在樹梢的白雪。

▲果卵形，基部具杯狀宿存萼片。

465

蘭嶼銹葉灰木

Symplocos cochinchinensis（Lour.）S. Moore var. *philippinensis*（Brand）Noot.

科名｜ 灰木科 Symplocaceae　　英名｜ Lanyu sweet leaf

別名｜ 越南山礬、火灰樹、火樣灰樹、大葉灰木、火灰木、越南灰木、山火灰、大葉火灰、沙橋、黃板木

植物特徵｜ 碩大的葉片

形態特徵

常綠小喬木，分枝灰褐色，圓柱狀。葉片革質，近無毛，橢圓形至卵形，先端漸尖至尾狀；葉基楔形或銳尖，邊緣微反捲，銳齒緣。圓錐花序頂生或腋生於枝條先端，穗狀花序分支於基部；花萼筒表面光滑，裂片覆瓦狀，卵形，先端鈍；花冠白色，裂片橢圓形，雄蕊 40～60 枚。果卵形至窄瓶狀。

原變種廣布於東亞溫帶至熱帶地區；此一變種分布於菲律賓、蘇拉維西至爪哇間諸多海島；臺灣綠島與蘭嶼可見。

臺灣分布有29種灰木科植物，廣泛分布於平地至高海拔山區，不乏許多特有類群；對於生活在臺灣的植物愛好者而言，可能會認為既然許多種類的灰木生活在中高海拔山區，那麼灰木科植物應該是生性喜愛涼爽的溫帶植物。然而從全球尺度來看，灰木科植物為分布於亞洲、大洋洲與美洲熱帶至亞熱帶地區的類群，且在東亞地區往中國東北、日本等中緯度地區擴張。隨著我們對於呂宋島弧的漂移過程日漸釐清，因此不難想像全球灰木科植物的分離與各自演化的過程。

銹葉灰木（*Symplocos cochinchinensis*（Lour.）S. Moore）廣布於東亞、東南亞至澳洲東北部，在

▲蘭嶼銹葉灰木為局限分布於綠島和蘭嶼的變種。

臺灣本島主要分布於北部山區；相形之下局限分布於綠島和蘭嶼的變種蘭嶼銹葉灰木應為近期才由鄰近島嶼遷入，為當地僅見的灰木科植物，不過兩座島嶼上的居民傳統上並未對蘭嶼銹葉灰木進行特殊的利用與引種。

▲圓錐花序頂生或腋生於枝條先端，穗狀花序分支於基部。

◀花冠白色，裂片橢圓形，雄蕊40～60枚。

▲果卵形至窄瓶狀。

灰木科

雙子葉植物

火筒樹

Leea guineensis G. Don

科名｜ 葡萄科 Vitaceae
英名｜ burgundy leea, Hawaiian holly, West Indian holly
別名｜ 臺灣火筒樹、番婆怨
植物特徵｜ 支持根、碩大的葉片

形態特徵

　　灌木或小喬木，表面光滑或近光滑。三至四回羽狀複葉；葉軸與分支具關節，小葉橢圓狀卵形至長橢圓狀披針形，先端漸尖，銳齒緣；葉柄膨大且基部具鞘。聚繖狀繖房花序二叉，紅色，大型，寬達 50cm；花 5 數性。果深紅色，扁球形。

　　分布於菲律賓；臺灣低海拔與綠島、蘭嶼灌叢可見。

　　火筒樹是臺灣原生的美麗樹種，除了羽狀複葉大型之外，枝條中央還有大型的火紅色花序，結出果實後雖然果皮較暗，卻完全無損鮮紅色的花序，因此一年四季都值得觀賞。

　　火筒樹的葉片二型，有些個體具有四回羽狀複葉，但其小葉片較小；有些個體具有三回羽狀複葉，其小葉片較大，但根據親緣分析成果應屬種內變異，因此仍被視為同一物種。

▲火筒樹具有大型的羽狀複葉和火紅色花序。

除了廣泛栽培為原生景觀樹種或誘蝶植物外，原生環境下火筒樹生長在恆春半島、蘭嶼、綠島的淺山林緣，以及曾文水庫周邊山區。筆者第一次看到火筒樹，就是在大學時期前往曾文水庫迎新宿營時，以及大學期間前往採集途中。同樣根據植物親緣分析的成果，以往火筒樹科的成員全數被併入葡萄科內。

▲花萼紅色，花瓣癒合成杯狀。

◀果深紅色，扁球形。

469

菲律賓火筒樹 NT

Leea philippinensis Merr.

科名｜ 葡萄科 Vitaceae
別名｜ 紅吹風、番婆怨、番婆樹
植物特徵｜ 支持根、碩大的葉片

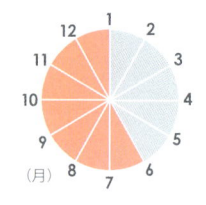

形態特徵

灌木或小喬木。葉互生，大型，一回羽狀複葉，偶單葉；小葉卵形至長橢圓狀披針形，齒大型。花白色、黃色或綠色，花萼 5 枚，偶 4 枚，花瓣與花萼裂片等數，基部癒合並著生雄蕊筒；花絲癒合並向內，子房 3～6 室，每室具單一胚珠。果具 3～6 枚肉質種子，偶為乾燥近球形漿果。

分布於菲律賓；臺灣綠島與蘭嶼可見。

蘭嶼南岸海階的海岸林與東清灣旁的海岸林，保留了蘭嶼環島公路與海岸線間較為完整的熱帶海岸林帶。蘭嶼的這兩處海岸林與緯度相仿、自日治時期即列為天然紀念物的臺灣香蕉灣熱帶海岸林相比，東清灣海岸林內也保有若干未見於恆春半島當地的熱帶海岸林植物，菲律賓火筒樹即為一例。

菲律賓火筒樹的一回羽狀複葉大型，樹幹基部與大型側枝基部具有弧形的支持根與氣生根，為典型的熱帶雨林植物特徵，是當地極具代表性的海岸林樹種。雖然菲律賓火筒樹也生長在綠島的海岸林內，卻未見自生於緯度相仿的恆春半島海濱地區。

▶ 菲律賓火筒樹樹幹基部與大型側枝基部具有弧形的支持根與氣生根。

▲菲律賓火筒樹的一回羽狀複葉大型。

◀花朵白色、黃色或綠色。

▲果表面褐色,偶為乾燥近球形漿果。

葡萄科

雙子葉植物

471

菲律賓扁葉芋

Homalomena philippinensis Engl. ex Engl. & Kraus

科名｜ 天南星科 Araceae

別名｜ 蘭嶼扁葉芋

植物特徵｜ 碩大的葉片

形態特徵

葉片廣卵形，葉基心形，葉片表面平滑具光澤。肉穗花序多枚腋生於莖先端；卵形佛焰苞捲曲成管狀，包圍中央的花序軸，雌花具退化雄蕊，多數聚生於花序軸基部；雄花聚生於花序軸頂端，雌花區與雄花區直接相連，不具不稔小花，且雄花區明顯長於雌花區，花序軸先端不具附屬物。

分布於菲律賓與臺灣北部、東部海濱淺山與綠島、蘭嶼。

菲律賓扁葉芋以往僅紀錄產於蘭嶼和綠島；1994年記錄分布於臺東縣低海拔山區；2006年又於花蓮縣及屏東縣低海拔山區尋獲；2009年筆者亦於花蓮縣太魯閣低海拔山區尋獲此一植物，足見本種的實際分布甚廣。由於葉柄具有特殊香氣，加上能透過塊莖進行營養繁殖，極有可能透過先民引種而傳播。

在蘭嶼，菲律賓扁葉芋常與廣西落檐混生，除了花序形態明顯不同外，菲律賓扁葉芋的葉片僅具葉脈紋路，葉表平滑無皺褶，可與葉表具多數平行皺褶的廣西落檐相區隔。

據觀察，菲律賓扁葉芋的佛焰苞捲曲成管狀，展開時露出花序軸雄花區；當雄花花藥開裂後，佛焰苞會宿存並逐漸閉合至包圍肉穗花序，隨後雄花區腐

▲葉片廣卵形，葉基心形，葉片表面平滑具光澤。

敗，僅留下授粉成功的雌花發育成果實。

▶ 雌花與退化雄蕊聚生於花序軸基部；雄花聚生於花序軸頂端，雌花區與雄花區直接相連。

▲ 卵形佛焰苞捲曲成管狀，包圍中央的肉穗花序軸。

天南星科

單子葉植物

473

假柚葉藤

Pothoidium lobbianum Schott

科名｜ 天南星科 Araceae
別名｜ 擬柚葉藤
植物特徵｜ 藤本、附生

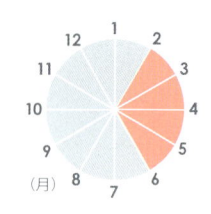

形態特徵

　　兼性附生植物，具橫向後懸垂藤蔓。開花枝條末端具有多數雌性肉穗花序，具單一葉狀苞片；苞片披針形或線形，平展或略彎曲，初為綠色，成熟後逐漸轉為淺黃色或白色，邊緣通常反捲，早落。肉穗花序基部具長柄，圓筒狀，雌花具離生花被片，覆瓦狀排列；花被片腎形。漿果成熟時紅色。

　　廣泛分布於蘇門答臘、馬魯古、蘇拉威西、菲律賓和蘭嶼，其中蘭嶼是假柚葉藤世界分布的最北界。

　　假柚葉藤是假柚葉藤屬唯一的成員，分布於東南亞一帶，在臺灣僅分布於蘭嶼山區森林內，為本種分布的最北界，附生於樹幹或岩石表面。

　　假柚葉藤與臺灣本島產（但並不產於蘭嶼）另一種天南星科植物：柚葉藤（*Pothos chinensis*）同為附生性藤本，且葉片如芸香科植物（如：柚子）般皆為單身複葉（simple compound leaf），即葉片基部的葉柄具有如正常葉片般的葉肉，葉柄先端具有關節，能夠自然形成離層導致葉片脫落後葉柄宿存。由於兩者生長型、葉形與習性相似，加上柚葉藤廣泛分布於臺灣，極易將假柚葉藤誤認為柚葉藤。不同的是，柚葉藤的葉片長於葉柄，而假柚葉藤的葉片明顯短於葉柄。

　　在蘭嶼，假柚葉藤的開花性不佳，肉穗花序頂生於枝條分支，花序上常著生單性花，偶具兩性花，具有膜質花被片6枚；雄花具花藥及不稔雌蕊，雌花僅具可稔雌蕊；花序旁偶見早落的線狀披針形佛焰苞。柚葉藤的肉穗花序具兩性花，花序旁具有白色卵形的佛焰苞一枚，與假柚葉藤不同。

▶假柚葉藤是假柚葉藤屬唯一的成員，在臺灣僅分布於蘭嶼山區森林內。

▲肉穗花序頂生於枝條分支，花序旁偶見早落的線狀披針形佛焰苞。

▲葉片基部的葉柄具有如正常葉片般的葉肉，葉柄先端具有關節。

▲花序上常著生單性花，具有膜質花被片 6 枚。

天南星科

單子葉植物

▲漿果成熟時紅色。

475

針房藤 VU

Rhaphidophora liukiuensis Hatus.

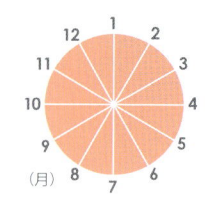

科名｜天南星科 Araceae

別名｜琉球崖角藤、爬樹龍

植物特徵｜碩大的葉片、藤本、附生

形態特徵

　　粗壯黏附性藤本，莖表面光滑，具多數不定根。葉革質，長橢圓形至歪基長橢圓形，先端漸尖；葉基鈍形，邊緣全緣，側脈 8～9 對，近平行，斜上。佛焰苞捲曲，先端具尾狀突起，肉穗花序短於佛焰苞，無柄，花藥卵形，先端銳尖，柱頭六角形。

　　分布於琉球、臺灣與菲律賓。

　　針房藤屬（*Rhaphidophora*）植物因其組織中具有許多針狀厚壁細胞（trichosclereid）而得名。臺灣共有2種針房藤屬植物，其中，針房藤分布於琉球、菲律賓，在臺灣僅見於東南部低海拔山區及蘭嶼。

　　針房藤為粗壯的草質攀緣藤本，葉片長橢圓形，先端漸尖，葉基鈍形偶歪基，具8～9對平行側脈；佛焰花序直立，頂生於腋生枝條先端，佛焰苞捲曲呈舟狀，宿存並包圍中央的肉穗花序，肉穗花序先端不具附屬物，表面密生兩性花，每朵小花具有1枚雌蕊及4枚雄蕊；針房藤的佛焰苞宿存，將佛焰苞撥開時，可見肉穗花序完全露出，表面能看到六角形的雌蕊，頂端具有一突起的柱頭；隨後4枚花藥自雌蕊間的縫隙伸出；若是雌蕊授粉成功，便逐漸膨大並結成白色果序。

▶針房藤為粗壯的草質攀緣藤本，葉片長橢圓形，先端漸尖。

雖然全年可開花結果，但是花期並不穩定，常讓想要賞花的人撲了個空。

天南星科　單子葉植物

▲佛焰苞捲曲，先端具尾狀突起。

◀雌蕊授粉成功，便逐漸膨大並結成白色果序。

477

廣西落檐 VU

Schismatoglottis calyptrata（Roxb.）Zoll. & Moritzi.

科名｜ 天南星科 Araceae
別名｜ 蘭嶼落檐、過山龍、蘭嶼芋
植物特徵｜ 碩大的葉片

天南星科
單子葉植物

形態特徵

葉片廣卵形，葉基心形，葉片表面平滑具光澤。肉穗花序多枚腋生於莖先端；卵形佛焰苞捲曲成管狀，包圍中央的花序軸，雌花具退化雄蕊，多數聚生於花序軸基部；雄花聚生於花序軸頂端，雌花區與雄花區直接相連，不具不稔小花，且雄花區明顯長於雌花區，花序軸先端不具附屬物。

廣西落檐以往被認為是蘭嶼的固有種「蘭嶼落檐」，直到近年才被確認為菲律賓、中國至新幾內亞間廣布的天南星科植物。

廣西落檐生長於林下陰暗處，常與菲律賓扁葉芋混生。廣西落檐葉片的平行側脈較密，葉面常具平行凹陷紋路；菲律賓扁葉芋葉片的平行側脈排列較為疏鬆，葉面較廣西落檐平滑。

除此之外，廣西落檐的花序與菲律賓扁葉芋者明顯不同。廣西落檐的佛焰苞呈卵形，先端漸尖呈尾狀，白色至淺綠色，苞片中段緊縮呈窄管狀，基部捲曲呈管狀，包圍中央的肉穗花序；雌花聚生於肉穗花序基部，雄花聚生於肉穗花序先端，花藥先端截形並具小尖突。

廣西落檐具有不稔雄花，不稔雄花的花藥先端銳尖，聚集於雄花區上方，或雄花區基部與雌花區相鄰。廣西落檐的開花現象也與菲律賓扁葉芋迥異；當佛焰苞展開後，佛焰苞片會逐漸自中段緊縮處裂開直至完全脫落，隨後肉穗花序先端的雄花區也會斷落，僅剩下宿存的苞片基部包圍著授粉成功的雌花區發育成果序。

▲廣西落檐生長於林下陰暗處，葉片的平行側脈較密，葉面常具平行凹陷紋路。

▲佛焰苞展開後，佛焰苞片會逐漸自中段緊縮處裂開直至完全脫落。

◀佛焰苞片脫落後，肉穗花序先端的雄花區也會斷落。

天南星科

單子葉植物

番仔林投

Dracaena angustifolia Roxb.

科名	天門冬科 Asparagaceae
英名	narrow-leaved dracaena
別名	長花龍血樹
植物特徵	碩大的葉片

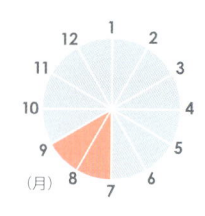

形態特徵

灌木，莖直立，單生或上部具多數分支，表面光滑。葉片簇生於分支先端，劍形或廣披針形，先端銳尖至漸尖，基部具葉鞘，革質，邊緣微蠟質，表面具光澤的綠色，中脈於葉兩面隆起。頂生圓錐花序具多數分支，苞片銳尖，薄膜質，花梗先端具關節，花白色或淺黃色。漿果橘紅色。

分布於南亞、東南亞與澳洲；臺灣僅見於恆春半島與蘭嶼。

龍血樹屬主要分布於非洲與亞洲熱帶地區，僅有一種分布於中美洲，由於原產非洲的索科特拉龍血樹（*Dracaena cinnabari*）會流出紅色的樹脂因而得名。許多園藝種的龍血樹屬植物具有明顯的單一主幹，加上簇生於枝條先端的葉片，外觀的確有一種魔幻的氣息。

臺灣僅有一種原生的龍血樹屬植物，卻因為貌似林投般缺乏明顯主幹而被稱為番仔林投，瞬間成為一種充滿鄉土氣息的通俗植物。其實原生於恆春半島與蘭嶼的番仔林投葉片可達2公分寬，和臺灣本島常用的園藝品種明顯不同。如果稱呼它為長花龍血樹，會不會少了歧視，增加了幾分神聖的氛圍？

▶ 植株缺乏明顯主幹，貌似林投。

▶頂生圓錐花序具多數分支。

◀花梗先端具關節，花白色或淺黃色。

▲漿果成熟後逐漸轉為橘紅色。

天門冬科

單子葉植物

481

鳳梨 外來種 NA

Ananas comosus (L.) Merr.

科名	鳳梨科 Bromeliaceae
英名	pineapple
別名	王萊、旺來、黃梨、菠蘿
植物特徵	碩大的葉片與種實

形態特徵

植株高約1公尺。葉簇生螺旋狀排列，葉片線形，革質；葉緣有刺、少刺或否，葉兩面密被吸水毛。花序直立於植株先端，花密生，花朵基部具有1枚大型苞片，三角狀卵形；花萼寬卵形，肉質，花瓣長橢圓形，先端銳尖，開花時紫紅色，宿存。聚花果大型肉質，成熟時表面橘色。

原生於南美洲熱帶乾旱地區；臺灣及其各離島可見引進栽植為農產品。

臺灣引進鳳梨栽培為水果的歷史悠久，清代朱仕玠所撰《小琉球漫誌》中記載臺灣的鳳梨產季為六月。以往全臺各地從南到北都曾有大規模栽植鳳梨的記錄，隨著產業轉型，今日僅能從遺留在臺灣各地26處鳳梨相關的地名，以及其他歷史遺跡中回憶。

鳳梨種植過程仰賴農民的細心照顧，透過農民澆灌電石水進行鳳梨的產季調節，結出鳳梨後不僅需要透過

▲全臺各地從南到北都曾有大規模栽植鳳梨的記錄。

人工綑綁葉片進行果實防晒，還得在葉緣具刺的鳳梨園內行走收成，甜美的鳳梨著實得來不易。

筆者曾經前往臺中市外埔區勘查一座「植物愛碑」，所在地點即為舊名鳳梨園的眉山大同農場。此碑乃日治時期昭和年間，當時經營大甲鳳梨罐頭商會的許天德先生有感於人類生活直接或間接仰賴著植物利用及其衍生品，對於人類貢獻良多，因此邀請當時的日本參議員頭山滿先生題字，而後成為珍貴的文化資產。

▲花瓣長橢圓形，先端銳尖，開花時紫紅色。

▲結出鳳梨後以往還得仰賴人工綑綁葉片進行果實防晒。

▲熟悉的鳳梨是多朵花聚生而成的聚花果。

▶臺中市外埔區的「植物愛碑」位在舊名鳳梨園的眉山大同農場。

鳳梨科

單子葉植物

鞘苞花

Cyanotis axillaris（L.）Sweet

科名｜鴨跖草科 Commelinaceae

形態特徵

多年生休眠性草本，莖匍匐，具分支，節處生根，表面光滑。葉無柄，葉片線形至披針形，表面光滑；葉鞘圓柱狀，鞘口被纖毛。花序腋生，包含於葉鞘內；花兩性，輻射對稱；花萼等大，其中一枚光滑，其餘者脊上被糙毛，先端離生，基部癒合；花瓣粉紅色，花藥梯形。蒴果先端凹陷，表面具點紋。

廣布於東非、南亞、中南半島、爪哇、菲律賓、澳洲與中國南部；臺灣南部低海拔積水處偶見。

鞘苞花的形態特徵與其他鴨跖草科植物相比並不特殊，但是鞘苞花的橫走莖延長，在環境潮溼的情況下能夠延伸至2～3公尺長，加上開花處位於葉腋處，與其他具有長走莖但是花朵頂生的類群明顯不同，因此極易與其他類群分辨。

雖然鞘苞花早在1934年便自高雄大樹地區尋獲，但此後便未見相關採集或觀察記錄，直到1999年由古訓銘先生再次尋獲，並由楊勝任教授與彭鏡毅教授確認。根據筆者親身栽培的經驗，鞘苞花能夠透過種子或橫走莖加以繁殖，在較為涼爽的臺灣北部也能順利開花結果，或許是因為人為擾動或開發過於強烈，才讓生命力如此旺盛、外型特別的野花如此罕見。

▲鞘苞花的橫走莖在環境潮溼情況下能夠延伸至2～3公尺長。

▲葉無柄,葉片線形至披針形,葉鞘圓柱狀,鞘口被纖毛。

▲花序腋生,每天僅開出一朵花,其餘者包含於葉鞘內。

▲花瓣粉紅色,花絲先端膨大且色淺,花藥梯形。

鴨跖草科　單子葉植物

485

布氏宿柱薹

Carex wahuensis C. A. Meyer

科名｜ 莎草科 Cyperaceae
英名｜ O'ahu sedge

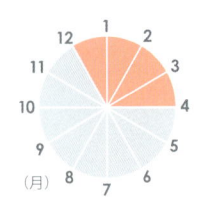

形態特徵

根莖短而粗壯，叢生；稈 3 稜。葉多數，葉鞘較短，淺具褐色或紫褐色網紋。穗狀花序上部 2～3 枚近生，其餘者間隔生長；頂生花穗雄性，圓柱狀，側生花穗雌性，偶先端具雄性花，密生多數花，直立，具總梗；基部苞片長鞘狀，苞葉與葉片相似，長於側生花穗，短於花序。胞果被果皮緊包，廣圓柱狀且先端具喙。

分布於日本、韓國、琉球、巴丹島與太平洋諸島；臺灣基隆、馬祖、綠島與蘭嶼海濱可見。

布氏宿柱薹的植株叢生，具有短而粗壯的根莖，葉片細長且表面具光澤；花序由許多穗狀花序分支組成，頂生的花序分支雄性，基部的花序分支雌性，能結出卵狀略3稜、先端具尖喙的胞果；胞果基部有一片先端具長芒的穎。

以往臺灣的文獻記載布氏宿柱薹僅分布於蘭嶼，根據筆者近年觀察，本種不僅分布於蘭嶼及小蘭嶼的海濱岩岸，也分布於臺灣北海岸東段及東北角和綠島海濱岩壁。本種的葉片搓揉後會散發出一股油脂的香味，不過在蘭嶼海濱，本種的葉片常被羊群啃咬，僅留下根莖、葉片基部與花序，較難看到完整植株型態。

▲布氏宿柱薹的植株叢生，具有短而粗壯的根莖。

▲頂生花穗雄性，圓柱狀，盛花時可見多數雄蕊。

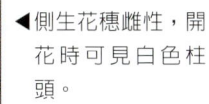

◀側生花穗雌性，開花時可見白色柱頭。

莎草科 單子葉植物

克拉莎 EN

Cladium mariscus（L.）Pohl

科名｜莎草科 Cyperaceae
英名｜Jamaica swamp sawgrass, saw grass
別名｜華克拉莎

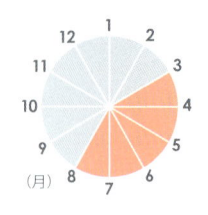

形態特徵

　　稈直立，基部常具鞘外分支。葉莖生，厚革質，邊緣具銳利鋸齒糙緣；葉鞘短於節間。花序具頂生與側生花序，密生或於近基部疏生；苞片葉狀，於近基部呈鞘狀，近基部者較花穗者為長。小穗聚生成圓球狀聚繖花序，卵狀橢圓形至寬橢圓形，草褐色。鱗片廣卵形。花兩性，基部者不稔。瘦果褐色，基部圓形，先端具尖突。

　　克拉莎為廣泛分布於東亞、東南亞、澳洲、太平洋諸島與新熱帶地區的大型莎草科植物，也是臺灣與蘭嶼產最高大的莎草科種類，於低海拔溼地與沼澤可見。

　　克拉莎的花朵微小，且不具明顯而醒目的花被片，互生排成兩列，組成微小的「小穗」，再由近10枚的小穗聚生，組成腋生於葉腋間的聚繖花序，互生排列在葉叢中的花序總梗上。每到花果期，在一片綠油油的草生溼地中顯得格外特殊。

　　以往臺灣東部低海拔溼地與沼澤可尋獲原生的克拉莎族群，隨著環境

▲克拉莎在臺灣低海拔溼地與沼澤可見，是臺灣最大型的莎草。

的改變與破壞，如今僅有臺灣東部平野與蘭嶼少數草生溼地內具有自生族群。2001年呂勝由等所編纂的「臺灣稀有及瀕危植物之分級」中，評估此一物種屬於「易受害（VU）」等級，然而2012年由農業部生物多樣性研究所出版的《臺灣維管束植物紅皮書初評名錄》將其提升至「瀕危（EN）」等級，可見其族群受到極大威脅。以往臺灣的分類學者採用 *Cladium jamaicense* Crantz此一學名，目前的分類學者則將此一學名併入 *Cladium mariscus*（L.）Pohl之下，被視為原生於美洲的亞種，臺灣產者則為原生於歐亞大陸的類群。

莎草科

單子葉植物

▲莖稈上具有不定芽，可藉此進行營養繁殖。

▲苞片葉狀，於近基部呈鞘狀，小穗聚生成圓球狀頭狀花序。

◀小穗卵狀橢圓形至寬橢圓形，草褐色。

489

羽狀穗磚子苗 LC

Mariscus javanicus（Houtt.）Merr. & Metcalfe.

科名｜ 莎草科 Cyperaceae
別名｜ 爪哇磚子苗

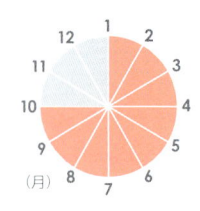

形態特徵

大型多年生，叢生且具短根莖。稈粗壯，鈍 3 稜，微被小疣突，蒼綠色。葉多數，大多數叢生；葉片線形，革質，中段以下具橫紋，扁平至中段以上微凹，蒼綠色且被白粉，具橫向瘤紋，邊緣粗糙；葉鞘深褐色至紫褐色，圓柱狀，具橫向紋路。聚繖花序複合，小穗展開或微反捲，披針形至長橢圓狀披針形。

廣布於熱帶非洲、印度次大陸、中南半島、馬來亞、中國南部、夏威夷群島的叢生莎草；濱海鹹水沼澤可見。

羽狀穗磚子苗零星分布於臺灣西南部濱海地區的許多鹽田、閒置魚塭、鹹水沼澤及恆春半島的溼地，在蘭嶼西海岸開闊缺乏遮蔭的水田與積水低窪處，時常能看到羽狀穗磚子苗這種大型的水生莎草。

2015年在對綠島海岸植被進行調查的成果《綠島海岸植被》一書中新紀錄了羽狀穗磚子苗。由於它的小穗疏生於延長的花序側枝先端，不像克拉莎等其他莎草科植物的小穗簇生，因此又名「羽狀穗磚子苗」。除此之外，它的花序單一，頂生於葉叢中延長的莖頂，在草澤中顯得格外顯眼。

▲聚繖花序複合，小穗展開或微反捲。

◀羽狀穗磚子苗在臺灣西南部濱海地區的許多鹽田、閒置魚塭、鹹水沼澤及恆春半島的溼地零星分布。

匍伏莞草 NT

Schoenoplectiella lineolata（Franch. & Sav.）J. Jung & H.K.Choi

科名｜莎草科 Cyperaceae

別名｜蘭嶼莞、細匍匐莖水蔥

形態特徵

具纖細長走莖，匍匐生長，偶於末端膨大。稈單生於走莖節上，排列疏鬆，直立，深綠色，基部被有 2 枚短葉鞘。葉鞘透明，先端歪斜狀截形，尖端具短芒。花序為假側生的單生小穗，偶由 2～3 枚小穗簇生成頭狀，苞片直立，先端近銳尖。小穗披針狀長橢圓形至窄橢圓形，直立，兩端銳尖，綠色，密生多朵花。

分布於日本、琉球與臺灣河岸、湖泊溼地岸邊未受干擾的區域，常成片生長。

匍伏莞草早年多發現在蘭嶼，因此又名「蘭嶼莞」。匍伏莞草具有纖細的根莖，橫走於溼地的鬆軟底泥中，自節上長出挺出水面的莖稈，並於莖稈先端抽出單生小穗。

與其他莎草一樣，匍伏莞草的小穗頂生於莖稈，小穗基部同樣具有葉狀的苞片；然而它的葉狀苞片邊緣合生，外觀與伸出水面的莖稈相似，因此時常被誤認為小穗腋生於植株。目前，臺灣本島與蘭嶼的匍伏莞草僅零星生長於無毒耕種、不施灑除草劑且持續翻耕的水田間。

▲ 早年匍伏莞草多發現在蘭嶼，因此又名「蘭嶼莞」。

▶ 匍伏莞草的小穗頂生於莖稈，小穗基部同樣具有葉狀的苞片。

蘭嶼竹節蘭 特有種 VU

Appendicula kotoensis Hayata

科名｜　蘭科 Orchidaceae

植物特徵｜　附生

形態特徵

　　附生植物，莖叢生，斜倚或平鋪。葉片長橢圓形，基部者常為橢圓形，先端鈍或圓且淺 2 裂，常於先端凹陷處具小尖突；葉基扭轉。總狀花序頂生或側生，排列成頭狀；花白色帶淺紅色，花被片近展開狀，肉質，頂萼片卵狀橢圓形，先端鈍，側萼片三角狀卵形；花瓣橢圓形，先端鈍。蒴果橢圓形。

　　蘭嶼特有種，分布於海拔200～300公尺常綠森林。

　　竹節蘭屬（*Appendicula*）約有60種，蘭嶼竹節蘭為零星著生在蘭嶼全島海拔200～300公尺、離地3～20公尺高的常綠森林樹梢的真附生植物。

　　蘭嶼竹節蘭的模式標本是由時任臺灣總督府博物館館長的川上瀧彌與日治時期探險者「森丑之助」於仲夏的蘭嶼採獲，現珍藏於日本東京大學植物標本館。森丑之助是一位隨軍隊來到臺灣，實地研究臺灣原住民、探訪當地部落，蒐集人類學、植物學等田野資料的業餘採集者。不同學者對於蘭嶼竹節蘭與臺灣竹節蘭（*A. reflexa*）的分類地位仍有待商榷，不過蘭嶼竹節蘭的植株與葉片都較臺灣竹節蘭嬌小許多，加上比較兩者的新鮮花部材料後，發現兩者的合蕊柱與唇瓣構造近乎相同，僅有些微花色上的差異，因此若干學者將兩者視為不同變種或同種。

▲蘭嶼竹節蘭的植株與葉片都嬌小，為蘭嶼樹梢的真附生植物。

▲總狀花序頂生或側生，排列成頭狀，花白色帶淺紅色。

▶蒴果橢圓形，結實率高。

臺灣白及

Bletilla formosana（Hayata）Schltr.

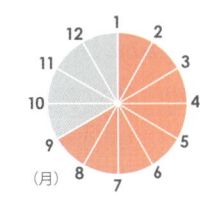

科名	蘭科 Orchidaceae
英名	Taiwan ground orchid
別名	紅頭白及、玉山白及、蘭嶼白及

形態特徵

草本，假球莖緊密叢生，球形、卵形或歪斜呈不規則狀，根多數，纖細，表面被毛；莖直立。葉片自基部叢生，線形。總狀花序 1 至多數；花淺紫色至紫色或白色，偶白色帶紫色；花萼披針形或長橢圓形，先端銳尖；側萼片微歪斜至鐮形，唇瓣常白色或淺黃色。蒴果橢圓體。

分布於中國南部；臺灣常見於海濱、低海拔河岸至2200公尺中海拔山坡，近全日照岩壁。

非花季時，臺灣白及具有多數密被縱向皺褶的葉片叢生，隱身於開闊草地中；春季時分葉叢中伸出細長而強韌的花序軸，開出淺紫色至紫色或白色的花朵，才令人驚覺它蘭花的身分與美麗！

它的唇瓣常為白色或淺黃色，唇瓣中央帶有微小深紫色斑點或短而不連續的脊突，先端邊緣偶帶有紅紫色斑帶；當訪花者訪花時，這些顯眼的色斑與脊突，引導訪花者鑽入花朵中探蜜，同時悄悄地將合蕊柱頂端的花粉塊沾上牠的背，帶往下一朵紫白色的花朵。也許臺灣白及的唇瓣引導效果明顯，晚春季節常可見長橢圓形的蒴果高掛枝頭，等待孕育更多的下一代。

▲花淺紫色至紫色或白色，偶白色帶紫色。

▲臺灣白及具有多數密被縱向皺褶的葉片叢生，隱身於開闊草地中。

管花蘭 EN

Corymborkis veratrifolia（Reinw.）Blume

科名	蘭科 Orchidaceae
別名	薄脊唇萬代蘭、尖閣蘭花、紅頭蘭花
植物特徵	碩大的葉片

形態特徵

陸生草本，根莖短，具單生生枝條，莖近圓柱狀，堅硬且實心，被葉鞘所包圍。葉多數，螺旋狀著生或多少排列成兩列，表面光滑，具皺褶，橢圓狀披針形至長橢圓狀披針形，先端尾狀漸尖；葉基驟縮成葉鞘。花序腋生，直立，圓錐狀，花初為淺黃綠色後轉為白色，具香味，花被片上半部展開。

分布於中國、日本（琉球）、南亞、東南亞、昆士蘭與新幾內亞、斐濟、菲律賓。

管花蘭屬（*Corymborkis*）植物的花序腋生，每一莖稈常有多枚花序，具短梗且常多分枝。本屬廣布於熱帶地區，共有5種；管花蘭（*C. veratrifolia*）並未記錄於第二版《臺灣植物誌》中，但曾被日治時期的蘭花學者福山伯明於1941年尋獲，往後1990年間也曾被時任臺大森林系的應紹舜教授採獲並描述於其著作中；2002年，時任屏東科技大學的葉慶龍教授於蘭嶼再次尋獲它。

蘭嶼的森林極常因造船所需而遭蘭嶼當地族人零星伐採，所產生的林隙提供陽光與空地供蘭科植物生長，加上迎風面的森林亦直接受颱風所影響，偶有能藉由風力傳播種實的新紀錄植物被發現。

▶ 管花蘭的花序腋生，每一莖稈常具多枚花序。

蘭科 單子葉植物

▲花序具短梗且常多分枝。

▲花初為淺黃綠色後轉為白色,花被片上半部展開。

◀花果期甚長,蒴果先端可見宿存花柱。

燕子石斛

Dendrobium equitans Kranzl.

科名｜蘭科 Orchidaceae

別名｜燕石斛、套葉石斛

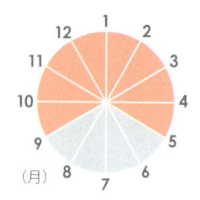

植物特徵｜附生

形態特徵

莖直立，具 2 稜，黃色，表面具光澤，常被新鮮綠色的葉鞘包裹；節間明顯具兩稜圓柱狀，基部節間較厚，形成假球莖狀。葉二列排列，肉質，近圓柱狀，直或微彎，先端銳尖，葉基與葉鞘具關節。總狀花序常具一或少數朵花，著生於近莖頂，花白色，背萼片長橢圓形，先端鈍；側萼片歪斜狀披針形。蒴果長橢圓狀倒卵形。

分布於菲律賓與臺灣蘭嶼叢林內。

蘭嶼共有三種蘭科石斛屬植物，其中以燕子石斛分布最為廣泛。雖然沒有鮮豔的花色與壯碩的莖葉，但燕子石斛能從樹繁葉茂的熱帶叢林枝梢，長到直迎海風的海濱礁岩上，與極為耐鹽、耐旱的海濱附生植物：抱樹石葦、拎樹藤與臺灣蘆竹一起生長在幾近垂直的峭壁上。

燕子石斛的花白色，在海濱刺眼的陽光下並不明顯，加上花朵僅約 2cm 長，因此旅人往往只見成片的圓柱狀葉叢，卻忽略了它小巧精緻的花朵，然而這也讓它順利躲過愛好者的騷擾，得以繼續在蘭嶼的豔陽下生長茁壯。

▶ 燕子石斛生長在樹繁葉茂的蘭嶼熱帶叢林枝梢。

▲總狀花序常具一或少數朵花，著生於近莖頂。

▲花白色，背萼片長橢圓形，側萼片歪斜狀披針形。

紅鶴頂蘭

Phaius tankervilleae（Banks ex L'Her.）Blume

科名	蘭科 Orchidaceae
英名	greater swamp orchid, Lady Tankerville's swamp orchid, nun's hood orchid, nun's orchid, swamp lily, swamp orchid, veiled orchid
別名	鶴頂蘭
植物特徵	碩大的葉片

形態特徵

植株無莖；假球莖卵形或球形。葉披針形，明顯具摺痕，先端銳尖。總狀花序直立，粗壯，基部具多數鱗片狀苞片；苞片大型，橢圓形，花外側白色，內側粉紅色；花萼展開，披針形至長橢圓形，先端銳尖，基部驟縮；花瓣披針形，與花萼等長但較窄；唇瓣彎曲成圓筒狀。

廣泛分布於南亞、東南亞、澳洲與太平洋諸島；零星分布在臺灣全島低海拔山區與蘭嶼的向陽開闊草地。

紅鶴頂蘭除了生長在原生地外，許多愛蘭人士常在農曆年節時分，從花市買回一盆含苞待放的紅鶴頂蘭，等待它綻放紅色而大型的花朵，帶來開春的好兆頭！

紅鶴頂蘭的花序直立於葉叢中，開出10～20朵外白內紅的花朵，但仔細看，它的唇瓣捲曲成圓筒狀，內外兩側都呈白色，頂端則帶著一抹淺淺的粉紅色澤；不僅藉由強烈的對比色指引訪花者登陸唇瓣，更利用捲曲的唇瓣引導訪花者乖乖地順著內側纖毛往裡頭走，就能採到香甜的春蜜。

或許是它又大又紅的花朵引人側目，紅鶴頂蘭在臺灣山野的數量幾近稀有，所幸藉由人工繁殖，替代了大規模的野外採集，才讓野生族群得以喘息、繁衍，在野地裡開花結果。

▶臺灣全島低海拔山區與蘭嶼的向陽開闊草地原生有紅鶴頂蘭。

▲花外側白色,內側粉紅色,花萼展開。

▲偶見花被片黃色的紅鶴頂蘭。

蘭科

單子葉植物

臺灣鷺草

Peristylus formosanus（Schltr.） T. P. Lin

科名｜ 蘭科 Orchidaceae
別名｜ 臺灣闊蕊蘭

形態特徵

假塊莖圓形至卵形，莖常被葉片包裹。葉片貼近地面，具葉鞘；葉近叢生或稍微間隔，長橢圓形或披針形，先端銳尖。總花梗直生且纖細，花 20 朵以上，白色，背萼片凹陷，卵狀，側萼片狹長且平展，先端銳尖，基部微凹陷；花瓣卵菱形，先端銳尖，基部驟縮。蒴果梭狀。

分布於琉球與臺灣低海拔向陽草生地。

提起冬春兩季恆春半島與蘭嶼向陽草原上悄悄綻放的蘭花，一定得提到臺灣鷺草。雖然名為「臺灣」，卻分布在琉球、臺灣恆春半島與蘭嶼這串島鏈上。

時常隱身在草地上的它，開花後植株高約莫50公分左右，與許多禾本科植物的高度相仿；加上花朵同樣為草綠色，增加了尋訪它的難度。其實臺灣鷺草的花形非常別緻，花萼與花瓣短而微張，中央的唇瓣卻誇張地自近基部處3裂，側裂片有如細長的雙翼水平伸展，與延長的中裂片垂直，就像是一隻隻振翅起飛的白鷺鷥，還來不及縮起脖子，就列隊在細長的花序軸上。如此成列飛舞的蘭花，卻因為生育地常被開墾為耕地，導致棲地日漸縮減，也增加了找尋它的難度。

▶ 側生花萼纖細且平展，花瓣卵菱形。

◀臺灣鷺草是冬春兩季恆春半島與蘭嶼向陽草原上悄悄綻放的蘭花。

◀總花梗直生且纖細，花序具20朵花以上，花白色。

白蝴蝶蘭

Phalaenopsis aphrodite Rchb. F. subsp. *formosana* Christenson

科名｜蘭科 Orchidaceae
別名｜臺灣白花蝴蝶蘭、臺灣蝴蝶蘭、臺灣阿嬤
植物特徵｜附生

形態特徵

莖粗壯。葉片橢圓形，長橢圓形或長橢圓形鐮狀，先端銳尖、鈍形或圓；葉基楔形或偶歪斜，葉厚而肉質，具有短而寬的葉鞘。總花梗具多數楔形鱗片，花梗多少閃電狀，花多數，白色，花瓣菱形倒卵形，微歪基，先端圓，基部窄爪狀，唇瓣 3 裂，基部爪狀。蒴果梭狀。

分布於菲律賓（呂宋與民答那峨北部）；臺灣東南部、綠島與蘭嶼低海拔森林原本數量頗豐，現已稀有。

愛爾蘭醫生奧古斯汀亨利（Henry, Augustine）曾整理了1854年以來西洋人來臺採集發表的所有資料，後於1896年在東京發表「A List of Plants from Formosa, 福爾摩沙植物名錄」，曾讚譽臺灣具有多樣而美麗的附生蘭，以及吸引人的白蝴蝶蘭。由於他的採集行程和標本蒐羅範圍集中於臺灣南部與恆春半島一帶，對當時那樣交通不便的年代，能有如此的精確記載實屬不易。

白蝴蝶蘭正是促成紅頭嶼改名成「蘭」嶼的主角。潔白而碩大的花朵，加上得獎作品開滿成串花朵的壯觀景象，讓評審們讚不絕口。然而白

▲白蝴蝶蘭原生於臺灣東南部、綠島與蘭嶼低海拔森林。

蝴蝶蘭並非臺灣特有種，除臺灣東南部、綠島與蘭嶼低海拔森林之外，也分布於菲律賓呂宋與民答那峨島北部。

白蝴蝶蘭對於蝴蝶蘭產業而言極為重要。由於蝴蝶蘭能夠經由人工雜交培育品種，白蝴蝶蘭的花形碩大，經過人為挑選出花形完整而飽滿的個體，成為品系優良的品種之一；加上花色純白，雜交育種時容易保有另一雜交親本的花色，使得白蝴蝶蘭成為母本的優良候選種。只要經過妥善的誘導以及適當的照料，就能栽培出花序分支眾多、花色繽紛、花形飽滿的蝴蝶蘭園藝品種。可惜臺灣與蘭嶼原本數量頗豐的野生族群，歷經一陣「蝴蝶蘭瘋」後，現被野採者採集殆盡，僅存部分臺灣東南部人跡罕至地帶尚有殘存族群，淪為臺灣稀有的蘭科植物之一。

◀原生的白蝴蝶蘭花瓣菱形、倒卵形，微歪基，先端圓，基部窄爪狀。

▲蒴果梭狀，開裂後可見多數微小種子。

▲園藝化的白蝴蝶蘭花瓣卵形，先端圓，基部驟窄。

桃紅蝴蝶蘭 CR

Phalaenopsis equestris（Schauer）Rchb. F.

科名｜ 蘭科 Orchidaceae

別名｜ 小蘭嶼蝴蝶蘭、粉紅蝴蝶蘭、姬蝴蝶蘭、蘭嶼小蝴蝶蘭

植物特徵｜ 附生

形態特徵

莖約 2 公分長。葉片線形舌狀，先端鈍或不等大二裂；葉基楔形，肉質，於葉鞘相接處具關節。總狀花序單一或偶具分支，苞片卵形，花多數，淺粉紅色具玫瑰色唇瓣，背萼片長橢圓形，先端銳尖，側萼片鐮狀卵形，先端銳尖，基部驟縮；花瓣長橢圓狀倒卵形，先端銳尖，基部明顯驟縮。蒴果圓柱狀。

分布於菲律賓；臺灣僅見於小蘭嶼。

小蘭嶼的桃紅蝴蝶蘭無疑是蘭嶼真附生植物中難解的謎團。1934年，時任臺北帝大理農部的正宗嚴敬將瀨川孝吉所栽培的小蘭嶼產蝴蝶蘭屬植物命名為*Phalaenopsis riteiwanensis*（意即小蘭嶼蝴蝶蘭）；雖然根據有限的文獻描述，往後的研究學者將此一學名處理為桃紅蝴蝶蘭（*P. equestris*）的異名，但由於盛產於菲律賓的桃紅蝴蝶蘭外形變化大，國內遍尋不著小蘭嶼蝴蝶蘭的模式標本，加上該物種原生於小蘭嶼，原生族群量低、交通不便、生育地資訊又不足，無法找到新鮮的植株進行比對，因此小蘭嶼蝴蝶蘭的分類地位一直不甚明確。

直到2009年5月間方由國立屏東科技大學葉慶龍教授指導的團隊，在小蘭嶼當地珊瑚礁岩陡坡上的矮小森林內再次尋獲開花個體。其次，國科會進行數位典藏與學習之海外推展暨國際合作計畫中，規劃了「臺灣散佚海外博物珍品數位化計畫」之子計畫，於神奈川縣立生命之星・地球博

▲花淺粉紅色，側生花瓣倒卵形，唇瓣玫瑰色且基部具黃色斑塊。

物館內拍攝到正宗嚴敬教授發表時所引證的標本2份；隨後筆者與友人檢視林業試驗所植物標本館（TAIF）館藏標本時，意外尋獲正宗嚴敬教授的引證標本3份。由於這5份引證標本皆為同一採集號，且發表之時並未說明哪一份標本為正模式標本（holotype），因此皆為P. riteiwanensis此一學名的並模式標本（syntypes）；當中TAIF館號115006標本上的植物材料最為齊全，且其相關特徵皆符合正宗嚴敬教授的原始發表描述，為了有效處理此一學名的分類地位，筆者與研究夥伴於2010年發表選訂它為選模式標本（lectotype），並且重新檢討小蘭嶼產蝴蝶蘭屬植物的分類地位，藉由比對該選模式標本以及比較新鮮花部材料，得以採納「將P. riteiwanensis此一學名併入P. equestris」之下，亦即認定小蘭嶼蝴蝶蘭實為桃紅蝴蝶蘭。

桃紅蝴蝶蘭為菲律賓當地的常見物種，但在臺灣僅有來自小蘭嶼的標本紀錄；基於當地仍面臨園藝業者的採集壓力，可能導致族群量下降，從田野調查資料與IUCN紅皮書評估標準，由於「該生育地小於10km2，已知個體數少於50株」，學者評定桃紅蝴蝶蘭在臺灣實屬「極危（CR）等級」，並且建議儘速進行保育相關工作。

▲桃紅蝴蝶蘭在臺灣僅見於小蘭嶼，坊間繁殖後已經商品化成為廣泛可見的小品蘭。

▲花序中偶見側生花瓣唇瓣化的花朵。

紫苞舌蘭 CR

Spathoglottis plicata Blume

科名｜ 蘭科 Orchidaceae
英名｜ large purple orchid, Philippine ground orchid
別名｜ 紫花苞舌蘭、紅頭苞舌蘭、紅頭紫蘭、蘭嶼紫蘭、褶葉苞舌蘭
植物特徵｜ 碩大的葉片

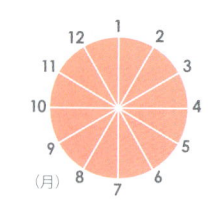

形態特徵

　　假球莖卵形或錐狀。葉近二列，線狀披針形，先端漸尖或銳尖；葉基楔形，明顯具皺褶。花梗具多數管狀鱗片，花紫色，花萼卵形，先端銳尖；花瓣廣倒卵形，先端鈍至圓形，基部驟縮，唇瓣先端 3 裂，側裂片鐮形或延長狀長方形；花柱基部直立，先端截形，中裂片基部長爪狀，先端膨大呈扇狀。

　　分布於斯里蘭卡、印度、中南半島、菲律賓、馬來半島、印尼、巴布亞紐幾內亞、摩鹿加群島；臺灣常見於蘭嶼與綠島林緣向陽處。

　　蘭嶼這座面積48平方公里，海拔達548公尺的熱帶小島，蘊藏了60餘種蘭科植物，至今仍有許多新紀錄蘭種被尋獲，然而隨著早年的濫採，蘭花

▲紫苞舌蘭為多年生地生蘭花，分布於南亞與東南亞等熱帶地區。

滿布於全島的景象已不復見，紫苞舌蘭便是一例。

紫苞舌蘭為多年生地生蘭花，以往分布於南亞、東南亞等熱帶地區，以及綠島、蘭嶼兩座臺灣東部的海島。由於花色鮮豔、開花性佳，深受臺灣南部愛蘭人士的青睞，早年吸引許多蘭嶼居民採集販售，也讓蘭嶼、綠島當地的野生族群瀕臨滅絕。2011年夏季，筆者在蘭嶼東清溪的一處滲水裸露地，尋獲少數紫苞舌蘭的身影，不僅開著成串的紫色花朵，也懸掛著既已開裂的蒴果。然而，2012年的天秤颱風後，強大降雨讓東清溪的河床改變，連帶影響了該處生育地的地貌，也讓紫苞舌蘭野生族群因此受到干擾，不過2021年再度造訪，又在東清溪畔看見成片的野生族群，加上有農業部生物多樣性研究所與當地居民合作的復育計畫，讓紫苞舌蘭能夠連年抽出長長的花梗，隨著溪谷的清風搖曳生姿。

蘭科

單子葉植物

▲花紫色，花萼卵形，先端銳尖，花瓣廣倒卵形，先端鈍至圓形。

▲結實率高，蒴果長橢圓形，表面具縱稜。

管唇蘭

Tuberolabium kotoense Yamam.

科名｜ 蘭科 Orchidaceae
別名｜ 紅頭蘭
植物特徵｜ 附生

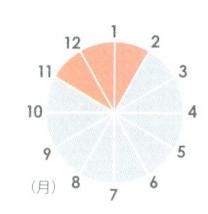

形態特徵

莖短或粗短。葉片排列緊密，橢圓形、長橢圓形或線狀長橢圓形，先端鈍或歪斜狀兩裂；基部楔狀，具關節；苞片三角形，全緣或先端齒狀。花多數，白色，常帶有淺黃色，花被片近開展，背萼片倒卵形，先端鈍，側萼片倒卵形或橢圓形，先端鈍，常具缺刻；花瓣歪斜狀匙狀，側裂片紫色，中裂片白色，上表面中央具有紫色斑點。

分布於臺灣蘭嶼山區灌叢內。

管唇蘭是附生型的蘭科植物，以肥厚且具有黏性的根系附著於潮溼森林的大樹上，再利用根表面與葉片內的葉綠素行光合作用，企圖擷取大樹間散射下來的光線，在冬末春初開出成串的白色花朵。

蘭科植物的種子缺乏子葉與胚乳，無法供應胚生長所需的營養來源，因此種皮時常帶有共生菌；當胚萌發時，藉由吸取共生菌的養分成長。成長後的蘭株也是擷取養分的高手，除了利用肥厚的葉片之外，許多附生蘭的根也極為肥厚，除了有助於吸收水分外，還具有葉綠素進行光合作用，如此才能在幾乎陰暗的熱帶叢林中，順利地開花結果。

或許是附生的習性與長橢圓狀的葉片神似聞名遐邇的蝴蝶蘭，管唇蘭一度成為商業採蘭的對象之一，然而管唇蘭的花朵微小，不似花大而美的白蝴蝶蘭討喜，讓它得以倖存於蘭嶼山林之中。

▶管唇蘭具有長橢圓狀的葉片，神似聞名遐邇的蝴蝶蘭。

▲花白色，唇瓣中裂片白色，表面中央具有紫色斑點。

◀蒴果窄長橢圓形，兩端鈍。

蘭科

單子葉植物

509

雅美萬代蘭 VU

Vanda lamellata Lindl.

科名｜ 蘭科 Orchidaceae
別名｜ 薄脊唇萬代蘭、尖閣蘭花、紅頭蘭花
植物特徵｜ 附生

形態特徵

莖粗壯。具有多數近二列排列的葉片，葉片線形，先端銳尖且先端 2 裂，堅硬革質，反向彎曲。總狀花序直立，花序軸纖細，苞片微小，鱗片狀；花蠟質，具香氣，花色多變，多為黃色或綠色，多少具褐色斑塊與縱向不規則條紋。蒴果橢圓形，具柄。

分布於琉球與菲律賓；臺灣蘭嶼開闊岩石地或樹幹上方可見。

與許多臺灣可見的附生蘭相比，萬代蘭屬植物的莖較為粗壯，加上許多近二列排列、彎曲呈鐮刀狀的革質葉片，極易與其他附生蘭種相區隔。

雅美萬代蘭便是如此，利用肥厚的根系與粗壯的莖稈，雄踞在接迎海風的樹冠層與懸崖峭壁上，開出具香氣的花朵。雖然花色不似其他附生蘭鮮豔，但其散發的香氣依然吸引許多愛蘭人士收藏，所幸除了蘭嶼之外，也生長在琉球與菲律賓諸島，加上能夠利用組培繁殖培育，因此減輕了蘭嶼野生族群的野採壓力。

▲雅美萬代蘭的莖粗壯，具許多近二列排列、彎曲呈鐮刀狀的革質葉片。

▲花多為黃色或綠色，多少具褐色斑塊與縱向不規則條紋。

呂宋石斛 CR

Dendrobium luzonense Lindl.

科名	蘭科 Orchidaceae
植物特徵	附生

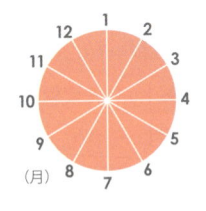

形態特徵

莖叢生，長且直立，表面綠色帶褐色，先端具葉；葉線形，先端銳尖，葉基驟縮且具關節。聚繖花序腋生，花黃色，表面光滑，唇瓣具3裂片，中央色深且具脊紋。

分布於菲律賓與臺灣本島東南部淺山。

呂宋石斛是2000年後臺灣新紀錄最大型的附生蘭，但是它的命運卻與臺灣其他野生蘭如出一轍。在熱愛野生蘭的植物愛好者尋獲並採集適量樣品進行研究並製成標本後，便成為盜採者採集的頭號目標。在最早發現的河谷旁那棵大茄冬樹上打上足釘，將環抱在枝枒上的蘭叢拆解後分株，輾轉流入各種蘭花愛好者手中。然而並非所有愛好者的花房都能完整復刻它的生長條件，就在開出最後一次花朵後日漸凋零而消瘦。

▲花序具少數花，位於枝條先端葉腋處。

▲花萼基部合生。

▶花黃色，唇瓣中央色深。

山露兜

Freycinetia formosana Hemsl.

科名｜ 露兜樹科 Pandanaceae
別名｜ 山林投
植物特徵｜ 藤本

形態特徵

伏生攀緣藤本，達 10 公尺或更長；分支具不定根。葉硬革質，延長狀，線狀披針形，先端長漸尖；葉基狹窄，先端至基部銳利齒緣，葉背中脈上被刺。總狀肉穗花序 2～4 枚，佛焰苞黃色。果穗圓柱狀，由許多密生核果組成；核果表面具不規則稜角，約 1cm 寬。

分布於菲律賓巴丹島、琉球；臺灣北部、恆春半島東部與蘭嶼、綠島山區可見。

山露兜又名山林投，是植株大型且成片攀緣生長的大型藤本植物，由於蔓生的藤蔓具有發達的不定根，因此常在生育地內盤據整片岩壁或樹幹表面，甚至與攀附的樹冠分庭抗禮，形成壯觀的生態景觀。雖然能夠強勢地攀附在樹冠層內，山露兜的生活史仍必須仰賴與地表相連的莖幹與根系，才能開花結果，因此被排除在附生植物之外。在臺灣北部、恆春半島東部及綠島、蘭嶼的山脊或山頂，常可見到成片蔓生的山露兜叢，形成難以穿越的障礙。

由於山露兜的葉片細長，葉緣具有銳利的細齒緣，加上結果時果穗呈圓柱狀，能輕易與常見於海濱地區、偶見於臨海山區的同科植物－林投做區分。

由於山露兜遍布基隆市山嶺的景觀極具代表性，因此日治時期曾被指定為地方級天然紀念物，時至今日仍能在仙洞巖與二砂灣砲臺範圍內輕易發現它們。

雖然山露兜常造成開墾者或登山者的困擾，然而開花時卻瀰漫著一股特殊的香氣，常使見到它的人們一時興起，帶回家玩賞品味。此外，山露兜堅韌的莖條處理後，也能如黃藤、蘭嶼省藤或土藤的藤條般，編成各式各樣的容器或器皿。

▲分支具不定根。葉硬革質，葉緣具銳利齒緣。

◀ 山露兜又名山林投，是植株大型且成片攀緣生長的大型藤本植物。

▶ 總狀肉穗花序2～4枚，佛焰苞黃色。

◀ 核果表面具不規則稜角。

露兜樹科

單子葉植物

莎勒竹

Bambusa diffusa Blanco

科名	禾本科 Poaceae
英名	climbing bamboo
別名	莎簕竹、藤竹仔、藤竹

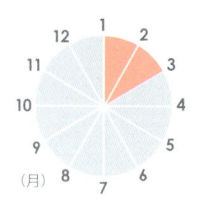

形態特徵

稈攀緣，節明顯，具多數分支。籜早落，革質，先端弧形，表面被褐色毛，邊緣具緣毛；籜葉線狀披針形，全緣。葉長橢圓狀披針形；葉耳幼時具白色叢生長毛，後轉為褐色；葉舌圓，具芒齒；葉鞘表面光滑，邊緣單側被纖毛。小穗簇生於具葉枝條先端，穎2枚，外稃卵狀長橢圓形。

莎勒竹原產菲律賓與臺灣，廣布於南部、東部海拔250～1200公尺原始林，常在林下長成茂密的竹藤叢，加上莖具有竹類皆具有的韌性，常是南部與東部山友爬山開路時頭痛的植物之一。

竹類中空具節、乾燥後堅硬耐用的特性，使得竹材廣受各民族喜愛。攀緣植物為了於茂密的叢林中生存，以堅韌的莖條攀附在大樹上，而在生長過程中面對大樹自行修剪，以及強風、豪雨、動物等外力有時會導致攀附失敗，因此枝條不能過硬，才能像藤本植物般穿梭於樹林間。

莎勒竹是臺灣原生竹類中唯一主莖具攀緣性者，因此只要看到竹葉與它交織而成的藤叢，便能一眼認出它來。以往根據莎勒竹特殊的形態特徵，將其納入莎勒竹屬（*Schizostachyum* Nees）內；然而隨著分子親緣關係釐清，目前已將臺灣與菲律賓產的莎勒竹併入蓬萊竹屬（*Bambusa* Schreb.）內。

莎勒竹的莖除了和其他竹類植物一樣，被臺灣南部與東部各民族採下編成各種器皿外，也能成為黃藤的替代品，用來捆綁、固定家屋結構，甚至當成編材作為交易買賣之用；另外，纖細的竹管能製成煙斗或筷子。

▲葉鞘表面光滑，邊緣單側被纖毛。

◀稈攀緣，節明顯，具多數分支。

▶小穗簇生於具葉枝條先端，穎2枚，外稃卵狀長橢圓形。

禾本科

單子葉植物

綠島細柄草 NT

Capillipedium kwashotensis（Hayata）C. C. Hsu

科名｜ 禾本科 Poaceae

形態特徵

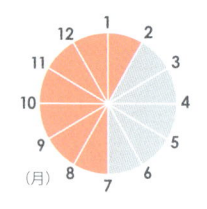

原生多年生草本，稈直立或斜倚，葉鞘先端近葉舌處被長柔毛。葉片線形至披針形，葉基圓至楔形。花序兩性，花序內小穗皆為兩性者，開展圓錐花序頂生，小穗成對或三枚小穗（一枚下位小穗及二枚上位小穗）簇生，下位小穗無柄，外穎與內穎近等長，於穎果成熟時與小花一起掉落，穎果成熟時包含於小花中。

分布於日本西表島、菲律賓與臺灣恆春半島、綠島、蘭嶼。

綠島細柄草為黍亞科蜀黍族的多年生草本，生長於海濱及低海拔地區，由日籍植物學者早田文藏根據採自綠島的標本所發表，起初置於鬚芒草屬（*Andropogon*），後由許建昌教授在1962年改置於細柄草屬（*Capillipedium*），將學名組合為 *Capillipedium kwashotensis*。

綠島細柄草植株最高約50公分，為臺灣產細柄草屬植物中最矮小的一種；頂生圓錐花序開展，小穗成對或3枚小穗簇生，其下位小穗無柄，上位小穗具柄，且成對小穗異型。

綠島細柄草生長於臺灣恆春半

▲綠島細柄草生長於臺灣恆春半島東岸、綠島及蘭嶼的近海濱草地、低海拔地區。

島東岸、綠島及蘭嶼的近海濱草地、低海拔地區，小蘭嶼草生地上亦有分布；雖然在上述區域內本種的數量尚稱豐富，但由於分布局限，且以往認為其為臺灣特有種，因此第二版《臺灣植物誌第六卷》，將其列為受威脅的特稀有植物。隨著分類學者的持續採集，確認本種亦分布於菲律賓巴丹島和琉球群島，可見各地的植物調查與鑑定工作仍有持續進行的必要。

◀花序分支具有成對小穗或3枚小穗（一枚下位小穗及二枚上位小穗）簇生。

▲開展圓錐花序頂生，兩性，花序內小穗皆為兩性者。

蒼白野黍

Eriochloa punctata（L.）Desv. ex Ham.

科名｜ 禾本科 Poaceae

英名｜ Louisiana cupgrass, punctate cupgrass

形態特徵

多年生，伏生、斜倚後直立，基部粗壯節上具根，稈直立或曲膝狀斜倚，節上光滑，粗壯。葉鞘內分支，表面光滑而蒼白；葉舌為一圈毛，葉片表面光滑且蒼白。複總狀花序頂生，總狀花序分支 6～10 枚，小穗單生或成對，穎果成熟時整枚脫落，外穎腎形，先端截形；內穎卵形，膜質至草質。

原產美洲，歸化於南亞與緬甸、印尼、馬來西亞一帶。

野黍屬（*Eriochloa* Kunth）全球約有20～30種，以往僅有高野黍（*E. procera*）廣泛分布於臺灣全島與諸多離島。蒼白野黍原產美洲，為多年生的粗壯禾草，現已歸化於東南亞地區。

蒼白野黍最初於2008年由筆者於澎湖縣湖西鄉風櫃一帶尋獲，如今此一粗壯的禾草已廣泛歸化於許多澎湖現地島嶼的向陽荒地與干擾地，成為澎湖最常見的野黍屬植物。

蒼白野黍在湖西鄉鎖港與馬公市虎井嶼兩處溼地周邊的潮溼荒地與高野黍共域生長，除了植物體較為粗壯外，蒼白野黍的植物體表面蒼白，小穗寬於2mm；高野黍的植物體表面翠綠而具有光澤，小穗窄於1.5mm，可供鑑別之用。

▲蒼白野黍已廣泛歸化於許多澎湖現地島嶼的向陽荒地與干擾地。

▲複總狀花序頂生,總狀花序分支6～10枚。

▲葉鞘和葉片表面光滑而蒼白,葉舌為一圈毛。 ▲小穗單生或成對,基部可見紫色的小花基盤。

▶小花基盤基部具有平展的白色長柔毛。

禾本科

單子葉植物

無芒鴨嘴草 DD

Ischaemum muticum L.

科名｜ 禾本科 Poaceae
英名｜ seashore centipede grass

形態特徵

多年生具葉草本，長走莖多分支，基部節生根。葉鞘短於節間，表面疏被纖毛；葉舌先端截形，透明質，延伸至葉鞘邊緣；葉片卵狀披針形，先端銳尖，葉基心形至近心形，或漸狹成假葉柄狀，偶為圓形或鈍形。花序頂生，具有對生總狀花序分支，基部常被葉鞘包圍。外穎卵形，邊緣具窄翼，先端截形。

廣泛分布於南亞、東南亞、琉球群島、新幾內亞、澳洲以及密克羅尼西亞海濱沙地。

鴨嘴草屬（*Ischaemum* L.）約有70種，分布於東半球的熱帶地區。無芒鴨嘴草為林奈所發表，為鴨嘴草屬的模式種；根據其模式標本可知本種小穗與成對小花無芒或具細芒，花序短於花序軸下方葉鞘，且花序軸基部被葉鞘包被。日籍學者小山鐵夫教授描述日本與鄰近地區之此一物種時，其內容、線描圖皆與模式標本之特徵相符，並提到此一禾草之葉基圓至近心形且具短柄，與其他物種相異。

▲無芒鴨嘴草局限分布於蘭嶼海濱溼地。

在近期對臺灣產禾本科植物重新檢視中，共有7種與1變種鴨嘴草屬植物，認為以往鑑定為無芒鴨嘴草的唯一一份引證標本應為小黃金鴨嘴草的誤認，因此以往曾質疑此一禾草是否分布於臺灣，直到近年才由筆者於蘭嶼海濱溼地尋獲穩定族群。

　　無芒鴨嘴草的結實率高，且具有發達的匍匐走莖，在溼地或潮溼處能夠自節處生根，並利用走莖進行營養繁殖，藉以維持現地族群，成為當地草澤中生長旺盛的種類。

▲葉片基部心形至近心形，偶漸狹成假葉柄狀。

▲總狀花序分支，基部常被葉鞘包圍。

▲外穎卵形，邊緣具窄翼，先端截形。

小黃金鴨嘴草

Ischaemum setaceum Honda

科名｜ 禾本科 Poaceae

形態特徵

頂生指狀總狀花序，常由 2 枚花序對生於花梗頂端，開花前 2 枚花序緊密貼合，開花後張開或保持閉合；總狀花序分支上由 2 枚小穗成對，一上一下著生於花序軸，花序軸具關節，當花序內穎果成熟時，花序軸便由關節處斷落，與成對小穗一起脫落，下位小穗多為背腹壓扁狀，外穎上具二脊；上位小穗多為兩側壓扁狀，即外穎上具一脊。

分布於琉球群島、加羅林群島；臺灣恆春半島、綠島與蘭嶼海濱可見。

小黃金鴨嘴草為1923年本田正次（Masaji Honda）教授根據1911年由川上瀧彌（Takiya Kawakami）先生和佐佐木舜一（Syuniti Sasaki）先生採自蘭嶼的標本發表的臺灣特有種禾草，1932年正宗嚴敬教授彙整的火燒島植物目錄、《臺灣植物誌》第二版第五卷（2000）和2015年出版的《Grass Flora of Taiwan》中皆記載分布於綠島，並於2017年的紅皮書名錄中名列為接近受脅等級，為綠島和蘭嶼當地分布最廣、最常見的鴨嘴草屬植物，亦分布於小蘭嶼沿海滲水溼地。

以往認為本種為臺灣特有種，近年來隨著分類學者的持續比對，發現本種亦分布於琉球群島與加羅林群島。

▲小黃金鴨嘴草自日治時期即被尋獲分布於綠島海濱。

▶節上具有一圈平展白毛。

▲葉鞘與葉片基部邊緣具有白色平展白毛。

▶小黃金鴨嘴草的小穗外穎具窄翼，表面光滑。

禾本科

單子葉植物

帝汶鴨嘴草

Ischaemum timorense Kunth

科名｜ 禾本科 Poaceae
英名｜ centipede grass

形態特徵

　　稈斜倚，節間光滑，節上被長柔毛；葉鞘表面疏被短柔毛，葉舌膜質，先端鈍，邊緣具纖毛。葉片線形。總狀花序分支 2～6 枚，下位小穗背腹壓扁，外穎卵形，先端截形，具二叉，具脊，脊上無翼或具窄翼，內穎披針狀卵形，5 脈，表面光滑，上位小穗具柄，兩側壓扁狀，外穎卵形，先端漸尖，革質。

　　分布於南亞、東南亞、中國及太平洋地區，並歸化於南美洲與西非；常見生長於海邊溼草地內，然臺灣僅見於蘭嶼西北海岸旁的水芋田中，未於本島發現。

　　訪問蘭嶼生育地耕作的農民，得知帝汶鴨嘴草為近年內才出現的新紀錄種，其上位小穗為兩側壓扁狀，下位小穗為背腹壓扁狀，與廣泛分布於臺灣低海拔的「印度鴨嘴草（*I.*

▲帝汶鴨嘴草已在蘭嶼西岸水田邊建立穩定族群。

ciliare）」最為相近，第二版《臺灣植物誌》將帝汶鴨嘴草併入印度鴨嘴草。

除了頂端2枚對生貼合的總狀花序外，偶具單生總狀花序；然而，帝汶鴨嘴草的小穗外穎不具翼或具窄翼（寬約0.2mm），而印度鴨嘴草的小穗外穎明顯具翼（寬約0.5mm）；此外，印度鴨嘴草的節上被長而展開的長柔毛（長2mm以上），而帝汶鴨嘴草節上被順向伏柔毛（長約1.5mm）可供區分。

此外，帝汶鴨嘴草的小穗外穎表面脊上無翼或具窄翼（< 2 mm），與當地生育地類似的纖毛鴨嘴草（*I. ciliare*）外穎表面明顯具有寬於5mm的翼有所不同；此外，帝汶鴨嘴草的稈節上具順向短毛，與纖毛鴨嘴草節上具有的長展開毛不同，因此兩者應屬不同物種。

▲葉鞘表面疏被短柔毛，葉舌膜質，先端鈍，邊緣具纖毛。

▲總狀花序分支2～6枚，成對小穗中下位小穗背腹壓扁，外穎卵形。

525

囊稃竹

Leptaspis banksii R. Br.

科名｜禾本科 Poaceae
英名｜saccate bamboo

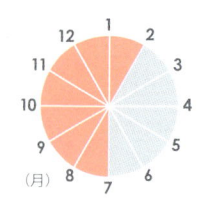

形態特徵

多年生直立草本。葉片長橢圓形，葉基漸狹成柄狀，先端圓，葉片具網狀小脈，遠軸面疏被鉤毛。圓錐花序頂生，小穗單生，單性，基部花序分支著生雌性小穗，先端花序分支著生雄性小穗。穎廣卵形，先端漸尖，雌性小花外稃球形，7脈，表面被倒鉤毛，內稃包含於膨大外稃內；雄性小花外稃卵形。

分布於中南半島至南洋諸島，澳洲間隔分布。

雖然中文名有個「竹」字，囊稃竹所屬的禾本科服葉黍亞科與竹亞科的親緣關係較為疏遠，可能是因為莖稈較硬才得到竹的稱號。

囊稃竹在臺灣最早的記錄源自於1971年由許建昌教授的採集紀錄，採自臺東市知本地區，當時曾被發表為新種，然而該生育地已完全被人為開發及洪水破壞，此後再也無人尋獲，直到2008年由葉慶龍教授的學生謝春萬先生於恆春淺山地區再次尋獲，並透過學術單位營養繁殖成功後分發給多個研究單位與辜嚴倬雲植物保種中心進行培育與繁殖。雖然該處淺山地區已於2023年被地主開發，造成目前已知囊稃竹從自然棲地再次消失，但在人為栽植環境下，囊稃竹不僅能透過營養繁殖萌蘗以及近親傳粉結實，其膨大外稃表面的倒鉤毛也能藉由動物或衣物進而擴散。

▲囊稃竹為多年生直立草本，葉片長橢圓形。

▲雌性小花外稃球形，7脈，表面被倒鉤毛。 　▲穎果成熟時雌性小穗外稃顏色轉深。

▲雄性小花外稃卵形，常為褐色。

呂宋月桃

Alpinia flabellata Ridl.

科名｜ 薑科 Zingiberaceae
別名｜ 山薑、蘭嶼山薑
植物特徵｜ 碩大的葉片

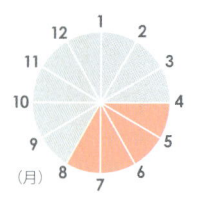

形態特徵

葉片長橢圓形至披針形，先端漸尖；葉基圓至鑿形，葉舌全緣。頂生聚繖圓錐花序具斜倚側花序分支，直立，表面光滑；花萼白色，圓柱管狀，花冠筒長於花萼，具等大裂片3枚，裂片長橢圓形，唇瓣白色具紅點，短於花冠裂片，扇形，後延伸成近腎形的4裂片。果漿果狀，橘紅色，球形。

分布於琉球與菲律賓，在臺灣僅紀錄於綠島與蘭嶼。

呂宋月桃的植株1～1.5公尺高，為綠島和蘭嶼產月桃屬植物中較矮小者。每年4～6月間，假莖先端抽出圓錐狀密緻花序，花序軸近基部處具有斜倚的花序分枝，為綠島和蘭嶼產月桃屬植物中唯一具有此一特徵者。

白色或淡綠色花朵約1公分見方，與其他當地的同屬植物相比明顯嬌小，白色的扇形唇瓣先端具裂片，唇瓣表面綴有紅點，極易從當地林緣或森林中認出它來。結果時果序常綴滿橘紅色的球形果實，表面光滑不具皺紋，與其他綠島和蘭嶼產月桃屬植物迥異。

▲呂宋月桃分布於琉球與菲律賓，在臺灣僅紀錄於綠島與蘭嶼。

▲圓錐花序具斜倚側花序分支，直立，表面光滑。

▲果為漿果狀，成熟時橘紅色，球形。

▲白色或淡綠色花朵約 1 公分見方，與其他月桃屬植物相比明顯嬌小。

薑科

單子葉植物

529

臺灣月桃 NA

Alpinia formosana K. Schumann

科名｜ 薑科 Zingiberaceae

植物特徵｜ 碩大的葉片

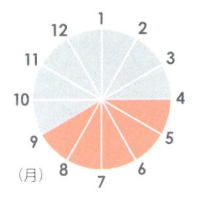

形態特徵

　　植物體表面光滑。葉片長橢圓形至披針形，先端漸尖；葉基歪斜，兩面除邊緣外光滑。頂生聚繖圓錐花序直立，光滑；花萼白色，先端粉紅色，管狀，短3裂且側裂片深裂，外表微被毛；花冠白色，唇瓣黃色，中央具紅色線紋與點紋，先端具小凹刻。蒴果橘紅色，球形；種子外具假種皮白色。

　　分布於日本與琉球；臺灣局限分布於低海拔地區；本種為山月桃與月桃的天然雜交，具有兩者的中間特徵。

　　臺灣月桃植株1.5～2.5公尺高，具有直立的圓錐狀密緻花序及光滑的花序軸；花萼與花冠白色，先端略帶紅色，包圍著黃色唇瓣，乍看之下與廣布於蘭嶼海濱的同屬植物－月桃（*A. zerumbet*）非常相似；然而臺灣月桃唇瓣中央具紅色線紋與點紋，這些唇瓣上的紅色斑紋又和周邊山區可見的山月桃（*A. intermedia*）雷同。

▲臺灣月桃具有直立的圓錐狀密緻花序及光滑的花序軸。

零星分布於有月桃與山月桃同域生長的低海拔山區；由於花部形態介於山月桃與月桃間，因此於第二版《臺灣植物誌》中提及臺灣月桃可能為這兩者的天然雜交種，近年藉由DNA遺傳物質比對，也證實了這項推論。雖然結實率低，但這些雜交產生的種子仍能萌發，結出的橘紅色球形蒴果大小介於山月桃與月桃之間，蒴果表面略具隔紋，產生的可稔後代加上多年生特性，使得臺灣月桃能年年抽出成串的花序。據筆者的觀察，臺灣月桃常生長於臺灣北部與蘭嶼淺山地區，生育地介於山月桃與月桃間，偶混生於淺山的月桃叢中。下回春末途經蘭嶼或臺灣北部低海拔山區時，別忘了搜尋花序直立的臺灣月桃喔！

薑科

單子葉植物

◀花冠白色，唇瓣黃色，中央具紅色線紋與點紋。

▲由於是雜交起源的物種，唇瓣偶會出現紅色斑紋較多的植株。

▶果實表面具有皺紋，但成熟時不開裂。

山月桃 LC

Alpinia intermedia Gagn.

科名｜ 薑科 Zingiberaceae
別名｜ 小月桃、山月桃仔
植物特徵｜ 碩大的葉片

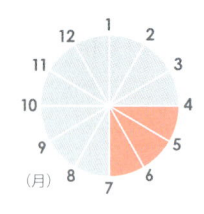

形態特徵

草本。葉片長橢圓形或披針形，兩端漸尖，葉兩面光滑無毛；葉舌全緣或2裂，表面光滑。頂生聚繖圓錐花序直立，光滑，花萼白色管狀，裂片長橢圓形，表面光滑，唇瓣白色，卵形，中央具2條紅色線紋，先端具缺刻或全緣。果漿果狀，紅色，球形，表面光滑；種子2～7枚，具稜，假種皮白色，膜質。

廣泛分布於中國南部、日本、琉球、中南半島與菲律賓，喜生長於林下略陰溼處。

山月桃常見於臺灣中北部和綠島、蘭嶼低海拔山區林下略陰溼處與近稜線處，為高1～1.5公尺的直立草本。山月桃的葉片光滑，長短、寬窄與質地變化極大，蘭嶼產的山月桃葉片皆為長而寬大且質地薄者；圓錐狀密緻花序直立而光滑，花序分支具3～7朵白色花朵，花朵小於臺灣月桃與月桃；卵形的白色唇瓣先端全緣或具缺刻，唇瓣中央具有2條紅色線紋，加上漿果狀的紅色球形果實表面光滑，可與其他生育地周邊的月桃屬植物區分。

▶山月桃常見於臺灣中北部和綠島、蘭嶼低海拔山區林下略陰溼處與近稜線處。

◀頂生聚繖圓錐花序直立。

▲唇瓣白色，卵形，中央具 2 條紅色線紋。

▲漿果狀的紅色球形果實表面光滑。

薑科

單子葉植物

533

蘭嶼法氏薑 VU

Vanoverberghia sasakiana H. Funak. & H. Ohashi

科名｜薑科 Zingiberaceae

植物特徵｜碩大的葉片、異儲型種子

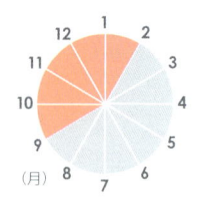

形態特徵

直立，叢生草本，假莖先端下垂。葉無柄，光滑，革質，長橢圓形，最長葉片先端銳長尾狀且纏繞狀；葉基漸狹，葉舌耳狀，紅褐色，表面光滑，革質，邊緣全緣，先端圓。花序頂生，穗狀，偶具花梗，苞片瓣狀，開花後呈半透明狀白色具褐色條紋；花萼3齒裂，花瓣長橢圓形。果近球形，開裂時3裂；種子表面具假種皮，種子黑色。

分布於蘭嶼和菲律賓北部。

法氏薑屬以往被認為是北呂宋的單型屬及固有屬，因此蘭嶼法氏薑的發現具有其系統地理學上的意義。蘭嶼為一小型火山島，與臺灣相距約70km，具有其特有的植物相；約有850種原生維管束植物，其中110種可見於菲律賓植物誌但未見於臺灣者，此現象應可用地理演化加以解釋，約中新世中期（mid Miocene），原始呂宋島若干小島於北緯10度處生成，當時原始臺灣亦剛生成，中新世晚期火山活動形成巴丹島，成為菲律賓植物的踏腳石；上新世早期，呂宋島、巴丹島與蘭嶼隨著菲律賓海板塊逐漸往西北方移動，當菲律賓海板塊與歐亞

▲蘭嶼法氏薑為蘭嶼特有種，零星生長於當地原始林中。

大陸東緣碰撞時形成高山；現在蘭嶼離臺灣已比離菲律賓更近，但此一地質史嚴重影響蘭嶼的植物相，法氏薑屬的地理分布即為一例。

法氏薑屬（*Vanoverberghia*）僅有2種，局限分布於蘭嶼及菲律賓呂宋島北部；以往本屬被認定為菲律賓產的單型屬薑科植物，直到蘭嶼法氏薑的發現改寫了此一觀點。蘭嶼法氏薑為蘭嶼特有種，零星生長於當地原始林中，由於花期不穩定及個體並非年年開花，加上外觀與月桃屬植物相似，直到2000年，才由日籍學者船越英伸（H. Funakoshi）先生發表為新種。

蘭嶼法氏薑的種小名為紀念日治時期任職於臺灣林業部，也是首次採集到此一物種的傑出採集者：佐佐木舜一（S. Sasaki）。由於薑科植物的花多為肉質，製成臘葉標本時不易烘乾，加上壓製過程中無法保留原色，花部結構也不易保存，增加此類植物進行分類研究時的困難度。

蘭嶼法氏薑為直立叢生草本，植株約2公尺高，葉片具有銳長尾狀且捲曲的葉尖；圓錐狀密緻花序懸垂於枝條頂端，具有半透明狀的瓣狀苞片。由本屬成員的分布，蘭嶼法氏薑極可能為自菲律賓傳入後，基因漂變（genetic drift）進而種化而成的物種。

▲圓錐狀密緻花序懸垂於枝條頂端，具有半透明狀的瓣狀苞片。

▲果實近球形，在野外多半不開裂。
◀花萼3齒裂，花瓣長橢圓形。 

薑科

單子葉植物

中名索引

二劃
十子木..................344

三劃
三星果藤..................260
三菱果樹蔘................86
三蕊楠....................251
土沉香....................192
土密樹....................372
土楠......................246
大果玉心花................420
大花赤楠..................356
大花樫木..................294
大野牡丹..................272
大葉石龍尾................380
大葉樹蘭..................278
大葉玉葉金花..............412
小仙丹花..................404
小石積....................398
小花蛇根草................414
小黃金鴨嘴草..............522
小葉樫木..................290
小葉樹杞..................334
小燈籠草..................152
山月桃....................532
山柚......................366
山菊......................98
山豬枷....................314
山露兜....................512
山欖......................454

四劃
五梨跤....................396
冇樟......................240
日本山桂花................336
日本假衛矛................129
日本衛矛..................124

止宮樹....................450
毛蓼......................382
毛錫生藤..................296
毛雞屎樹..................407
水冠草....................400
水紅骨蛇..................384
水筆仔....................392
水錦樹....................432
火筒樹....................468

五劃
玉葉金花..................410
布氏宿柱薹................486
田代氏黃芩................238
白肉榕....................322
白花小薊..................94
白飯樹....................374
白蝴蝶蘭..................502
白樹仔....................196
皮孫木....................358

六劃
交趾衛矛..................122
全緣葉冬青................80
吊鐘藤....................140
尖尾長葉榕................300
灰莉......................220
竹柏......................38
羊不食....................458
羽狀穗磚子苗..............490
老虎心....................208

七劃
亨利氏伊立基藤............138
伽藍菜....................155
克拉莎....................488
呂宋月桃..................528
呂宋毛蕊木................462
呂宋水錦樹................430

呂宋石斛..................511
沙生馬齒莧................388
貝木......................426

八劃
刺杜密....................370
念珠藤....................64
牧野氏山芙蓉..............264
直立半插花................44
金平氏破布子..............148
金合歡....................218
金鈕扣....................92
金新木薑子................254
長果月橘..................440
長花厚殼樹................170
長苞小薊..................96
長穗馬藍..................50
雨傘仔....................328
青脆枝....................230

九劃
匍伏莞草..................491
匍匐半插花................46
厚殼樹....................166
厚葉李欖..................362
帝汶鴨嘴草................524
恆春厚殼樹................171
恆春鉤藤..................428
恆春福木..................132
恒春哥納香................58
柳葉鱗球花................47
柿........................160
柿葉茶茱萸................120
珊瑚樹....................52
紅肉橙蘭..................198
紅茄苳....................390
紅柴......................280
紅頭五月茶................368
紅頭肉荳蔻................326
紅頭李欖..................364

紅鶴頂蘭…………498
苞花蔓……………401
苦藍盤……………456
革葉羊角扭………276
風不動…………… 72

十劃
倒吊蓮……………154
宮古茄……………460
桃紅蝴蝶蘭………504
海茄冬…………… 42
海牽牛……………141
海檬果…………… 67
烏柑仔……………442
琉球九節木………418
琉球黃楊…………110
琉球暗羅………… 60
破布烏……………168
翅子樹……………266
翅實藤……………258
茜木………………415
草野氏冬青……… 82
針房藤……………476
高士佛赤楠………348
高士佛紫金牛……332

十一劃
假柚葉藤…………474
偽木荔枝…………256
密花白飯樹………376
密脈赤楠…………342
常春衛矛…………123
毬蘭……………… 76
淡綠葉衛矛………126
球果杜英…………184
疏脈赤楠…………350
細脈赤楠…………345
莎勒竹……………514
軟毛柿……………158

魚木………………118

十二劃
掌葉牽牛…………142
朝鮮紫珠…………232
港口馬兜鈴……… 84
無芒鴨嘴草………520
番仔林投…………480
短舌花金鈕扣…… 93
短柱黃皮…………434
紫苞舌蘭…………506
菩提樹……………308
華他卡藤………… 74
菲律賓火筒樹……470
菲律賓朴樹………116
菲律賓厚殼桂……248
菲律賓扁葉芋……472
菲律賓胡頹子……178
菲律賓鐵青樹……360
菲島福木…………134
象牙柿……………156
越橘葉蔓榕………321
鈍葉大果漆……… 54
鈍葉毛果榕………316
雄胞囊草…………222
雅美萬代蘭………510
黃心柿……………162

十三劃
圓萼天茄兒………146
圓葉血桐…………200
幹花榕……………318
搭肉刺……………202
楓港柿……………164
稜果榕……………312
腰果楠……………250
腺葉杜英…………180
葛塔德木…………402
過山香……………436

十四劃
對葉榕……………302
滿福木……………172
福氏油杉………… 36
管花蘭……………494
管唇蘭……………508
綠珊瑚……………190
綠島細柄草………516
綠島榕……………306
網脈桂……………244
臺東漆…………… 56
臺東蘇鐵………… 28
臺灣月桃…………530
臺灣白及…………493
臺灣赤楠…………346
臺灣油杉………… 34
臺灣胡頹子………176
臺灣假黃鵪菜…… 97
臺灣棒花蒲桃……354
臺灣黃鵪菜………104
臺灣蘇鐵………… 31
臺灣鷺草…………500
蒼白野黍…………518
銀葉樹……………262
鳳梨………………482

十五劃
廣西落檔…………478
澎湖決明…………205
蓮葉桐……………224
蔓榕………………303
蔓澤蘭……………102
魯花樹……………448

十六劃
樹蘭………………289
燕子石斛…………496
諾氏草……………406
錫蘭玉心花………424

537

鞘苞花……………484

十七劃
擬紫蘇草……………378
橄樹……………408
濱芥……………108
濱當歸…………… 62
濱槐……………216
穗花樹蘭……………284
繁花薯豆……………182
薄葉玉心花……………422
賽赤楠……………340
隱鱗藤…………… 66

十八劃
繖序臭黃荊……………236
繖楊……………270
鵝掌藤…………… 90
鵝鑾鼻蔓榕……………304
鵝鑾鼻燈籠草……………150

十九劃
瓊崖海棠……………114
羅庚果……………446

二十劃
蘇鐵…………… 26

二十一劃
蘭嶼九節木……………416
蘭嶼八角金盤…………… 88
蘭嶼土沉香……………194
蘭嶼小鞘蕊花……………234
蘭嶼山桂花……………338
蘭嶼山欖……………452
蘭嶼月橘……………438
蘭嶼木耳菜……………100
蘭嶼木薑子……………252
蘭嶼木藍……………210

蘭嶼牛皮消…………… 70
蘭嶼合歡……………204
蘭嶼百脈根……………212
蘭嶼竹節蘭……………492
蘭嶼肉荳蔻……………324
蘭嶼肉桂……………242
蘭嶼血藤……………214
蘭嶼杜英……………186
蘭嶼赤楠……………352
蘭嶼法氏薑……………534
蘭嶼花椒……………444
蘭嶼厚殼樹……………174
蘭嶼柿……………161
蘭嶼秋海棠……………106
蘭嶼胡桐……………112
蘭嶼海桐……………386
蘭嶼馬蹄花…………… 78
蘭嶼馬藍…………… 48
蘭嶼野牡丹藤……………274
蘭嶼野茉莉……………464
蘭嶼野櫻花……………399
蘭嶼魚藤……………206
蘭嶼椌木……………292
蘭嶼紫金牛……………330
蘭嶼新木薑子……………255
蘭嶼溲疏……………228
蘭嶼落葉榕……………310
蘭嶼福木……………130
蘭嶼裸實……………128
蘭嶼銹葉灰木……………466
蘭嶼樹蘭……………282
蘭嶼擬樫木……………286
蘭嶼羅漢松…………… 40
蘭嶼蘋婆……………268
蘭嶼麵包樹……………298
蘭嶼鐵莧……………188

二十二劃
囊稃竹……………526

二十三劃
鱗蕊藤……………144

二十五劃
欖李……………136

學名索引

A

Acalypha caturus Blume 188
Acmella brachyglossa Cass. 93
Acmella paniculata（Wall. ex DC.）
R. K. Jansen 92
Aglaia ellipifolia Merr. 278
Aglaia elaeagnoidea（A. Juss.）Benth. · 280
Aglaia lawii（Wight）Saldanha ex
Ramamoorthy 282
Aglaia odorata Lour. 289
Albizia retusa Benth. 204
Allophylus timoriensis（DC.）Blume ... 450
Alpinia flabellata Ridl. 528
Alpinia formosana K. Schumann 530
Alpinia intermedia Gagn. 532
Alyxia insularis Kanehira & Sasaki 64
Ananas comosus（L.）Merr. 482
Angelica hirsutiflora Tang S. Liu, C. Y. Chao
& T. I. Chuang 62
Antidesma pleuricum Tul. 368
Aphanamixis polystachya（Wall.）
R. N. Parker 284
Appendicula kotoensis Hayata 492
Ardisia conferifolia Merr. 330
Ardisia cornudentata Mez 328
Ardisia kusukuensis Hayata 332
Ardisia quinquegona Blume 334
Argostemma solaniflorum Elmer 400
Aristolochia zollingeriana Miq. 84
Artocarpus xanthocarpus Merr. 298
Astronia ferruginea Elmer 272
Atalantia buxifolia（Poir.）Oliv. ex Benth. ·
.... 442
Avicennia marina（Forsk.）Vierh. 42

B

Bambusa diffusa Blanco 514
Begonia fenicis Merr. 106
Bletilla formosana（Hayata）Schltr. 493

Bridelia balansae Tutch. 370
Bridelia tomentosa Blume 372
Bruguiera gymnorhiza（L.）Savigny 390
Buxus microphylla Siebold & Zucc. subsp.
sinica（Rehder & E. H. Wilson）Hatus. · 110

C

Caesalpinia crista L. 202
Callicarpa japonica Thunb. var. *luxurians*
Rehd. 232
Calophyllum blancoi Planchon 112
Calophyllum inophyllum L. 114
Camphora micrantha（Hayata）
Y. Yang, Bing Liu & Zhi Yang 240
Capillipedium kwashotensis（Hayata）
C. C. Hsu 516
Carex wahuensis C. A. Meyer 486
Cassia sophora L. var. *penghuana* Y. C. Liu
& F. Y. Lu 205
Celtis philippensis Blanco 116
Ceodes umbellifera J. R. Forst. & G. Forst. ···
.... 358
Cerbera manghas L. 67
Champereia manillana（Blume）Merr. · 366
Chionanthus coriaceus（S.Vidal）Yuen P.
Yang & S.Y. Lu 362
Chionanthus ramiflorus Roxb. 364
Chisocheton patens Blume 286
Cinnamomum kotoense Kanehira & Sasaki ···
.... 242
Cinnamomum reticulatum Hayata 244
Cirsium japonicum DC. var.
fukienense Kitam. 96
Cirsium japonicum DC. var. *takaoense* Kitam.
.... 94
Cissampelos pareira L. var. *hirsuta*（Buch.-
Ham. ex DC.）Forman 296
Cladium mariscus（L.）Pohl 488
Clausena anisum-olens（Blanco）Merr. 434
Clausena excavata Burm. f. 436
Coleus formosanus Hayata 234

539

Cordia aspera G. Forst. subsp. *kanehirai*（Hayata）H. Y. Liu ············ 148
Corymborkis veratrifolia（Reinw.）Blume ·· ··· 494
Crateva formosensis（Jacobs）B. S. Sun 118
Crepidiastrum taiwanianum Nakai ········· 97
Cryptocarya concinna Hance ············ 246
Cryptocarya elliptifolia Merr. ············ 248
Cryptolepis sinensis（Lour.）Merr. ······· 66
Cyanotis axillaris（L.）Sweet ········ 484
Cycas revoluta Thunb. ······················ 26
Cycas taitungensis C. F. Shen, K. D. Hill, C. H. Tsou & C. J. Chen ························· 28
Cycas taiwaniana Carruth. ················ 31
Cynanchum lanhsuense T. Yamaz. ······ 70
Cyrtandra umbellifera Merr. ············· 222

D

Decaspermum gracilentum（Hance）Merr. & Perry ································· 344
Dehaasia incrassata（Jack）Nees ······ 250
Dendrobium equitans Kranzl. ············· 496
Dendrobium luzonense Lindl. ·············· 511
Dendropanax trifidus（Thunb. ex Murray）Makino ································· 86
Derris oblonga Benth. ····················· 206
Deutzia hayatai Nakai ····················· 228
Diospyros eriantha Champ. ex Benth. ···· 158
Diospyros ferrea（Willd.）Bakhuizen ·· 156
Diospyros kaki Thunb. ···················· 160
Diospyros kotoensis Yamazaki ············ 161
Diospyros maritima Blume ················ 162
Diospyros vaccinioides Lindl. ············· 164
Dischidia formosana Maxim. ··············· 72
Dracaena angustifolia Roxb. ············· 480
Dregea volubilis（L. f.）Benth. ·········· 74

E

Ehretia acuminata R. Br. ·················· 166
Ehretia dicksonii Hance ··················· 168
Ehretia longiflora Champ. ex Benth. ····· 170

Ehretia microphylla Lam. ················ 172
Ehretia resinosa Hance ···················· 171
Ehretia resinosa Hance ···················· 174
Elaeagnus formosana Nakai ·············· 176
Elaeagnus triflora Roxb. ·················· 178
Elaeocarpus argenteus Merr. ············· 180
Elaeocarpus multiflorus（Turcz.）F. Vill.182
Elaeocarpus sphaericus（Gaertn.）Schumann var. *hayatae*（Kanehira & Sasaki）C. E. Chang ··· 184
Elaeocarpus decipiens F. B. Forbes & Hemsl. var. *changii* Y. Tang ······················ 186
Endiandra coriacea Merr. ················ 251
Epicharis cumingiana（C. DC.）Harms 292
Epicharis parasitica（Osbeck）Mabb. ······ ··· 294
Eriochloa punctata（L.）Desv. ex Ham.· 518
Erycibe henryi Prain ······················· 138
Euonymus cochinchinensis Pierre ········ 122
Euonymus fortunei（Turcz.）Hand.-Mazz. ·· ··· 123
Euonymus japonicus Thunb. ·············· 124
Euphorbia tirucalli L. ····················· 190
Excoecaria agallocha L. ··················· 192
Excoecaria kawakamii Hayata ············ 194

F

Fagraea ceilanica Thunb. ················· 220
Farfugium japonicum（L.）Kitam. ········ 98
Ficus cumingii Miq. var. *terminalifolia*（Elm.）Sata ··············· 302
Ficus heteropleura Blume ················· 300
Ficus pedunculosa Miq. ···················· 303
Ficus pedunculosa Miq. var. *mearnsii*（Merr.）Corner ································· 304
Ficus pubinervis Blume ···················· 306
Ficus religiosa L. ··························· 308
Ficus ruficaulis Merr. var. *antaoensis*（Hayata）Hatus. & Liao ························· 310
Ficus septica Burm. f. ····················· 312
Ficus tinctoria G. Forst. ·················· 314

Ficus trichocarpa Blume var. *obtusa*（Hassk.）Corner. 316
Ficus vaccinioides Hemsl. ex King 321
Ficus variegata Blume var. *garciae*（Elm.）Corner. 318
Ficus virgata Reinw. ex Blume 322
Flacourtia rukam Zoll & Merr. 446
Flueggea suffruticosa（Pallas）Baillon 374
Flueggea virosa（Roxb. ex. Willd.）Voigt 376
Freycinetia formosana Hemsl. 512

G

Garcinia linii C. E. Chang 130
Garcinia multiflora Champ. 132
Garcinia subelliptica Merrill 134
Gelonium aequoreum Hance 196
Geniostema rupestre J. R. Forst. & G. Forst. 256
Geophila herbacea（Jacq.）O. Ktze. 401
Glyptopetalum pallidifolium（Hayata）Q. R. Liu & S. Y. Meng 126
Gomphandra luzoniensis（Merr.）Merr. 462
Goniocheton arborescens Blume 290
Goniothalamus amuyon（Blanco）Merr. 58
Gonocaryum calleryanum（Baill.）Becc. 120
Guettarda speciosa L. 402
Guilandina bonduc L. 208
Gynura elliptica Yabe & Hayata 100

H

Heptapleurum ellipticum（Blume）Seem. 90
Heritiera littoralis Dryand. 262
Hernandia nymphaeifolia（C.Presl）Kubitzki 224
Hewittia malabarica（L.）Suresh 140
Hibiscus makinoi Y. Jotani & H. Ohba 264
Homalomena philippinensis Engl. ex Engl. & Kraus 472
Homalanthus fastuosus（Linden）Fern.-Vill. 200
Hoya carnosa（L. f.）R. Br. 76

I

Ilex integra Thunb. 80
Ilex kusanoi Hayata 82
Indigofera zollingeriana Miq. 210
Ipomoea littoralis Blume 141
Ipomoea mauritiana Jacq. 142
Ipomoea violacea L. 146
Ischaemum muticum L. 520
Ischaemum setaceum Honda 522
Ischaemum timorense Kunth 524
Ixora philippinensis Merr. 404

K

Kalanchoe ceratophylla Haw. 155
Kalanchoe garambiensis Kudo 150
Kalanchoe gracilis Hance 152
Kalanchoe integra（Medik.）Kuntze 154
Kandelia obovata Sheue, H. Y. Liu & J. W. H. Yong 392
Keteleeria davidiana（Franchet）Beissner var. *formosana*（Hayata）Hayata 34
Keteleeria fortunei（A. Murray bis）Carrière 36
Knoxia sumatrensis（Retz.）DC. 406

L

Lasianthus cyanocarpus Jack 407
Leea guineensis G. Don 468
Leea philippinensis Merr. 470
Lepidagathis stenophylla Clarke ex Hayata 47
Lepidium englerianum（Muschl.）Al-Shehbaz 108
Lepistemon binectariferum（Wall.）Kuntze var. *trichocarpum*（Gagnepain）van Ooststr. 144
Leptaspis banksii R. Br. 526
Limnophila aromaticoides Yuen P. Yang & S. H. Yen 378
Limnophila rugosa（Roth）Merr. 380

541

Litsea garciae Vidal ················· 252
Lotus taitungensis S. S. Ying ········· 212
Lumnitzera racemosa Willd. ········· 136

M

Macaranga sinensis（Baill.）Müll. Arg. 198
Maesa japonica（Thunb.）Moritzi ex Zoll.· ···························· 336
Maesa lanyuensis Yuen P. Yang ········· 338
Mariscus javanicus（Houtt.）Merr. & Metcalfe. ························ 490
Maytenus emarginata（Willd.）Ding Hou··· ························ 128
Medinilla hayatana H. Keng ········· 274
Memecylon lanceolatum Blanco ········ 276
Microtropis japonica（Franchet & Savatier）H. Hallier························ 129
Mikania cordata（Burm. f.）B. L. Rob.· 102
Morinda citrifolia L. ················ 408
Mucuna membranacea Hayata········· 214
Murraya crenulata（Turcz.）Oliver ····· 438
Murraya omphalocarpa Hayatar ········ 440
Mussaenda parviflora Miq.············· 410
Mussaenda kotoensis Hayata············ 412
Myoporum bontioides（Sieb. & Zucc.）A. Gray···························· 456
Myristica cagayanensis Merr.············ 324
Myristica simiarum A. DC.············· 326

N

Nageia nagi（Thunb.）O. Ktze············38
Neolitsea sericea（Blume）Koidz. var. *aurata*（Hayata）Hatus.················ 254
Neolitsea villosa（Blume）Merr.········255
Nothapodytes nimmoniana（J. Graham）Mabb.······················· 230

O

Olax imbricata Roxb. ················· 360
Ophiorrhiza kuroiwae Makino ········· 414
Ormocarpum cochinchinensis（Lour.）Merr.

························ 216
Osmoxylon pectinatum（Merr.）Philipson 88
Osteomeles anthyllidifolia（Sm.）Lindl. var. *subrotunda*（C. Koch）Masamune ······· 398

P

Pavetta indica L.···················· 415
Peristylus formosanus（Schltr.）T. P. Lin 500
Persicaria barbata（L.）H.Hara ········ 382
Persicaria dichotoma（Blume）Masam. 384
Phaius tankervilleae（Banks ex L'Her.）Blume························ 498
Phalaenopsis aphrodite Rchb. F. subsp. *formosana* Christenson ············ 502
Phalaenopsis equestris（Schauer）Rchb. F.· ···························· 504
Pittosporum viburnifolium Hayata ······· 386
Planchonella duclitan（Blanco）Bakh. f.452
Planchonella obovata（R. Br.）Pierre··· 454
Podocarpus costalis C. Presl··············40
Polyalthia liukiuensis Hatusima···········60
Portulaca psammotropha Hance ········ 388
Pothoidium lobbianum Schott ········· 474
Premna serratifolia L.················· 236
Prunus grisea（C. Muell.）Kalkm. ····· 399
Psychotria cephalophora Merr.·········· 416
Psychotria manillensis Bartl. ex DC. ····· 418
Pterospermum niveum S. Vidal ········· 266

R

Rhaphidophora liukiuensis Hatus.········ 476
Rhizophora stylosa Griff. ··············· 396

S

Schismatoglottis calyptrata（Roxb.）Zoll. & Moritzi.························ 478
Schoenoplectiella lineolata（Franch. & Sav.）J. Jung & H. K. Choi ············ 491
Scolopia oldhamii Hance ·············· 448
Scutellaria tashiroi Hayata············· 238
Semecarpus cuneifomis Blanco ··········54

Semecarpus longifolius Blume ········ 56
Solanum lasiocarpum Dunal ········ 458
Solanum miyakojimense Yamazaki & Takushi
·· 460
Spathoglottis plicata Blume ········ 506
Sterculia ceramica R. Br. ············ 268
Stigmaphyllon timoriense（DC.）C.E. Anderson ···································· 258
Strobilanthes cumingiana（Nees）Y. F. Deng & J. R. I. Wood ···················· 44
Strobilanthes lanyuensis Seok, C. F. Hsieh & J. Murata ···························· 48
Strobilanthes longespicatus Hayata ······· 50
Strobilanthes tetrasperma（Champion ex Bentham）Druce ············ 46
Styrax japonica Sieb. & Zucc. ······ 464
Symplocos cochinchinensis（Lour.）S. Moore var. *philippinensis*（Brand）Noot. ······· 466
Syzygium acuminatissimum（Blume）DC. ·· ·· 340
Syzygium densinervium Merr. var. *insulare* C. E. Chang ···························· 342
Syzygium euphlebium（Hayata）Mori ··· 345
Syzygium formosanum（Hayata）Mori ·· 346
Syzygium kusukusense（Hayata）Mori ·· 348
Syzygium paucivenium（Robins.）Merr. 350
Syzygium simile（Merr.）Merr. ········ 352
Syzygium taiwanicum H.T.Chang & R. H. Miao ································ 354
Syzygium tripinnatum（Blanco）Merr. ·· 356

T

Tabernaemontana subglobasa Merr. ········ 78
Tarenna gracilipes（Hayata）Ohwi ······ 422
Tarenna zeylanica Gaertn. ············ 424
Tarennoidea wallichii（Hook.f.）Tirveng. & Sastre ································ 420
Thespesia populnea（L.）Sol. ex Corrêa ····· ·· 270
Timonius arboreus Elmer ············ 426
Tristellateia australasiae A. Richard ····· 260

Tuberolabium kotoense Yamam. ············ 508

U

Uncaria lanosa Wall. f. *philippinensis*（Elmer）Ridsdale ························ 428

V

Vachellia farnesiana（L.）Wight & Arn. 218
Vanda lamellata Lindl. ···················· 510
Vanoverberghia sasakiana H. Funak. & H. Ohashi ································ 534
Viburnum odoratissimum Ker Gawl. ········ 52

W

Wendlandia luzoniensis DC. ············ 430
Wendlandia uvariifolia Hance ········ 432

Y

Youngia jaoonica（L.）DC. subsp. *formosana*（Hayata）Kitam ························ 104

Z

Zanthoxylum integrifoliolum（Merr.）Merr ·
·· 444

543

國家圖書館出版品預行編目（CIP）資料

臺灣熱帶植物圖鑑 / 鍾明哲作. -- 初版. --
臺中市：晨星出版有限公司，2025.06
　面；　公分. --（台灣自然圖鑑；55）

ISBN 978-626-420-093-6（平裝）

1.CST: 熱帶植物 2.CST: 植物圖鑑 3.CST: 臺灣

375.233　　　　　　　　　　　114003001

詳填晨星線上回函
50元購書優惠券立即送
（限晨星網路書店使用）

台灣自然圖鑑 055
臺灣熱帶植物圖鑑

作者	鍾明哲
主編	徐惠雅
執行主編	許裕苗
版型設計	許裕偉
創辦人	陳銘民
發行所	晨星出版有限公司
	臺中市407西屯區工業三十路1號
	TEL：04-23595820　FAX：04-23550581
	http://www.morningstar.com.tw
	行政院新聞局局版臺業字第2500號
法律顧問	陳思成律師
初版	西元2025年06月10日
讀者專線	TEL：（02）23672044 /（04）23595819#212
	FAX：（02）23635741 /（04）23595493
	E-mail：service@morningstar.com.tw
網路書店	http://www.morningstar.com.tw
郵政劃撥	15060393（知己圖書股份有限公司）
印刷	上好印刷股份有限公司

定價 950 元

ISBN 978-626-420-093-6
Published by Morning Star Publishing Inc.
Printed in Taiwan
版權所有 翻印必究
（如有缺頁或破損，請寄回更換）